山东省高等教育名校建设工程课程改革教材

水利工程技术管理

主　编　杜守建　周长勇
主　审　于纪玉　孙绪成

黄河水利出版社
·郑州·

内 容 提 要

本书为中央财政支持提升社会服务能力重点建设专业和山东省高等教育名校建设工程重点建设专业——水利工程专业与水利水电工程管理专业课程改革教材之一,是本着高职教育的特色,依据中央财政支持专业建设方案和山东省特色名校建设方案进行编写的。本书共分6个项目、30项工作任务、18个案例,主要内容包括水利工程管理基本知识、挡水建筑物的检查观测、挡水建筑物的养护修理、泄水建筑物的养护修理、输水建筑物的养护修理、堤坝防汛抢险等。本书内容广泛,实用性强。

本书可作为水利工程专业、水利水电工程管理专业的教学用书,也可作为水利水电建筑工程等专业和工程技术人员的参考用书,又可作为水工监测工、土石维修工、闸门运行工、河道修防工和渠道维护工等水利行业特有工种考试参考用书。

图书在版编目(CIP)数据

水利工程技术管理/杜守建,周长勇主编 .—郑州:黄河
水利出版社,2013.4 (2015.5 修订重印)
山东省高等教育名校建设工程课程改革教材
ISBN 978 - 7 - 5509 - 0406 - 4

Ⅰ . ①水… Ⅱ . ①杜… ②周… Ⅲ . ①水利工程 - 技术
管理 - 高等学校 - 教材 Ⅳ . ①TV

中国版本图书馆 CIP 数据核字(2012)第 319662 号

组稿编辑:王路平 电话:0371 - 66022212 E-mail:hhslwlp@ 163. com

出 版 社:黄河水利出版社
地址:河南省郑州市顺河路黄委会综合楼 14 层 邮政编码:450003
发行单位:黄河水利出版社
发行部电话:0371 - 66026940、66020550、66028024、66022620(传真)
E-mail:hhslcbs@ 126. com
承印单位:黄河水利委员会印刷厂
开本:787 mm×1 092 mm 1/16
印张:15.5
字数:360 千字 印数:3 101—6 000
版次:2013 年 4 月第 1 版 印次:2015 年 5 月第 2 次印刷
2015 年 5 月修订
定价:35.00 元

序

　　新中国成立以后特别是改革开放以来,党中央、国务院高度重视水利工作,领导人民开展了大规模的水利建设,一大批水利工程相继建成投入运行。据统计,截至 2010 年年底,全国已建成各类水库 87 873 座,水库总库容 7 162 亿 m³,其中大型水库 552 座,中型水库 3 269 座;建成江河堤防 29.41 万 km;水闸 43 300 座,大型水闸 567 座;有效灌溉面积万亩❶以上的灌区共 5 795 处,农田有效灌溉面积 2 941.5 万 hm²。这些水利工程在我国经济建设和社会发展中发挥了重大作用,产生了巨大的社会效益、经济效益和环境效益,为经济社会的可持续发展和人民安居乐业提供了保障。但由于历史原因和经济技术条件的限制,这些工程普遍存在始建标准低、建设质量差、管理跟不上等问题,致使许多水利工程和设备老化失修,带病运行,效益衰减,严重影响工程效益的发挥。近年来,随着国家经济实力的增强,大量的病险水库得以除险加固,大量的河道治理工程已按规划有序的推进,大量的病险水闸即将得到全面加固等,下一步水利工程管理能否跟上,直接关系到加固治理后的工程能否经久不衰、能否充分发挥效益的问题,也是我们每一个从事水利工程管理的人员需要密切关注的问题。

　　做好新形势下的水利工程管理工作,人才队伍是保障。作为水利类专业的学生是水利管理的后备力量和生力军,学习掌握水利工程管理知识与技能具有重要的作用和意义。为此,山东水利职业学院教师和水利工程管理单位一线工作人员联合编写了《水利工程技术管理》一书供教学使用。本书依据中央财政支持提升社会服务能力专业建设方案、山东省特色名校建设方案中水利工程专业、水利水电工程管理专业课程体系改革和课程建设目标,结合水利工程管理的相关规范、标准编写。本书内容选取主要围绕教学需要,兼顾水利行业特有工种技能鉴定要求,不苛求水利工程管理学科的系统性和完整性,按照课程在专业技能培养中的对应要求,主要介绍了挡水建筑物的检查观测与养护修理,输、泄水建筑物的养护修理,堤坝防汛抢险等内容。

　　本书突出体现了三个特点:一是在整体内容构架上,以实际工作任务为引领,以项目为基础,以实际工作流程为依据,打破了传统的学科知识体系,形成了特色鲜明的项目化教材内容体系;二是按照有关行业标准、国家职业资格证书要求以及毕业生面向职业岗位的具体要求编排教学内容,充分体现教材内容与生产实际相融通,与岗位技术标准相对

---

　❶ 1 亩 = 1/15 hm²。

接,增强了实用性;三是以技术应用能力为核心,以基本理论知识为支撑,以拓展知识为延伸,将理论知识学习与能力培养置于实际情境之中,突出工作过程技术能力的培养和经验性知识的积累,增强学生的实际操作能力。

　　本书内容丰富,条理清晰,深浅适度,是一本很实用的课改教材,对水利工程管理人才的培养将起到巨大的推动作用。

　　　　　　　　　　　山东省水利工程管理局　　宋茂斌
　　　　　　　　　　　2013 年 4 月

前 言

本书是依据中央财政支持提升社会服务能力重点建设专业和山东省高等教育名校建设工程重点建设专业——水利工程专业与水利水电工程管理专业的人才培养方案和课程建设目标要求,并按照有关水利工程管理的新规范、新标准,在教育部高等学校高职高专水利水电工程专业教学指导委员会指导下编写完成的。在吸收有关教材和技术文献资料精华的基础上,充实了新思想、新理论、新方法和新技术,另外不过分苛求学科的系统性和完整性,强调理论联系实际,突出应用性。

水利工程技术管理是水利工程专业中的一门理论与实践相结合的必修核心课程。本教材的任务是使学生掌握水利工程的检查观测、养护修理、调度运行以及防汛抢险的基本知识和基本技能,为从事水利工程技术管理工作及参加水工监测工、土石维修工、闸门运行工、河道修防工、渠道维护工等水利行业特有工种考试打下基础。

水利工程技术管理课程改革推行任务驱动、项目导向等"教、学、做"一体化的教学模式。本课程除要求学生掌握各种水工建筑物的日常运用和养护修理等基本知识外,还着重培养学生掌握观测设备布置、埋设等操作知识,能根据具体情况制订建筑物加固的措施和修理方法。因此,在教材的每个项目中列举了一些典型项目案例和职业能力实训。

本书共包括6个项目、30项工作任务、18个案例,主要内容包括水利工程管理基本知识、挡水建筑物的检查观测、挡水建筑物的养护修理、泄水建筑物的养护修理、输水建筑物的养护修理、堤坝防汛抢险等。

本书由山东水利职业学院和山东省淮河流域水利工程管理局组织山东水利职业学院教师及水利工程管理单位一线专家共同编写,编写人员及编写分工如下:杜守建(山东水利职业学院)、侯祥东(山东省淮河流域水利工程管理局)编写项目一,周长勇(山东水利职业学院)、田英(日照水库管理局)编写项目二~四,孙爱华(山东水利职业学院)、胡凤华(五莲县水利局工程管理站)编写项目五,杜守建(山东水利职业学院)、陈乃学(郯城县沂沭河水利工程管理办公室)编写项目六。本书由杜守建、周长勇担任主编并负责全书统稿;由山东水利职业学院于纪玉教授担任校内主审,国务院政府特殊津贴专家、山东省有突出贡献的中青年专家、青峰岭水库管理处主任孙绪成研究员担任行业主审。

在本书编写和出版过程中,得到了山东省水利工程管理局、山东省淮河流域水利工程管理局、山东水利职业学院领导的大力支持,山东省水利工程管理局宋茂斌研究员审阅了全书并作序,山东水利职业学院冷爱国、尹红莲、张宁等老师给予了帮助。同时,书中参考、引用和吸收了大量文献,未能一一详尽,在此一并致谢。

限于编者水平和时间关系,书中难免存在不足之处,恳请读者给予批评指正。

编 者

2013 年 3 月

目　录

项目一　水利工程管理基本知识

【学习目标】
1. 能了解我国水利工程管理的发展和成就。
2. 能掌握水利工程管理的意义、任务和内容。
3. 能熟悉新时期对水利工程管理工作的要求。

任务一　我国水利工程管理的发展和成就

我国是水利历史悠久的国家,长期以来,积累了非常丰富的水利工程管理经验。我国古代有过诸如河防、岁修、堵口复堤、通舟保漕等属于水利管理范畴的事迹和制度。《水部式》就是唐代颁布执行的水利工程管理法规,代表了当时水利管理的成就。但19世纪中叶以后,我国沦为半封建半殖民地社会,不仅水利建设停滞不前,而且已有的一些水利工程也年久失修,管理制度废弛,管理水平已十分落后。直至20世纪初,我国才开始学习和引进西方先进的水利科学技术,但管理落后的局面并未有大的改变。直至中华人民共和国成立后,我国水利事业才得到迅速的发展。

一、水利工程管理的发展历程

新中国成立60多年来,随着水利建设的迅速发展,我国水利管理事业的发展过程可分为三个阶段。

第一阶段是"三年恢复"和第一个五年计划时期。1949~1952年为"三年恢复"时期,开始建立新的行政管理机构和民主管理制度,大力开展堵口复堤、疏浚河道、整修建筑等水利管理活动。从1953年开始执行第一个五年计划,新建了淮河、海河、长江等流域的重点工程。1953年12月,召开了全国水利会议,会议要求加强工程管理机构建设,建立管理制度,从此各地逐步开展了正规的工程管理。水利部成立了工程管理局,召开水利管理经验交流会、现场会,开办培训班,派人赴苏联学习,划分水库、水闸等工程的等级标准,开展工程检查观测和资料分析整编工作,并把当时新编制的官厅水库和三河闸管理规范作为示范印发全国。这些工作有力地推动了各地水利工程管理业务的开展,并为以后的工作打下了良好基础。

第二个阶段是"大跃进"到"十年动乱"时期。1958年"大跃进"中,大批水利工程上马,成绩显著。但在"左"的思想指导下"边勘测、边设计、边施工",不少工程标准低、质量差、尾工多、配套不全,在缺乏严格验收交接手续的情况下交付管理。一方面水利建设呈现出兴旺发达景象,另一方面也给管理单位增加了许多困难。加之当时"重建、轻管"现象再次抬头,国民经济出现困难,水利管理也出现低潮。1961年中央批转了农业部、水利部《关于加强水利管理工作的十条意见》。1963年水利电力部召开了全国闸坝管理和防汛

工作会议,表扬了三河闸、三家店闸、蚌埠闸和杜家台闸等先进典型。1964 年,全国水利会议针对当时暴露出的问题,要求消灭中小型工程无人管理现象和管理中乱指挥、乱运用、乱操作现象,建立正常的管理秩序。此后,水利电力部陆续颁发了水库、闸坝、堤防管理通则和 11 种水利工程检查观测、养护修理的技术规范,同年 10 月,国务院批准了《水利工程水费征收、使用和管理试行办法》。1965 年,全国水利工作会议全面总结了水利的"四重四轻"现象,制定了"大小全管好"的水利工作方针,掀起了全国水利工程管理工作的新高潮。

从 1966 年开始的"十年动乱"使水利管理遭受了冲击,撤销下放了许多管理机构和技术人员,大批技术资料、技术档案被销毁,管理制度废止,工程管理工作秩序一片混乱。加之淮河"75·8"大洪水和板桥、石漫滩等水库垮坝,陡河、密云等水库出险,天灾人祸交织,水利管理遭遇到空前浩劫。

第三个阶段是党的十一届三中全会以后至今。我国推行了以经济建设为中心、全面改革、对外开放的一系列方针政策,中国从此出现了一个具有历史意义的伟大转折。新时期的水利事业开始了伟大振兴和大踏步的前进,水利改革与发展展现出勃勃生机。与此同时,水利工程管理在安全管理、体制改革、经济改革以及其他方面面貌大为改观,工作成绩显著。到 2010 年年末,全国水利工程管理体制改革基本完成并通过验收。11 422 个水利工程管理单位全部完成"两费"测算,99.6% 的单位完成分类定性。"两项经费"共落实 134.15 亿元,落实率达 89% 。其中:落实人员经费 80.96 亿元,落实率为 94% ;落实维修养护经费 53.19 亿元,落实率为 81% 。实行管养分离(包括内部管养分离)的水利工程管理单位 7 197 个,占水利工程管理单位总数的 63.0% 。

二、水利工程管理主要成就及经验

水利工程是国民经济和社会发展的重要基础设施。60 多年来,我国兴建了一大批水利工程,形成了数千亿元的水利固定资产,初步建成了防洪、排涝、灌溉、供水、发电等工程体系,在抗御水旱灾害,保障经济社会安全,促进工农业生产持续稳定发展,保护水土资源和改善生态环境等方面发挥了重要作用。据统计,到 2010 年年末,全国已建成江河堤防 29.41 万 km,保护人口 6.0 亿人,保护耕地 4 700 万 hm²;全国已建各类水闸 43 300 座,其中大型水闸 567 座;全国已建成各类水库 87 873 座,水库总库容 7 162 亿 m³,其中大型水库 552 座,总库容 5 594 亿 m³,占全部总库容的 78.1%;全国农田有效灌溉面积达到 6 034.8 万 hm²,占全国耕地面积的 49.6%;全国已建成各类机电井 533.7 万眼,各类固定机电抽水泵站 46.9 万处,装机容量 3 784 万 kW;全国已建成农村水电站 44 815 座,装机容量 5 924 万 kW,占全国水电装机容量的 28%;全国农村水电年发电量达到 2 044 亿 kWh,占全国水电发电量的 30%。2010 年,全国总供水量 5 998 亿 m³,全社会共落实水利固定资产投资计划 2 707.6 亿元(含南水北调 528.1 亿元),较 2009 年增加 59.0%。

(一)建立较为完善的水利工程管理组织系统

新中国成立 60 余年,特别是改革开放 30 多年来,我国的水利管理机构,从无到有,逐步建立健全,在全国范围内形成了较为完善的组织系统。

1. 江河流域管理机构

1978 年前,我国的大江大河只有长江、黄河、淮河三个流域管理机构,而且除黄河外,多偏重在流域规划、重点建设方面。从 1979 年开始，陆续增加了珠江、海河、松花江、辽河和太湖等流域管理机构。各流域管理机构是水利部的派出机构，负责本流域水资源规划、协调开发和统一调度，具有调解省际及部门之间水事矛盾的任务，负责本流域防洪、兴利调度和主要河段、重点水利枢纽工程的管理工作。

2. 省级管理的江河管理机构

如浙江省钱塘江、福建省闽江等，也都由当地省级政府设置了流域管理机构。

3. 地方基层管理机构

过去都有基础，但几经变迁，有些下放过多，几经调整，到 20 世纪 80 年代后期，由国家管理，即由县以上各级政府管理的水利工程约 2.1 万多项，设置专管机构 1.3 万多个。

中央及省级流域机构、地方基层管理机构，加上区乡水利站全国约有 5.6 万多个。到 2010 年年末，全国水利系统从业人员 106.63 万人，其中管理人员总数超过 60 万余人，在全国形成了一支相当大的水利管理网络和队伍。

（二）河道管理

河道管理的主要目的是贯彻执行国家的有关政策和法规，依法管理河道及其有关工程设施以及河道管理范围内的各项活动和行为，根本目的是保障江河防洪安全和河道综合效益的发挥。河道管理的对象一般是河道堤防工程、水闸工程、蓄滞洪区、中小河流以及与这些工程相关的活动和行为。既有工程管理，又有行业管理。

1988 年 6 月，依据《中华人民共和国水法》（2002 年修订），国务院颁布了《中华人民共和国河道管理条例》（简称《河道管理条例》），使河道管理有了法律依据。这一时期，主要依据《河道管理条例》，在中小河流治理，水利工程土地确权划界，河道采砂管理，河道管理范围内建设项目管理，堤防、水闸工程、蓄滞洪区管理等方面做了大量突破性的工作。

1. 中小河流治理

针对中小河流治理工作薄弱、灾害频繁、损失与日剧增的严重状况，加强了中小河流治理的政策研究及指导工作。首先列专项研究中小河流治理的政策，调查了解全国中小河流治理的现状、问题，研究有关对策。1995 年，在山西召开了"北方片中小河流治理工作座谈会"。会议提出加强中小河流治理的意见：①增强水患意识，提高认识；②加强领导，明确政府责任；③做好规划；④筹措资金，加大治理力度；⑤理顺管理体制，加强管理。这些政策有力地指导了全国的中小河流治理工作。

2. 全面完成水利工程土地确权划界工作

1989 年 3 月，水利部发出《关于抓紧划定水利工程管理和保护范围的通知》，据此，各地配合土地管理部门进一步开展了水利工程土地确权划界工作。1991 年 1 月，在西安召开了"全国水利工程土地划界工作会议"。会议介绍推广了陕西省的经验，布置了任务，提出了"依法划界、报足报够、依据确权、保质保量地完成划界工作"的总要求。水管司及时下发了《关于做好水利工程土地划界工作的通知》。之后，通过明确政策、抓好试点、层层铺开、加强评比、督促落实等措施，强化了水利工程土地确权划界工作。至 1996 年，全国的水利工程土地确权划界工作基本结束，为依托并开发管理范围内水土资源，加强水利工程管理奠定了可靠基础。

3. 河道采砂管理得到规范

河道采砂管理是河道管理的一个重要方面。1990 年 6 月，水利部、财政部、国家物价局联合颁布了《河道采砂收费管理办法》。1991 年，水管司召开"加强河道采砂管理座谈会"，研究部署各地尽快颁布实施的具体办法。之后，各地按水利部要求，相继颁布了具体实施办法和规定。通过加强管理和监督，目前基本理顺了河道采砂由河道主管部门统一管理的关系，扭转了在河道内乱采滥挖的现象，使河道采砂管理走上了规范化、法制化的轨道。

4. 加强河道管理范围内建设项目的管理，实施河道占用审批管理制度

河道管理范围内建设项目的管理是河道主管机关的主要职能，是重要的行业管理工作。在社会主义市场经济日益发展的今天，尤其需要加强河道占用行为的依法管理工作。1992 年，水利部、国家计委联合颁发了《河道管理范围内建设项目管理的有关规定》，实行建设项目审查同意书制度。为切实贯彻落实《河道管理范围内建设项目管理的有关规定》，水利部先后明确了淮河、黄河、长江、松花江、辽河、海河、太湖等流域的管理权限并下发了通知，各流域、各地也相继制定了实施办法和规定，加强了河道建设项目的管理工作。1998 年 1 月，《中华人民共和国防洪法》实施，其中明确了实施以《河道管理范围内建设项目的管理》为核心内容的河道占用审批管理制度。据此，水利部及时研究修订《河道管理范围内建设项目的管理规定》。

5. 加强蓄滞洪区的法制管理

蓄滞洪区是我国江河防洪工程体系的重要组成部分，全国共有蓄滞洪区 98 个，分布在黄河、海河、淮河、长江等流域，涉及人口 1 600 余万人。蓄滞洪区管理涉及面广、政策性强。1988 年 10 月，国务院批准了《关于蓄滞洪区安全建设指导纲要》。之后，水管司组织有关单位和专家调研、拟定有关法规等，经过几年的努力，完成了《蓄滞洪区管理条例》等法规和办法，推进了蓄滞洪区管理的法制化进程。

6. 河道目标管理考评工作

1994 年，水利部颁发《河道目标管理考评办法》，制定了《河道目标管理等级评定标准》。各地结合实际，制定了实施细则和实施计划，该项工作迅速在全国展开。1995 年，湖北省汉江河道管理局钟祥段率先通过水利部的一级河道目标管理单位的考评认定。1997 年 11 月，在广州召开了河道目标管理考评工作座谈会，制定了《河道目标管理考评工作的补充规定》，提出加快考评工作的要求，使全国河道目标管理考评工作更加规范化。全国已有 13 个县级以上河道管理单位被认定为一级管理单位，36 个管理单位被认定为二级管理单位，考评的河道河段长度近 5 000 km，进一步加强了河道堤防管理。

（三）水库大坝管理

到 2010 年年末，我国现有各类水库 87 873 万座，其中大型水库 552 座，中型水库 3 269座，居世界之最。大坝安全运行、发挥综合效益是至关重要的。1980 年，水利部颁发了《水库大坝管理通则》，水库大坝管理走向正规化道路。1991 年 3 月，国务院发布了《水库大坝安全管理条例》。根据规定，1995 年水利部制定了《水库大坝注册登记办法》、《水库大坝安全鉴定办法》(2003 年修订)，并着手进行水库大坝的安全鉴定和水库注册登记工作。大坝安全鉴定主要进行大坝安全状况的分析评价和现场安全检查，主要复核大坝的洪水标准、抗震标准，进行结构稳定和渗流分析，检查工程隐患和质量，检查工程管理现

状,提出维修加固的意见和建议等,开始了全国病险水库除险加固工作。

(四)水利经营管理

水利经营管理工作是水利管理工作的重要组成部分。水利经营管理工作贯穿于水资源开发、利用、治理和配置、节约、保护的全过程,重点发展和壮大供水、水电、水利旅游、水利建筑施工、水利渔业、种植业和水利技术咨询等优势产业。改革开放30多年来,水利经营管理工作取得了明显成效,为社会用水提供了保障,为国家创造了大量税收,提高了水利职工收入水平,稳定了水利职工队伍,壮大了水利行业的经济实力,有力地促进了水利工程的良性运行和水管单位的可持续发展,对水利事业的发展起到了极大的保障和推动作用,有效地保证了经济社会的可持续发展。

(五)水利工程管理法规制度日趋完备

法制管理是水利工程管理中不可缺少的重要措施。过去水利工作主要采取的是行政管理和技术管理措施。30多年改革开放进程中,大力加强了水利工程管理的法制建设。1980年,水利部、财政部联合颁布了《水利工程管理财务包干试行办法》,水利部颁发了《河道堤防工程管理通则》、《水闸工程管理通则》;1985年,国务院颁布了《水利工程水费核定、计收和管理办法》;1988年,《中华人民共和国水法》、《中华人民共和国河道管理条例》相继颁布实施;1990年,《河道采砂收费管理办法》出台;1991年,《水库大坝安全管理条例》开始执行;1992年,国家计委、水利部联合颁发了《河道管理范围内建设项目管理有关规定》;直至1997年10月,《中华人民共和国防洪法》、《水利产业政策》颁布实施之后,配套制定了许多适应水利工程管理要求的各项规定和办法,水利工程管理法规体系基本建立。与此同时,大力开展了水利工程管理的技术标准、规范编制工作。水利部相继颁布了《水闸技术管理规程》、《堤防工程设计规范》、《水闸工程管理设计规范》、《水库工程管理设计规范》、《水闸安全鉴定规定》、《水库大坝安全鉴定办法》、《土石坝安全监测技术规范》等一系列技术标准、规范和规程,基本完善了工程管理的技术标准体系。另外,各省、直辖市、自治区及较大市、州级人民政府根据国家有关法律法规,结合本地区实际情况也制定了相关地方性管理法规。例如,山东省为进一步加强对小型水库的管理,2011年11月山东省人民政府令第242号发布了《山东省小型水库管理办法》,自2012年1月1日起施行。

(六)不断完善农村水利管理体制,创新农村水利工程管理模式

近年来,随着水利工作改革的不断深化,水利管理体制也不断完善。全国不少地区建立起了适应社会主义市场经济要求的水利经营管理体制,走产业化的路子,使水利管理单位由事业福利型向产业效益型转变。在农村水利方面,积极培育农民用水户协会等合作组织,探索建立用水户参与管理的农村水利管理体制,选择适合当地发展的农业节水工程管理模式,促进社会主义新农村水利建设,做到人水和谐相处。到2010年年末,全国成立的农民用水户协会达到5.2万多家,管理灌溉面积占全国有效灌溉面积的23%。积极推进小型农田水利工程管理体制改革,已有700多万处小型农田水利工程完成了产权制度改革。

由于各地情况不一,产权不同,管理体制也不相同,对中小型水利工程,目前主要有以下几种管理模式。

1. 国有产权水利工程的管理模式

国有产权水利工程的管理模式是由国家投资、设计,农户投劳建设并委托某村或单位

组织管理经营的一种模式。对一些抗旱防洪任务较重的小型水利工程,设有专门的管理机构,用水和灌区工程维护相对较好;大多数工程则由乡村组织管理,工程效益较差,水费征收困难,运行费用不能保证,工程老化严重。主要原因是工程收益权和管理支配权脱节,在水价制定和水费征收方面受地方政府和农民的干预,存在着产权的"多重代理"问题,降低了工程运行效益。

2. 集体产权水利工程的管理模式

集体产权水利工程的管理模式是乡村集体组织出资兴建并负责经营管理的一种产权模式。一般由村委统管或生产小组统管,并指定专职人员负责管护,每公顷一次灌溉水费在 75～450 元不等,这也是农村小型水利工程运行管理的主要方式。

在山东省的井灌区,已有机井及配套设施和村集体投入兴建的机井配套工程,产权大都属于村集体,对经济实力较强的村,由村统一组织灌溉服务,村从非农业收入中补贴,或少收一些能耗费,用于工程的维修养护和人员的工资。有的村对灌溉服务组织的人员实行民主推荐,使农民参与管理,有利于调动农民的积极性。集体产权节水工程的管理模式,从产权上来看,具有集体产权的特征,但它符合农村的利益,农民在自主经营的同时享受到经济利益和体会到团队精神,发挥了农村节水技术专业人才的作用,有利于实现灌溉专业化。例如:淄博市周村区彭阳乡的东阳夕村喷灌工程,村委副主任和有关人员组成灌溉服务组,设备统一保管使用,灌溉时期负责设备安装,统一服务,预收部分费用。

3. 承包经营的模式

承包经营的模式是一种在全民或集体所有权不变的基础上,按照所有权和经营权相分离的原则,以承包经营合同的形式,明确所有者和承包者之间的关系。该种管理方式的实施,改变了工程无人负责或责任不明确的状态,降低了对工程管护的监督成本,刺激了承包者的积极性。但也应当看到还存在一些问题,主要有:工程承包还在有些地方存在工程的收益权受一些人为的限制,如不得改变工程用途等;工程设施的管护权有分割现象,如维修费用的分摊问题;有的承包时间短,缺乏投资预期的激励,造成短期行为和破坏性生产。从理论上讲,承包经营的模式应当作为由计划经济向市场经济过渡的产权模式。

在山东省的井灌区,有的实行以单井为单元,联户承包的办法。农户推荐"井长"或"片长"一名,负责灌溉工程的实施,并确定任期,确定年报酬。"井长"或"片长"定期向片内的农户代表通报灌水成本支出,工程的维修养护、承包费用等情况。

反租倒包也是承包经营的一种形式。由于山东省人均占有耕地较少,农民的土地实行承包 30 年不变,分散经营不利于节水灌溉的规模化发展,懂经营、会管理的农户将分散的土地集中经营,对节水灌溉技术的推广十分有利。如淄博市临淄区内有一农民苗文斌,从做小生意开始,积累了一定的资金,投资 3 400 万元,从农民手中反包土地 66.7 hm²,国家和地方补助 180 万元,征用的土地全部建成高标准大棚,发展果树保护地微灌,解决了350 名劳动力的就业问题,较好地配置了水土资源和人力资源。梁山县一位农民,从农民手中反租倒包土地 40 hm²,建起了草本苗木基地,灌溉系统采用滴灌和微喷灌,使本村的水土资源和人力资源得到优化配置。烟台市牟平区农民李忠全个人建果树微灌 45.3 hm²、粮田管灌 20 hm²,节水灌溉工程经营管理得都很好。发挥农民中的能人特长,通过反租倒包的形式,使土地适度集中的规模经营,即通过土地使用权的有偿转让和使用权拍卖,使土地相对集中成为集体农场、家庭农场,实行一体化经营管理,在水源较好的井灌区,这种类型有发展前景,具有较强的生命力。

4. 租赁和拍卖经营的管理模式

租赁是一种市场化的产权模式,是以公开招标的形式,由两个独立的产权实体,通过签订租赁合同,将工程经营权在一定的期限内让给经营者的一种模式。租金由租赁市场的供求关系来确定,可退租、转租,但转租的工程不能随意改变其灌溉用途。租赁实现了经营管理权与收益权的统一。但在市场经济不健全的情况下,租赁对水源工程来讲,有一定风险。

山东省的某些井灌区,租赁方式也是以单井为单元,村集体与农户签订承包、租赁合同。水费的多少由农户和村集体签订的合同确定,并非按照成本核算收费。

村集体以拍卖的形式租赁机井和灌溉工程,是小型水利工程产权制度改革的重要组成部分。肥城老城镇罗窑村就是其中的一个典型,该村 2 824 人,186.7 hm² 耕地,63 眼井,争水抢水现象严重,效益衰减,连续有 4 眼井坍塌报废。村集体根据国家小型农田水利产权制度改革的精神,把全村的机井分为 30 个单元,每个单元连片,实行分片拍卖使用权,使用期 10 年,分两期付款,并签订合同,不仅回收了 15 万元资金用于新的节水灌溉工程的建设,而且很好地调动了农民投资的积极性,30 多个农民投入 16 万元,使工程效益显著提高。

5. 农户家庭经营模式

农户家庭经营模式是指以单个农户投入为主体,乡村投入为导向,其他投入为补充购买或兴建小型灌溉工程的模式。这种模式购买的使用期达到 50～100 年。这种模式在山丘缺水区极大地调动了农民的积极性。例如:1996 年,费县大田庄乡黄土庄村全村人均投入 475 元,出现了户户办水利,高效利用水资源的良好局面。

6. 合伙经营管理模式

合伙经营管理模式是指由两个或两个以上的农户主体共同出资购买、兴建或承包、租赁的产权模式,合伙管理经营,突破了一家一户独立经营的局限性,降低了资本的风险,有利于生产要素的合理组合。

在山东省的淄北平原桓台等地的农村,有的村经济条件差,机井报废后,由井片农户按耕地多少集资打井,进行机泵配套和管道工程建设,产权、使用权归农户,农民灌溉自行管理。灌溉费用互相监督,单井效益高。

7. 股份制管理模式

股份制管理模式是一种以入股的方式采取纯资本联合的形式,集多方资金入股联建、联营,并按照股份多少进行分配的一种产权模式。这是社会化大生产的产物,但目前发展还不成熟,尤其在小型节水工程中应用有困难。

8. 股份合作制管理模式

股份合作制管理模式是一种按照协议以资金、实物、技术、劳动力等生产要素联合的形式共同合股兴建、管理的模式。在管理上实行一人一票制,在分配上实行按劳分配和按股分配相结合。由于股份制把共有产权和私有产权结合起来,体现了公平的原则,是现代较理想的产权模式。例如:肥城市潮泉镇百福图西村,原来灌溉条件较差,每公顷灌溉水成本达到 600 多元。他们按照群众自愿的原则,实行股份合作建设与管理,采取了股金共筹、收益共享、风险共担、自主经营、独立核算的办法,每股 60 元,共募集股金 3 000 股,其

中村集体股占 67%，个人股占 33%。1998 年年底，出水量 80 m^3/h 的水源工程建成，控制面积 17.3 hm^2，并立即制定了章程，健全了规章制度，推选了会计和机手。入股户水价按照 10 元/h，非入股户按照 12 元/h，净收入 30% 作为公积金，70% 年底分红。

又如：淄博市周村区彭阳乡双沟村，村委以原有的水井、机泵、地下输水管等设施入股，村民李太玉购置和保管地上移动喷灌设备，灌溉季节由该村民具体负责安装，共同商定收费标准，折旧和利润按照股份进行分成。

9. 经济自立灌排区的管理模式

经济自立灌排区的管理模式在国外，特别是农业发达的欧洲、美洲等国家已有 20 多年的发展历史，我国从 20 世纪 90 年代初开始从国外引进这一先进的农业灌溉管理模式。

完整的经济自立灌排区（Self-financing Irrigation and Drainage District，简称 SIDD）由供水公司（Water Supplying Company，简称 WSC）和农民用水者协会（Water Using Association，简称 WUA）两部分组成，通过组建供水公司和农民用水者协会，建立符合市场经济体制的用水和供水的供求关系，实现商品化供水和用水。供水公司是在独立的灌排区建立的非政府灌溉管理的经济实体，在当地工商行政管理部门登记注册后，具有法人地位，自主经营、自负盈亏，负责水源工程和骨干渠（沟）的管理和运行，同时向农民用水者协会收取水费。

农民用水者协会是由灌区农民自愿参加组成的群众性用水管理组织，经当地民政部门登记注册后，具有独立法人资格，实行独立核算、自负盈亏，实现经济自立。农民用水者协会负责所辖灌排系统的管理和运行，保证灌溉资产的保值和增值，同时向供水公司缴纳灌溉水费。农民用水者协会由用水小组和用水者协会会员组成。

SIDD 作为一种在国外应用成熟、符合市场经济特点的管理模式，在国内得到了推广和应用。自 1992 年开始，首先在湖北、湖南进行试点研究，并取得了较好的效果，之后在新疆进行试点。1997 年开始，在山东、河南、江苏、河北、安徽等省进行应用。据不完全统计，湖北省已建成用水者协会 118 个，甘肃省建成 62 个，河南省建成 20 个，河北省建成 43 个。山东省已经在世界银行二期加强灌溉农业项目区建成 9 个经济自立灌排区试点，分别设在济南市、滕州市、梁山县、肥城市、平原县、巨野县、微山县。其中，济南原天桥区靳家乡、平原县王打卦乡、微山县刘庄乡是完整的 SIDD 试点，其余只进行了农民用水者协会试点。如肥城县陆房乡对节水工程管理进行大胆改革，建立了节水灌溉协会，实行群众民主管理，乡抗旱服务队统一服务，各村组织群众民主推荐本村协会会长、会员和出席乡协会的首席代表，再由代表民主选举乡节水协会会长及其成员。协会实行企业化管理，具有独立的管理机构和法人地位，协会将全乡喷灌区内的井、电、机、管道等水利设施全部纳入协会管护、运营。为规范协会的服务行为，协会制定了章程，建立健全了各种规章制度，并在成本核算的基础上合理确定了水费征收标准。管理人员工资从水费 15% 的限额内提取，并将工资分为基本工资和奖励工资。1998 年，全乡 360 hm^2 生姜喷灌比大水漫灌节水 130 万 m^3，节约费用 78 万元，增产 110 万 kg。在同一水源情况下，扩大灌溉面积 66.7 hm^2，缩短轮灌周期 3~5 d。这实际上也是用水者协会的一种国产化形式。

2011 年中央一号文件《中共中央 国务院关于加快水利改革发展的决定》指出：继续推进农村饮水安全建设。到 2013 年解决规划内农村饮水安全问题，"十二五"期间基本解决新增农村饮水不安全人口的饮水问题。积极推进集中供水工程建设，提高农村自来水普及率。有条件的地方延伸集中供水管网,发展城乡一体化供水。加强农村饮水安全工程运行管理,落实管护主体,加强水源保护和水质监测,确保工程长期发挥效益。制定支持农村饮水安全工程建设的用地政策,确保土地供应,对建设、运行给予税收优惠,供水用电执行居民生活或农业排灌用电价格。

任务二　水利工程管理的意义

水利工程的建设,为发展国民经济创造了有利条件,但要确保工程安全,充分发挥工程的效益,还必须加强水利工程管理。水利工程管理是以已建水利工程为对象,以水利技术为基础,以现代管理科学为手段,以提高经济效益为宗旨,以确保工程安全为目的的一门新的管理学科。常言道:"三分建,七分管",对水利工程而言,建设是基础,管理是关键,使用是目的。工程管理的好坏,直接影响效益的高低,管理不当可能造成严重事故,给国家和人民生命财产带来不可估量的损失。

加强水利工程管理的必要性,主要体现在以下几个方面:

(1)由于影响水利水电工程的自然因素复杂,水工理论技术仍处于发展阶段,同时水工建筑物的工程量大、施工条件困难,因此在工程的勘测、规划、设计和施工中难免有不符合客观实际之处,致使水工建筑物本身存在着不同程度的缺点、弱点和隐患。根据1996年年底统计,我国大中型病险水库占水库总数的1/4左右,小型水库高达2/5左右,分布面广、量大,除险加固任务艰巨。

(2)水工建筑物长期处于水中工作,受到水压力、渗透、冲刷、气蚀、冻融和磨损等物理作用以及侵蚀、腐蚀等化学作用的影响。水工建筑物在长期运行中,可能受到设计时所未能预见的自然因素和非常因素的作用,如遭遇超标准的特大洪水、强烈的台风和地震等。

(3)水工建筑物失事危害随社会发展而不断加大。随着国民经济的迅速发展,各水利水电工程下游的城镇居民和工矿企业均日益增多,条件也日渐优越,一旦水工建筑物失事,溃坝洪水所造成的损失,会远远超过以往的任何时期而难以估计。

(4)水利水电工程对国民经济发展关系重大,如果工程失事而丧失作用,必将严重影响工农业生产和发展,造成极大的间接损失。如1998年汛期,长江上游先后出现8次洪峰,并与中下游洪水相遭遇,形成了全流域性特大洪水。在长江荆江河段以上洪峰流量小于1931年洪水和1954年洪水,而洪量大于1931年洪水和1954年洪水。在这场大洪水中,长江中下游干流和洞庭湖、鄱阳湖共溃垸1 075个,总淹没面积32.1万 km^2,耕地19.7万 km^2,涉及人口229万人,死亡人口1 562人;长江干堤九江大堤决口,尽管未造成人员死亡,但给国家及当地工农业发展造成了难以估量的损失。

总之,水工建筑物在运用中,受到各种外力和外界因素的作用,随着时间的推移,将向不利方向转化,逐渐降低其工作性能,缩短工程寿命,甚至造成严重事故。因此,应对水工建筑物加强检查观测,及时发现问题,进行妥善的养护,对病害及时进行维修,不断发现和克服不安全的因素,确保工程安全。同时,科学调度、使用和保护水资源,使水利水电工程长期充分发挥其应有效益,这就是水利工程管理的意义之所在。

任务三　水利工程管理的任务和内容

一、水利工程管理的任务

水利工程管理的主要任务是：确保水利工程的安全、完整，充分发挥水利工程和水资源的综合效益，即"安全、效益、综合经营"。具体来说，其任务是通过合理调水用水，除害兴利，最大限度地发挥水资源的综合效益；通过检查观测了解建筑物的工作状态，及时发现隐患；对工程进行经常的养护，对病害及时处理；开展科学研究，不断提高管理水平，逐步实现工程管理现代化。

为了做好工程管理工作，首先应当详细掌握工程的情况。在工程施工阶段，就应筹建管理机构，并派驻人员参与施工；工程竣工后，要严格履行验收交接手续，要求设计和施工单位将勘测、设计及施工资料，一并移交管理单位；管理单位要根据工程具体情况，制定出工程运用管理的各项工作制度，并认真贯彻执行，保证工程正常高效地运用。

在建筑物的管理中，必须本着以防为主、防重于修、修重于抢的原则。首先做好检查观测和养护工作，防止工程病害的发生和发展，发现病害后，应及时修理。做到小坏小修、随坏随修，防止病害进一步扩大，以免造成不应有的损失。

二、水利工程管理的内容

水利工程管理的内容随着水利事业的发展也在不断充实和发展。它的内容很广泛，一般可分为工程技术管理、法制管理和经营管理。工程技术管理主要包括控制运用、用水管理、检查观测、养护维修和防汛抢险等。法制管理主要包括水法律、水利工程管理法规和地方性管理法规等。经营管理主要包括组织管理、计划管理、生产管理、财务管理和综合经营管理等。无论是工程技术管理、法制管理还是经营管理，都要运用现代化的管理技术手段，如应用计算机技术，来提高管理的自动化、现代化水平。

（一）工程技术管理

1. 水库控制运用

水库的作用是兴利调节、防洪除害。但是水库在运用中常常存在各种矛盾，如防洪与兴利的矛盾、各兴利部门之间在用水上的矛盾等，解决矛盾的途径和方式不同，相应的效果也不同。水库控制运用，也称水库调度，包括防洪调度和兴利调度。水库控制运用的任务，就是根据水库工程承担的水利任务、河川径流的变化情况以及国民经济各部门的用水要求，利用水库的调蓄能力，在保证水库枢纽安全的前提下，制订合理的水库运用方案，有计划地对入库天然径流进行控制蓄泄，最大限度地发挥水资源的综合效益。水库控制运用是水库工程运行管理的中心环节。合理的水库控制运用，还有助于工程的管理，保持工程的完整，延长水工建筑物的使用寿命。

水库控制运用的工作内容包括拟定各项水利任务的控制运用方式，编制水库调度规程、水库调度图、当年调度计划，制订面临时段（月、旬）的水库蓄泄方案，进行水库水量调度运用的实时操作等。水库控制运用的日常业务主要有：①加强水库控制运用的基础工作,逐步建立健全水文、雨量报汛站网,推广应用水情自动测报技术;②努力掌握完整的基本资料;③研究采取科学合理的水库控制运用方式;④建立完整的水库控制运用工作制度;⑤加强水库控制运用的科研工作等。

2. 用水管理

用水管理是指应用长期供求水的计划、水量分配、取水许可制度、征收水费和水资源费、计划用水和节约用水等手段,对地区、部门以及单位和个人使用水资源的活动进行管理,以期达到合理用水、高效用水的目的。水资源的开发利用经历了从以需定供、供需平衡到以供定需的三个阶段,水资源已经成为制约我国国民经济持续稳定发展与影响社会和谐及发展进步的重要因素,对使用水资源的活动进行行之有效的管理已势在必行。

用水管理主要包括灌区用水管理和城镇用水管理,需根据水源情况、工程条件、工农业生产安排等编制用水计划,实行计划用水。按照用水计划的规定和水量调配组织的指导,调节、控制水量,准确地从水源引水、输水和按定额向用水单位供水,同时做好量测水工作。在灌溉用水中,减少渠道水量损失、提高灌溉水的利用率是一项极为重要的工作,主要措施包括改善灌水技术、渠道防渗、积极开展灌排试验等。

用水管理的最终目标是使各地区、各部门、各用水单位和个人合理用水,高效用水,以保证在当地水资源处于良性循环的前提下,满足不断增长的社会经济的用水需要。

3. 检查观测

检查观测工作是水利工程管理中的重要技术工作之一,也是管理工作的"耳目"。实践证明,对工程进行系统的检查观测,实时分析观测资料,就能及时掌握工程状态变化,发现异常现象,及早采取抢护和加固措施,确保工程安全运行。

1) 检查观测的任务和内容

检查观测工作的任务是:①确保工程安全。通过检查观测能及时发现异常情况,分析原因,指导维修工作,防止事故发生,保证工程安全。②充分发挥工程效益。通过检查观测,判断建筑物在各种运用条件下的安全程度,以便在确保建筑物安全的前提下,充分发挥工程效益。③验证设计。通过原型观测,对建筑物的设计理论、计算方法和计算指标进行验证,有利于提高设计水平。④鉴定施工质量。通过分析施工期观测资料,控制施工进度,保证工程质量。通过对运行中观测资料的分析,能更好地鉴定施工质量。⑤为科学研究提供资料,以发展水工技术。

工程检查工作,分为经常检查、定期检查、特别检查和安全鉴定。工程管理单位对建筑物各部位、闸门及启闭机械、动力设备、通信设施、水流形态以及库区岸坡等进行经常性的检查观察,由专职人员负责。每年汛前、汛后,水库用水期前后,冰冻较严重地区在冰冻期,对各项工程设施进行定期检查,由管理单位组织。当发生特大洪水、暴雨、风暴潮、强烈地震、工程非常运用及重大事故等情况时,管理单位组织特别检查或报请上级主管部门会同检查。在工程投入运用3~5年内,对工程进行一次安全鉴定;以后每隔6~10年进行一次,由主管部门组织管理、施工、设计、科研等单位及有关专业人员共同参加。定期检查、特别检查和安全鉴定,均应书面报告上级主管部门,大型工程的安全鉴定同时上报水利部。

水利工程管理单位除必须对各项建筑物进行巡视检查外,还应根据工程规模大小、结构形式以及工程的具体情况,参照《水工建筑物观测工作手册》的规定,确定观测项目。

水工建筑物的观测项目,概括起来有变形观测、应力应变观测及温度观测、渗透观测、水流形态观测、水库泥沙淤积观测和水文气象观测等。工程观测的基本要求是按照规定的观测项目、测次和观测方法进行系统和连续的观测,掌握特征测值和有代表性的测值,研究工程运用情况是否正常以及重要部位和薄弱环节的变化情况,分析原因,进行检查处理。

2)检查观测的基本步骤

每一个观测项目都包括以下几个步骤:

(1)观测系统的设计。包括观测项目的确定和测点布置,观测仪器设备的选定,绘制观测设备布置图及施工详图,并编写观测设计说明书和观测规程规范等。

(2)观测仪器设备的埋设和安装。仪器设备安装前要进行检查和率定,埋设安装要严格按设计要求进行。竣工后要填考证表,绘制竣工图。

(3)现场观测。应按设计规定和工程具体情况做好观测记录,达到精度、测次、时间的要求。

(4)观测资料的整理分析。校对现场观测成果,保证资料真实准确。及时绘制过程线和关系曲线,并进行分析。如发现异常情况,应找出原因,采取措施;如一时原因不清,应加强观测,并及时报告上级。

(5)定期进行资料整编和技术总结。根据观测对建筑物工作状态作出鉴定,提出工程运用和维修意见,研究影响建筑物工作状态的因素及其变化规律。

4.养护维修

水工建筑物在运用中,受到各种外力和外界因素的作用,随着时间的推移,将向不利的方向转化,逐渐降低其工作性能,缩短工程寿命,甚至造成严重事故。因此,对水工建筑物进行妥善的养护,对其病害进行及时有效的维修,使不安全的因素向有利的方向转化,确保工程安全,使水工建筑物长期地充分发挥其应有效益,这就是加强养护维修的重要意义。工程实践告诉我们,只要加强检查观测和养护维修工作,病险水库就可以转危为安,发挥正常效益;否则势必造成严重事故,严重威胁人民生命财产的安全。

本着"经常养护,随时维修;养重于修,修重于抢"的原则,养护维修工作一般可分为经常性的养护维修、岁修、大修和抢修等4种。经常性的养护维修是根据检查观测发现的问题而进行的日常保养维修和局部修理,以保持工程完整。岁修是每年根据汛后全面检查所发现的工程问题,编制岁修计划,报批后进行的修理。大修是指工程发生较大损坏,修复工程量大,技术较复杂,管理单位报请上级主管部门批准,邀请设计、施工和科研单位共同研究制订修复计划,报批后进行的修理。抢修是当工程发生事故危及工程安全时,管理单位组织力量进行的抢险,应同时上报主管部门,采取进一步的处理措施。无论是经常性的养护维修,还是岁修、大修或抢修,均以恢复或局部改善原有结构为原则;如需扩建、改建,应列入基本建设计划,按基建程序报批后进行。

改革开放以来,各级水利部门十分重视水工建筑物养护维修工作,取得了很好的效果,积累了许多整治病害的经验,在水库除险中引进了许多新技术、新材料、新工艺。例如,采用高压定向喷射灌浆法构筑防渗墙以处理坝基渗漏,在土坝中采用劈裂灌浆法处理渗漏,应用土工膜和土工织物防渗排渗以节省投资、缩短工期,采用喷锌保护或外加电流阴极保护与涂料保护相结合的防腐措施防止闸门腐蚀等。在养护维修工作中,对于难以解决的特殊问题,一般需与设计、施工、科研等单位会商,确定处理措施,并及时进行观测,验证其效果。

5. 防汛抢险

防汛,是在汛期掌握水情变化和建筑物状况,做好调动和加强建筑物及其下游的安全防范工作;抢险,是在建筑物出现险情时,为避免工程失事而进行的紧急抢护工作。防汛抢险是水利工程管理的一项重要工作,内容包括:各级机构建立防汛机构,组织防汛队伍,准备物资器材,立足于防大汛抢大险,确保工程安全。不断总结抢险的经验教训,及时发现险情,准确判断险情的类型和程度,采取正确措施处理险情,迅速有利地把险情消灭在萌芽状态,是取得防汛抢险胜利的关键。工程出现险情时,应在党和政府的统一领导下,充分发动群众,立即进行抢护。在防汛抢险中,应随时做好防大汛抢大险的准备,制订相应的抢险方案,尽可能地减少洪灾造成的损失。

（二）法制管理

1. 水法律

由全国人民代表大会常务委员会会议通过的《中华人民共和国水法》和《中华人民共和国防洪法》是有关水事和防洪工作的基本法,在这两部法律中有有关水利工程管理的内容,是进行水利工程管理的法律依据。

《中华人民共和国水法》由中华人民共和国第六届全国人民代表大会常务委员会于1988年1月通过,自1988年7月1日起施行;后进行修订,第九届全国人民代表大会常务委员会第二十九次会议于2002年8月29日通过了修订的新《中华人民共和国水法》,以中华人民共和国主席令第74号颁布,自2002年10月1日起施行。《中华人民共和国水法》中有关水利工程管理内容的条款主要有第一条、第三条、第七条、第三十七条、第四十二条、第四十三条、第四十九条、第五十条、第五十五条、第五十六条、第五十七条、第六十四条、第六十六条、第七十二条、第七十六条和第七十九条。

《中华人民共和国防洪法》经第八届全国人民代表大会常务委员会第二十七次会议于1997年8月29日通过,以中华人民共和国主席令第88号公布,自1998年1月1日起施行。《中华人民共和国防洪法》中有关水利工程管理内容的条款主要有第一条、第六条、第十八条、第三十六条、第三十七条、第四十一条、第四十四条和第六十五条。

2. 水利工程管理法规

由中华人民共和国国务院发布的《水库大坝安全管理条例》和《中华人民共和国防汛条例》是水库大坝管理和防汛工作的专项法规。

《水库大坝安全管理条例》以中华人民共和国国务院令第78号发布,自1991年3月22日起施行。为加强水库大坝安全管理,保障人民生命财产和社会主义建设的安全,根据《中华人民共和国水法》,制定该条例。该条例共六章三十四条,分别为总则、大坝建设、大坝管理、险坝处理、罚则、附则。

《中华人民共和国防汛条例》以中华人民共和国国务院令第86号发布,自1991年7月2日起施行。为了做好防汛抗洪工作,保障人民生命财产安全和经济建设的顺利进行,根据《中华人民共和国水法》,制定该条例。2005年国务院对1991年发布的《中华人民共和国防汛条例》作了修改,同时对条文的顺序作了相应调整,以中华人民共和国国务院令第 441 号发布,自 2005 年 7 月 15 日起施行。该条例共八章四十九条,分别为总则、防汛组织、防汛准备、防汛与抢险、善后工作、防汛经费、奖励与处罚、附则。该条例规定,有防汛任务的县级以上人民政府,应当根据流域综合规划、防洪工程实际状况和国家规定的防洪标准,制订防御洪水方案(包括对特大洪水的处置措施)。有防汛抗洪任务的城市人民政府,应当根据流域综合规划和江河的防御洪水方案,制订本城市的防御洪水方案,报上级人民政府或其授权的机构批准后施行。防御洪水方案经批准后,有关地方人民政府必须执行。该条例还规定,有防汛任务的地方人民政府应当建设和完善江河堤防、水库、蓄滞洪区等防洪设施,以及该地区的防汛通信、预报警报系统。此外,各级防汛指挥部应当储备一定数量的防汛抢险物资,由商业、供销、物资部门代储的,可以支付适当保管费。受洪水威胁的单位和群众应当储备一定的防汛抢险物料。防汛抢险所需的主要物资,由计划主管部门在年度计划中予以安排。该条例还明确,任何单位和个人都有参加防汛抗洪的义务。中国人民解放军和武装警察部队是防汛抗洪的重要力量。各级人民政府防汛指挥部汛前应当向有关单位和当地驻军介绍防御洪水方案,组织交流防汛抢险经验。有关方面汛期应当及时通报水情。

　　另外,根据《水库大坝安全管理条例》,水利部和有关部门制定了《水库大坝注册登记办法》、《水库大坝安全鉴定办法》、《水库降等与报废管理办法》等配套规章,这三个办法具体确定了水库管理中进行注册登记、安全鉴定以及降等与报废管理等的有关规定。

　　3. 地方性管理法规

　　有立法权的地方权力机关及省、直辖市、自治区及较大市、州级人民政府根据国家有关法律法规,结合本地区实际制定了相关的《×××实施办法》、《×××实施细则》以及《×××实施意见》等。例如,山东省为加强水库大坝安全管理,保障人民生命财产安全,根据《水库大坝安全管理条例》及其他有关法律、法规,结合本省实际情况,于 1994 年 6 月 3 日以山东省人民政府令第 53 号发布了《山东省实施〈水库大坝安全管理条例〉办法》。根据山东省人民政府 1998 年 4 月 30 日令第 90 号对《山东省实施〈水库大坝安全管理条例〉办法》作了第一次修订;根据山东省人民政府 2004 年 7 月 15 日令第 172 号又对《山东省实施〈水库大坝安全管理条例〉办法》作了第二次修订。该条例共五章三十五条,分别为总则、大坝建设、大坝管理、罚则、附则。据统计,除中央和国务院颁发的有关法规外,各地已制定了三百多件地方性法规,基本形成了较为完备的水法规体系,为依法治水奠定了良好基础。

　　(三)经营管理

　　水利工程经营管理主要研究如何对水利工程管理单位的全部生产活动和经营活动,进行计划、组织、指挥、控制和调节,以发挥工程设施的效能,充分利用水资源,提高经济效益,为保障防洪安全和国民经济发展服务。

　　把水利工程建设好、管理好,建立科学、良性的管理、运行、维护、发展机制,使其能够长期发挥应有的效益,是一项长期的重要任务。现在许多水利工程老化失修、工程不配套,水利工程管理单位生存和发展困难较多,水利工程经营管理薄弱成为水利工作中一个十分突出的问题。为此,要综合分析影响水利工程经营管理的各种因素,按照社会主义市场经济体制的要求,深化改革,大胆探索,努力建立符合我国国情的水利工程管理体制和运行机制。

任务四　新时期对水利工程管理的要求

新时期,我们要清醒地认识到目前已建水利水电工程还远不能适应国民经济和社会发展的要求,主要表现在水利工程抗灾标准低,老化失修,病险严重,用水管理不严,浪费水严重,水资源利用效率不高。同时,在经济上,许多水管单位尚未形成自我维持、自我发展的良性运行机制。今后的工作要以确保工程安全为重点,充分利用水资源,努力提高经济效益。新时期对水利工程管理工作提出了以下新的具体要求。

一、科学发展观和构建社会主义和谐社会对水利工程管理提出了新的要求

科学发展观和构建社会主义和谐社会,是当前和今后一个时期我国经济社会发展的指针,也是包括建设与管理工作在内的整个水利工作所必须遵循的指导思想和基本原则。贯彻落实科学发展观,构建社会主义和谐社会,对水利发展、水利工程管理工作都提出了新的要求。

(一)对水利发展提出了新的要求

对水利发展提出了新的要求就是:坚持以人为本,全面协调可持续发展,发展过程中要坚持城乡统筹、区域统筹、经济社会统筹、人与自然和谐统筹、国内发展与对外开放统筹。党的十六届六中全会通过的《中共中央关于构建社会主义和谐社会若干重大问题的决定》,总体要求就是"民主法治、公平正义、诚信友爱、充满活力、安定有序、人与自然和谐相处"。重点要解决人民群众最关心、最直接、最现实的利益问题。根据科学发展观与构建和谐社会的要求,今后一个时期水利面临着两大历史使命:一是通过水利发展,不断满足经济社会发展对水利的需求,解决人民群众最关心、最直接、最现实的水问题;二是通过转变水利发展模式,全面建设节水型社会,推动经济发展方式的转变,促进经济社会全面协调可持续发展。目前,与科学发展观及构建和谐社会的要求相比,与完成两大历史使命的要求相比,水利发展无论是在解决人民群众最关心、最直接、最现实的水问题方面,还是在推动经济增长方式转变、促进全面协调可持续发展方面,都还存在着明显的不足。这就要求我们继续加强水利基础设施建设,不断提升水利工程的社会服务能力,加强涉水事务的社会管理,不断规范全社会的涉水行为,实现人水和谐。

(二)对水利工程管理提出了新的要求

水利工程管理涉及广大人民群众的共同利益和社会的公共安全,按照科学发展观与构建社会主义和谐社会的要求,水利工程管理必须坚持以下两点。

1. 水利工程管理要坚持以人为本

水利工程管理的主要对象是水利设施的运行和河流资源的开发利用。无论是水利工程的运行管理,还是河流的社会管理,都要把坚持以人为本放在首要位置。防洪工程、供水工程和发电工程的运行,更是直接涉及受保护地区或服务地区人民群众的切身利益。河流的社会管理就是要规范涉水活动当事人的行为,决不能让一部分人的不规范行为损害公共社会和他人的利益。所以说,在水利工程管理工作中一定要坚持以人为本的原则,就是要尽最大努力保护生产者的人身安全,保护工程服务范围内人民群众的切身利益,保证江河资源开发利用不会损害流域内的社会公共利益,做到人水和谐相处。

2．水利工程管理要突出公共安全管理

水利工程社会公益性强，在防洪、供水、灌溉、发电、涉河事务管理、资源开发利用等方面，都直接关系到社会公共安全。如河流采砂，既关系到防洪安全和航运安全，又关系到河势的稳定，哪一个出现问题都会造成严重的甚至是灾难性的后果。再如水库的调度运用，既存在防洪安全的问题，也存在供水安全的问题，还包括维系河流健康生命的水生态安全问题。调度管理得好，会产生巨大的经济效益、社会效益和生态效益，管理一旦出现问题，造成的危害也远比其他事故严重。所以说，水利工程管理直接涉及公共服务问题，一定要突出公共安全，把保证公共安全作为工作的重点来抓。

（三）坚持人与自然和谐相处，维系良好的生态环境

河流是大自然赐予人类赖以生存的宝贵资源，对人类社会的发展做出了重要贡献。历史上，许多灿烂的古代文明都是依河而兴。然而，河流是有生命的，对人类活动的承载能力是有限的。随着人口增加、人类活动加剧等因素的巨大影响，河流承载的压力日益增大，河流生态环境呈现出整体恶化的趋势。目前，世界范围内的河流都曾面临过这种危机。例如，黄河下游曾经长时间断流，黑河下游居延海的严重沙漠化，塔里木河流域的台特玛湖干涸等，都是人类的活动忽视了河流的承载能力，导致河流自身的生命系统出现了危机，甚至衰亡。因此，作为河流的管理者，我们要按照科学发展观与构建和谐社会的要求，牢固树立环境友好和资源合理利用意识，全面加强河道、水域和岸线等资源的社会管理，追求以最少的资源消耗、最小的环境破坏，实现最好的经济社会效益，维持河湖健康生命，促进人与自然和谐。要通过科学规划、严格审批、有效监管，把河流资源的开发利用纳入科学发展、可持续发展的轨道，使河流能够安全宣泄洪水，维持生态水流，保持水质洁净，保证饮水安全，在满足经济社会发展需求的同时，保持河流充满生机活力。

二、市场经济体制改革的不断深入对水利工程管理提出了新的要求

水管单位在市场经济中地位的确定，决定了其必须进一步深化改革。水管单位担负着两个方面的重要职能，一是确保水利工程安全运行，二是力争做到降低成本、高效运行。为此，2002 年国务院办公厅转发的《水利工程管理体制改革实施意见》，把水利工程管理单位分为公益性、准公益性和经营性三类，划定了不同类型水管单位在市场经济中的地位。公益性水管单位要纳入公共财政框架，保证水利设施公益性功能的正常发挥；准公益性水管单位实行财政补助，可以进入市场竞争，但首先要保证水利设施的公益性效益；经营性水管单位成为市场中独立经营、自负盈亏的主体，按市场规律运营。因此，要针对不同类型的水管单位加快改革步伐。对公益性为主的水利工程，必须由公共财政负担运行管理经费，实行规范化、专业化管理，同时要合理"两定"，落实"两费"，降低运行成本，实现安全运行和良性运行，充分发挥综合效益。

例如，山东省为进一步加强对小型水库的管理，2011 年 11 月山东省人民政府令第242 号发布了《山东省小型水库管理办法》，自 2012 年 1 月 1 日起施行。该管理办法共 28条，主要规范了小型水库的概念、监管体制、安全管理、建设与运行管理、工程维护、开发经营、监督考核以及法律责任等内容。2012 年 3 月 8 日，山东省水利厅又出台了与《山东省小型水库管理办法》相配套的《山东省小型水库管理考核办法（试行）》。山东省小型水库管理考核实行省、市、县三级考核体系，采取水库管理单位自评、县水行政主管部门考核、市水行政主管部门复核、省水行政主管部门抽查的方式进行。

职业能力实训

实训一　基本知识训练

一、填空题

1. 水利管理的内容包括_____、_____、_____。

2. 水利工程管理按照性质不同可分为_____、_____、_____。

3. 水利工程管理是以_____为对象，以_____为基础，以_____为手段，以_____为宗旨，以_____为目的的一门管理学科。

4. 水利工程管理法规主要有_____、_____、_____等。

5. 常言道："三分建，七分管"，对水利工程而言，_____是基础，_____是关键，_____是目的。

6. 按照《水库大坝安全管理条例》的规定，水库大坝安全状况分为三类：_____、_____、_____，其中_____和_____即为病险水库。

7. 水利工程管理的根本任务是确保水利工程的_____，充分发挥水利工程和水资源的_____，即"_____"。

8. 水利工程技术管理的内容有_____、_____、_____、_____。

9. 水库的作用是_____、_____，水库控制（调度）运用包括_____和_____。

10. 水利工程养护维修的原则："_____、_____、_____、_____"。

11. 水利工程养护维修的类型有_____、_____、_____、_____等四种。

12. _____和_____，是当前和今后一个时期我国经济社会发展的指针，也是包括建设与管理工作在内的整个水利工作所必须遵循的指导思想和基本原则。

13. 水利行业落实科学发展观，就是坚持_____的治水思路，走_____的发展道路，实现_____的水利工作目标。

14. 水利工程管理体制改革的原则是正确处理水利工程的_____、_____、_____、_____、_____的关系。

15. 《水利工程管理体制改革实施意见》，把水利工程管理单位分为_____、_____、_____三类，划定了不同类型水管单位在市场经济中的地位。

16. 公益性水管单位要纳入_____框架，保证水利设施公益性功能的正常发挥；准公益性水管单位实行_____，可以进入市场竞争，但首先要保证水利设施的公益性效益；经营性水管单位成为市场中_____、_____的主体，按市场规律运营。

二、名词解释

1. 水利工程管理

2. 二类坝

3. 三类坝

4. 病害水库

5. 危险水库

三、选择题(正确答案 1~3 个)

1. 水利行业落实科学发展观,坚持以人为本,就是要运用现代治水方法最终实现( )的目标。

A. 科学发展　　　　　　　　　B. 统筹兼顾

C. 改革创新　　　　　　　　　D. 人水和谐

2. 水利工程养护维修的原则是( )。

A. 安全第一,常备不懈　　　　B. 经常养护,随时维修

C. 以防为主,全力抢险　　　　D. 养重于修,修重于抢

3. 水库控制运用的基本资料包括( )。

A. 流域规划资料　　　　　　　B. 自然地理、水文气象资料

C. 水库特性资料　　　　　　　D. 水库工程的质量情况

4. 实际抗御洪水标准低于部颁水利枢纽工程除险加固近期非常运用洪水标准,或者工程存在较严重安全隐患,不能按设计正常运行的大坝,称为( )坝。

A. 特类坝　　　　　　　　　　B. 一类坝

C. 二类坝　　　　　　　　　　D. 三类坝

5. ( )坝即为病险水库(大坝)。

A. 一类坝和二类坝　　　　　　B. 一类坝和三类坝

C. 二类坝和三类坝　　　　　　D. 一、二、三类坝

6. 承担既有防洪、排涝等公益性任务,又有供水、水力发电等经营性功能的水管单位,称为( )水管单位。

A. 纯公益性水管单位　　　　　B. 公益性水管单位

C. 准公益性水管单位　　　　　D. 经营性水管单位

四、简答题

1. 新中国成立以来,水利工程管理工作取得了哪些主要成就?

2. 新时期对水利工程管理工作有哪些要求?

3. 水利工程管理体制改革的目标是什么?

4. 我国水利工程管理单位分为哪三类?分别如何定性?

五、论述题

结合所学知识,论述现阶段水利工程管理的重要意义、主要任务及主要内容。

项目二　挡水建筑物的检查观测

【学习目标】
　　1. 能进行土石坝的巡视检查与日常养护。
　　2. 能观测土石坝的水平位移、垂直位移、固结和渗流。
　　3. 能进行混凝土及浆砌石坝的巡视检查与日常养护。
　　4. 能观测混凝土及浆砌石坝的变形和基础扬压力。
　　5. 能具备水工监测工基本知识。

任务一　土石坝的巡视检查与日常养护

一、土石坝的巡视检查

　　土石坝的巡视检查是用眼看、耳听、手摸等直观方法并辅以简单的工具,对水工建筑物外露的部分进行检查,以发现一切不正常现象,并从中分析、判断建筑物内部的问题,从而进一步进行检查和观测,并采取相应的修理措施。

　　土石坝的观测是用专门的仪器设备进行定期定量观测,这可以获得比较精确的数据。但仅用仪器设备对坝体进行观测是不能完全说明问题的,这是因为在坝的表面和内部设置的测点是典型断面和个别部位上的一些点,而坝的表面和内部异常情况的发生,往往不一定刚好发生在测点位置上,这就造成在测点上有可能测不出局部破坏情况。另外,用仪器观测是定时进行的,定时的时间间隔一般较长,这就可能造成坝的异常情况发生在未观测时而错过及时发现故障的时机。例如,某大型水库在一个深夜于库水位下的上游坝面发生滑坡,是保安人员巡视发现的。因此,对土石坝的巡视检查是发现土石坝异常情况的重要手段。据国内外水工建筑物的检查观测资料统计,大部分异常情况不是首先由仪器观测发现的,而是由平时的巡视检查发现的。

　　土石坝的检查观测工作分为三个时期:初蓄期(第一期),是从施工期到首次蓄水至设计水位后 1 个月,这阶段坝体与坝基的应力、变形较大,渗漏较快,是对土石坝加强检查观测的时期。第一期后经过 3~5 年或更长时间,土石坝的性能及变形渐趋稳定,称为稳定运行期(第二期)。经过第二期以后的运用期,有时又称为坝的老化期(第三期)。水工建筑物的检查观测在各时期的要求是不同的。

　　土石坝巡视检查工作分为经常检查、定期检查、特别检查和安全鉴定等 4 项。

　　经常检查由工程管理单位的职能科(股)组织有关专职人员进行,是用直观的方法经常对土石坝表面、坝趾、坝体与岸坡连接处等部位进行的巡视检查,以了解坝的形态和性能变化,发现不正常或影响安全的情况,保证土石坝安全、完整、清洁、美观。经常检查在初蓄期每周至少 1 次,稳定运行期每月至少 2 次,老化期每月至少 1 次。

定期检查是在每年汛前汛后、用水期前后、第一次高水位、冻害地区的冰冻期,由工程管理单位组织有关科(股)人员和专职人员,对土石坝进行较全面或专项的巡视检查,上级部门可视情况抽查或复查。定期检查主要是了解土石坝能否正常蓄水拦洪,或经过汛期运用有无不正常现象,防凌、防冻措施效果如何,冰冻对坝坡有无破坏影响。

特别检查是当土石坝发生比较严重的险情或破坏现象,或发生特大洪水、3 年一遇暴雨、7 级以上大风、5 级以上地震,以及第一次最高水位、库水位日降落 0.5 m 以上等非常运用情况时,由工程管理单位组织专门力量进行的巡视检查,必要时可邀请上级主管部门和设计、施工等单位共同进行。特别检查应结合观测资料进行分析研究,判断外界因素对土石坝状态和性能的影响,并对水库的管理运用提出结论性报告。

安全鉴定在水库建成的第一、二期每隔 3～5 年进行 1 次,第三期每隔 6～10 年进行 1 次。按照工程分级管理的原则,由上级主管部门组织管理、设计、施工、科研等单位及有关专业人员共同参加的鉴定工作,应对土石坝的安全情况作出鉴定报告,评价工程建筑物的运行状态,如需处理应提出措施。

(一)土石坝巡视检查的要求和内容

为了保证巡视检查工作的正常开展,必须要有专人负责,落实巡视检查工作的"五定"要求:定制度、定人员、定时间、定部位、定任务。同时,确定巡视检查路线和顺序。特别应注意在高水位期间,要加强对背水坡、排水设备、两岸接头处、下游坝脚一带和其他渗透出逸部位进行巡视检查,在大风浪期间加强对上游护坡的巡视检查,在暴雨期间加强对坝面排水系统和两岸截流排水设施的巡视检查,在泄流期间加强对坝脚可能被水流淘刷部位的巡视检查,在库水位骤降期间加强上游坝坡可能发生滑坡的巡视检查,在冰冻、有感地震后加强对坝体结构、渗流、两岸及地基进行巡视检查,观察是否有异常现象。

1. 土石坝巡视检查的要求

对土石坝进行的巡视检查应注意以下要求:

(1)每次巡视检查都应按照规定的内容、要求、方法、路线、时间进行,每项工作都应落实专人,要明确各自的任务和责任。

(2)发现异常情况应及时上报,上级主管部门应分析决定是否进行高一级巡视检查工作。

(3)应加强水库安全运行的宣传工作,号召坝区群众爱护工程设施,爱护观测设备,做到防患于未然。

2. 土石坝巡视检查的内容

土石坝的巡视检查一般包括以下内容:

(1)坝体有无裂缝、塌坑、隆起、滑坡、冲蚀等现象,有无兽害,有无白蚁活动迹象。

(2)坝面排水系统有无裂缝、损坏,排水沟有无堆积物等。

(3)坝面块石护坡有无翻起、松动、垫层流失、架空、风化等现象,还应注意观察砌块下坝面有无裂缝。

(4)背水坡、两端接头和坝脚一带有无散漫、漏水、堵塞、管涌、流土或沼泽化等现象,减压井、反滤排水沟的渗水是否正常。

（5）防浪墙有无变形、裂缝、倾斜和损坏。

（6）对于堤防，还应注意护岸、护坡是否完好，有无冲刷和坍塌，堤身有无挖坑、取土和耕作，护坡草皮和防护林是否完好，河道水流有无变化，险工是否有上提下错。

影响土石坝安全运用的病害，主要有裂缝、渗漏、滑坡等，因此巡视检查时这些方面应是重点。

（二）裂缝的巡视检查观测

土石坝裂缝是最常见的病害现象，对坝的安全威胁很大。个别横向裂缝还会发展成集中渗流通道，有的纵向裂缝可能造成滑坡。有资料显示，在土石坝出现的各种事故中，因裂缝造成的事故要占到1/4。因此，对土石坝裂缝的巡视检查必须引起重视。

土石坝裂缝的巡视检查主要凭肉眼观察。对于观察到的裂缝，应设置标志并编号，保护好缝口。对于缝宽大于5 mm裂缝，或缝宽小于5 mm但长度较长、深度较深，或穿过坝轴线的横向裂缝、弧形裂缝（可能是滑坡迹象的裂缝）、明显的垂直错缝以及与混凝土建筑物连接处的裂缝，还必须进行定期观测，观测内容包括裂缝的位置、走向、长度、宽度和深度等。

观测裂缝位置时，可在裂缝地段按土坝桩号和距离，用石灰或小木桩画出大小适宜的方格网进行测量，并绘制裂缝平面图。

裂缝长度可用皮尺沿缝迹测量。对于缝宽，可在整条缝上选择几个有代表性的测点，在测点处裂缝两侧各打一排小木桩，木桩间距以50 cm为宜，木桩顶部各打一小铁钉，用钢尺量测两铁钉距离，其距离的变化量即为缝宽变化量；也可在测点处洒石灰水，直接用尺量测缝宽。

必要时可对裂缝深度进行观测，在裂缝中灌入石灰水，然后挖坑探测，深度以挖至裂缝尽头为准，如此即可量测缝深及走向。

对土石坝裂缝观测的同时，应观测库水位和渗水情况，并作好观测记录，见表2-1。

表2-1　裂缝观测记录表

日期（年-月-日）	编号	裂缝位置及走向	缝长（m）	缝深（cm）	测点缝宽（cm）		温度（℃）		上游水位（m）	裂缝渗水情况	备注

观测者：　　　　　　　　　　　　　校核者：

土石坝裂缝巡测的测次，应视裂缝发展情况而定。在裂缝发生的初期，应每天巡测1次。待裂缝发展缓慢后，可适当延长间隔时间。但在裂缝有明显发展和库水位骤变时，应加密测次。雨后还应加测。特别是对于可能出现滑坡的裂缝，在变化阶段，应每隔1～2 h巡测1次。

（三）渗漏巡视检查

土石坝渗漏的巡视检查也是用肉眼观察坝体、坝基、反滤坝趾、岸坡、坝体与岸坡或混凝土建筑物结合处是否有渗水、阴湿以及渗流量的变化等。

在进行渗漏巡视检查时,应记录渗漏发生的时间、部位、渗漏量增大或减小的情况,渗水浑浊度的变化等,同时应记录相应的库水位。渗水由清变浑或明显带有土粒,漏水冒沙现象,渗流量增大,是坝体发生渗透破坏的征兆。若渗水时清时浊、时大时小,则可能是渗漏通道塌顶,也可能由蚁患引起,但这种情况可观察到菌圃屑或白蚁随水流出,此时应加强巡视检查和渗漏观测,并采取措施予以处理。

如下游坝基发生涌水冒沙现象,说明坝基已发生渗透破坏。出现这种情况时,涌水口附近开始会形成沙环,以后沙环逐渐增大。当渗水再增大时沙粒会被带走,涌水口附近可能出现塌坑。

巡视检查中当发现库水位达到某一高程时,下游坝坡开始出现渗水,就应检查迎水面是否有裂缝或漏水孔洞。

(四)滑坡巡视检查

在水库运用的关键时刻,如初蓄、汛期高水位、特大暴雨、库水位骤降、连续放水、有感地震或坝区附近大爆破,应巡视检查坝体是否发生滑坡。在北方地区,春季解冻后,坝体冻土因体积膨胀,干容重减小,融化后土体软化,抗剪强度降低,坝坡的稳定性差,也可能发生滑坡。坝体滑坡之前往往在坝体上部先出现裂缝,因此应加强对坝体裂缝的巡视检查。

二、土石坝的日常养护

土石坝日常养护工作的主要内容如下所述:

(1)不得在坝面上种植树木、农作物,严禁放牧、铲草皮以及搬动护坡的砂石材料,以防止水土流失、坝面干裂和出现其他损害。

(2)经常保持坝顶、坝坡、戗台、防浪墙的完整,对表面的坍塌、隆起、细微裂缝、雨水冲沟、蚁穴兽洞,应加强检查,及时养护修理。护坡砌石如有松动、风化、冻毁或被风浪冲击损坏,应及时更新修复,保证坝面完整清洁、坝体轮廓清楚。

(3)严禁在坝顶、坝坡及戗台上堆放重物,建筑房屋,敷设水管,行驶质量、振动较大的机械车辆,以免引起不均匀沉陷或滑坡破坏。

(4)在对土石坝安全有影响的范围内,不准任意挖坑、建塘、打井、爆破、炸鱼或进行其他对工程有害的活动,以免造成土石坝裂缝、滑坡和渗漏。

(5)不得利用护坡做装卸码头,靠近护坡不得停泊船只、木筏,更不允许船只高速行驶,对坝前较大的漂浮物应及时打捞,以保护护坡的完整。

(6)经常保持坝面和坝端山坡排水设施的完整,经常清淤,保证排水畅通。

(7)在下游导渗设备上不能随意搬动砂石材料以及进行打桩、钻孔等损坏工程结构的活动,并应避免河水倒灌和回流冲刷。

(8)正确控制库水位,务必使各时期水位及其降落速度符合设计要求,以免引起土石坝上游坡滑坡。

(9)注意各种观测仪器和其他设备的维护,如灯柱、线管、栏杆、标点盖等,应定期涂刷油漆,防锈防腐。

(10)在寒冷地区,冰冻前应消除坝面排水系统内的积水,每逢下雪,应将坝顶、台阶及其他不应积雪部位的积雪扫除干净,以防冻胀、冻裂破坏。

任务二　土石坝横向水平位移观测

　　土石坝坝体和土基在荷载作用下将会发生变形。由于土体中的土粒和孔隙水变形十分微小，一般可以忽略不计。因此，可以认为土体的变形主要是由孔隙水和空气被排出，使孔隙变小而引起的。这个过程就叫做土体的固结。土体固结使土面下沉，产生垂直位移，通常称为沉陷。由于土石坝坝体填土厚度不同，坝基土面也不是个水平面，加之受水压力等影响，土石坝固结时，坝面土粒不但垂直下沉，而且还有水平方向的移动，通常称之为水平位移。

　　土石坝和土基发生固结、沉陷和水平位移是必然的客观现象。研究土石坝的变形，目的在于了解土石坝实际发生的变形是否符合客观规律，是否在正常范围之内。如果土石坝变形发生异常情况，就有可能发生裂缝或滑坡等破坏现象。为此，为了保证土石坝的安全和稳定，必须在水库的整个运用期间对土石坝进行变形观测。

　　土石坝的变形监测一般是指表面沿上下游方向的变形和铅直方向的变形。

　　土石坝的水平位移通常是在坝面布置适当的测点，用仪器设备量测出测点在水平方向的位移量来观测的。对于土石坝，我们主要是了解垂直坝轴线方向的位移，因此一般用视准线法进行观测，对一些较长的坝或折线形坝，则常用前方交会法或视准线和前方交会结合法进行观测。

　　土石坝的沉陷观测也是在坝面布置适当的测点，用仪器设备测量其垂直方向的位移量，即测点的高程变化，因此也可称为垂直位移观测。测量测点高程变化通常采用水准测量法。

　　变形观测的符号规定：①水平位移。向下游为正，向左岸为正；反之为负。②垂直位移。向下为正，向上为负。

　　土石坝变形随着时间的增长而逐渐减缓，亦即间隔变形量与时间成反比。以沉陷为例，土石坝建成后，第一年产生的沉陷量最大，以后逐年减小，在相当长时间以后，如果荷重不发生变化，坝体固结到一定程度后，变形趋近于零，即不再继续沉陷。因此，土石坝变形观测的测次可随时间相应减少。根据有关规定，土石坝施工期，每月测 3 ~ 6 次；初蓄期，每月测 4 ~ 10 次；运行期，每年测 2 ~ 6 次。变形基本稳定或已基本掌握其变化规律后，测次可适当减少，但每年不得少于 2 次。当水位超过运用以来最高水位时，应增加测次。

　　测定大坝水平位移的方法很多，主要有视准线法、小角度法、前方交会法、激光准直法等。小角度法、前方交会法与大地测量方法相同，下面主要介绍视准线法、激光技术在土石坝水平位移观测中的应用。

一、视准线法测定土石坝的横向水平位移

（一）观测原理

　　在坝体两端岸坡上各建立一个工作基点，通过两工作基点构成一条基准线，测量坝体某点到基准线的距离，其距离变化量即为该点的坝体位移。这里要求基准线不能随坝体位移而位移，亦即两工作基点必须建立在不受大坝变形影响且稳定可靠的两端基岩中。

这条基准线是用一端工作基点上安置的经纬仪照准另一端工作基点上的固定觇标而得出的,因此把这条基准线称为视准线。视准线法观测水平位移原理可用图 2-1 来说明。

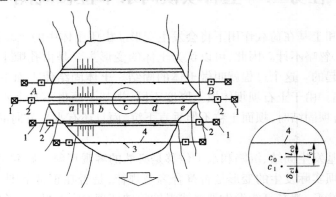

1—校核基点;2—工作基点;3—位移标点;4—视准线

图 2-1　视准线法观测水平位移原理

将经纬仪安置在 A(或 B)点,后视 B(或 A)点固定觇标,构成视准线。首次测出位移标点 a、b、c、d、e 中心偏离视准线的距离 l_{a0}、l_{b0}、l_{c0}、l_{d0}、l_{e0} 作为初测成果。当坝体发生水平位移后,各位移标点随之位移,再次测出各位移标点中心偏离视准线的距离 l_{a1}、l_{b1}、l_{c1}、l_{d1}、l_{e1},与初测成果的差值即为各位移标点在垂直视准线方向上的水平位移,亦即坝体横向水平位移。以 c 点为例,初测成果为 l_{c0},坝体位移后第一次测得 c 点偏离视准线的距离为 l_{c1},l_{c1} 与 l_{c0} 的差值即为第一次测得位移标点 c 的横向水平位移量。因此,对任一点第 i 次测得的累计横向水平位移量为

$$\delta_i = l_i - l_0 \tag{2-1}$$

式中:δ_i 为第 i 次测得位移标点的累计横向水平位移量;l_i 为第 i 次测得位移标点偏离视准线的距离,亦即偏离值;l_0 为初次测得位移标点偏离视准线的距离,亦即标点的初始偏距或埋设偏距。

由以上观测原理可知,测定坝体水平位移除需建立工作基点外,还应在坝体上设置位移标点。另外还规定,坝体位移以向下游为正,向上游为负;向左岸为正,向右岸为负。

(二)测点布设

1. 测点布设原则

为了全面掌握土石坝水平位移的变化规律,同时不使观测工作过于繁重,应在坝体上选择有代表性的部位作为测点,在测点上埋设位移标点。测点选择的原则是要有代表性,能反映出坝体位移的全貌。对于坝体纵向来说,一般在坝顶的坝肩布设一排测点,最高蓄水位以上的上游坝坡布设一排,下游坝坡布设 2~3 排。位移标点的布设还应做到使各纵排上的标点在相应的横断面上。横断面一般选择在最大坝高处、合龙段、坝内有泄水底孔处以及地基坡度和地质情况突变的地段。横断面间距一般为 50~100 m,个数不少于 3 个。

工作基点是用来构成基准线的。要求将工作基点埋设于岸坡岩基中或原状土中,每排位移标点两端各一个。通过两工作基点中心构成的基准线应基本平行于坝轴线,并高于位移标点顶部 0.5 m 以上。

工作基点要求稳固可靠,但在长期使用中难免有变化。为了检测工作基点是否位移,应设置更高一级的基点,即校核基点来校核工作基点。校核基点的布设要求和稳定性较工作基点高。

位移标点、工作基点、校核基点的布置形式如图 2-2 所示。

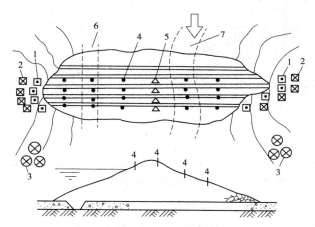

1—工作基点;2—校核基点;3—水准基点;4—位移标点;
5—增设工作基点;6—合龙段;7—原河道
图 2-2 土石坝位移测点布置形式

图 2-2 中校核基点布设是一种形式,也可在每个工作基点附近隔一定距离布置两个校核基点,使两个校核基点与工作基点的连线分别平行和垂直于坝轴线,此时对工作基点校核时不用仪器观测,只在校核基点和工作基点顶部的钢板上刻上十字丝,用钢尺丈量即可。

2.测点结构

1)位移标点

有块石护坡的土石坝埋设的位移标点形式如图 2-3(a)所示,标点柱身为 $\phi 50$ mm 的铁管。铁管浇筑在混凝土底座上,底座埋设在坝体内。砖石砌体是为了防止护坡块石位移对铁管形成挤压。无块石护坡的位移标点形式如图 2-3(b)所示,标点柱身和底座为钢筋混凝土结构。标点顶部高出坝面 50~80 cm,底座位于最深冰冻线以下 0.5 m 处。

2)工作基点

工作基点供安置仪器和照准标志以构成基准线,分固定工作基点和非固定工作基点两种。布设在两岸山坡上的工作基点为固定工作基点。当大坝较长或为折线形坝时,需要在两个固定工作基点之间的坝体上增设工作基点,这种工作基点为非固定工作基点,如图 2-2 所示。固定工作基点和非固定工作基点的结构形式相同。

工作基点包括混凝土墩和上部结构两部分。混凝土墩通常由高 100~200 cm、断面 30 cm×30 cm 的混凝土柱体和长宽各 100 cm、厚 30 cm 的底板组成,如图 2-4 所示。

3)校核基点

校核基点的结构形式和尺寸与工作基点相同,通常埋设在工作基点附近地基稳定处。

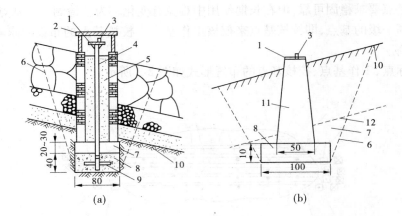

(a)　　　　　　　　　　　　　(b)

1—观测盘;2—保护盖;3—垂直位移标点;4—φ 50 mm 铁管;5—填沙;6—开挖线;
7—回填土;8—混凝土底座;9—铁销;10—坝体;11—柱身;12—最深冰冻线

图 2-3　土石坝位移标点结构示意　（单位:cm）

4）观测盘

位移标点、工作基点和校核基点顶部均要设置供安置观测仪器或测量设备用的观测盘。其形式,一种是金属托架式,是一种类似经纬仪三角架上的三角形仪器底盘,浇筑混凝土墩时将其埋设在混凝土墩顶部,这种底盘的对中误差较大。另外,还有三槽式、三点式强制对中底盘,它们的对中误差较小。此外,对于简易测量法或只用钢尺丈量时,观测盘上只须刻十字丝即可。

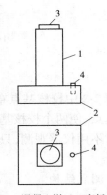

1—混凝土墩;2—底板;
3—观测盘;4—金属标点头

图 2-4　工作基点结构示意图

（三）观测仪器和测量设备

视准线法观测一般用经纬仪。对于不太长的土石坝可用 J_2 型经纬仪,坝长超过 500 m 时最好使用 J_1 型经纬仪。

测定位移时,需要在另一工作基点和位移标点上安置标志,以供仪器照准目标和测量位移。常用的标志有固定觇标和活动觇标两种。

1. 固定觇标

固定觇标设于后视工作基点上,供经纬仪瞄准构成基准线。

2. 活动觇标

活动觇标置于位移标点上,供经纬仪瞄准并测量标点的位移。

（1）简易活动觇标。如图 2-5 所示,觇标底缘刻有毫米分划,其零分划与觇标图案中线一致。应用简易活动觇标,位移标点顶部的观测盘上只需刻上十字线,观测时将十字线中心对准觇标底缘分划尺上的位置,读数估读至 0.1 mm。

（2）精密活动觇标。图 2-6 为直插式精密活动觇标,使用时插入带圆孔的观测盘。觇标上有调节螺旋,用以移动觇标以对准观测仪器的竖丝,然后通过觇标的刻度尺和游标尺读数。精密活动觇标的底座形式类似于经纬仪底座,其位移标点顶部的观测盘应配强制对中底盘。

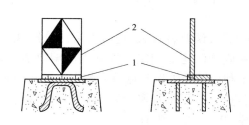

1—刻度尺;2—觇牌

图2-5　简易活动觇标

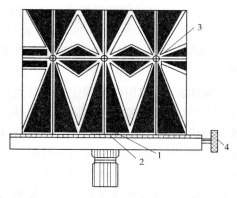

1—游标尺;2—刻度尺;3—红玻璃;4—水平微动螺旋

图2-6　直插式精密活动觇标

(四)水平位移观测方法

1.固定端点设站观测法

如图2-1所示,将经纬仪(或大坝视准仪)安置在工作基点 A,B 点安置固定觇标,在位移标点 c 安置活动觇标。首先将经纬仪整平并调焦瞄准 B 点的固定觇标中心,随即固定经纬仪水平度盘及照准部,使其不能左右转动。再调焦准确,并调整水平微动螺旋,精确瞄准 B 点觇标中心。这时通过望远镜十字丝中心,在空中得到一条通过 A、B 两点的视准线。然后俯下望远镜,指挥 c 点司标者移动觇牌,使觇牌的中线与望远镜的竖丝重合,随即令司标者停止移动觇牌并读数。读数后继续在原来方向上移动觇牌,令觇牌离开视准线,再反向移动觇牌,使觇牌中线再次与视准线重合,然后读数。一般读取 2~4 次读数,取其平均值作为上半测回。最后倒转望远镜,按上述方法测下半测回。取盘左盘右读数的平均值作为一测回成果。需测的测回数根据精度要求、视线长度及所用的仪器而定,也可由精度估算的方法进行估算。其余 a、b、d、e 点的观测方法与 c 点一样。观测标点的顺序一般是从靠近仪器端,依次向坝另一端。如果坝较长,前视最远处位移标点视线超过250 m 时,可在 A 点安置仪器观测靠近 A 点 1/2 坝长内的位移标点,然后将仪器搬至 B 点,在 B 点后视 A 点固定觇标后,观测靠近 B 点 1/2 坝长内的位移标点。观测记录格式参照表2-2。

表2-2　水平位移观测记录计算表(视准线法)

日期_____　　天气_____　　气温_____　　水位_____

测站_____　　后视_____　　司标_____　　司镜_____

记录_____　　计算_____　　校核_____　　　　　(单位:mm)

测点	测回	正镜			倒镜			一次测回平均值	本次偏离值	埋设偏距	上次偏离值	间隔位移量	累计位移量
		1	2	平均	1	2	平均						
Ⅲ-3	1	+16.8	+16.4	+16.6	+17.6	+16.8	+17.2	+16.9	+16.7	+14.3	+15.6	+1.1	+2.4
	2	+16.6	+15.8	+16.2	+16.6	+17.0	+16.8	+16.5					

⋮

表 2-2 中的累计位移量按式(2-1)计算,每两次之间观测的间隔位移量由下式计算

$$\delta_{ji} = \delta_i - \delta_{i-1} = l_i - l_{i-1} \tag{2-2}$$

式中:δ_{ji} 为第 i 次观测的间隔位移量;δ_i 为第 i 次观测的累计位移量;l_i 为第 i 次观测的偏离值。

当坝体较长,仅用两端固定工作基点进行观测时,误差将较大,这时可采用分段观测法,即在坝体上设置若干个非固定工作基点,较精确地测定非固定工作基点的偏离值,再在各分段内测定各位移标点的偏离值。这时由于利用固定工作基点只需测定少数几个非固定工作基点的偏离值,故可以选择最有利时间进行,也可增加测回数以提高观测精度。至于分几段合适,应视具体情况而定,一般以每段 300 m 左右为宜。

点位移后,视准线发生位移而在位移标点处的位移值。以 c 点为例,设第 i 次观测时 c 点位移至 c' 点,由图 2-7 可知,按视准线 K'、B 测得 c' 点的偏离值为 l''_{ci},实际上 c' 点对 A、B 视准线的偏离值为

$$l_{ci} = l''_{ci} + l'_{ci} = l''_{ci} + \frac{Bc}{BK}\Delta K \tag{2-3}$$

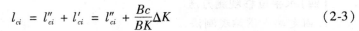
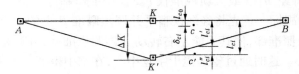

图 2-7　直线坝非固定工作基点设站观测示意图

第 i 次测得 c 点的累计位移值为

$$\delta_{ci} = l_{ci} - l_{c0} = l''_{ci} + \frac{Bc}{BK}\Delta K - l_{c0} \tag{2-4}$$

式中:l''_{ci} 为视准线 K'、B 测得 c' 点的偏离值;l'_{ci} 为视准线在位移标点 c 处的位移值;l_{c0} 为 c 点偏离 A、B 视准线的初始偏离值;BK 和 Bc 分别为 K 点至 B 点和 c 点至 B 点的距离,可实地丈量得出。

当视准线分为三段、四段等时,均可按同法进行计算。

2. 中点设站分段观测法

当使用分段观测测定 K 点的偏离值时,仪器仍然置于固定端点后视另一固定端点,此时视线长度并未缩短,精度很难提高。只有当 K 点测定以后,利用它来测定分段内位移标点的偏离值时才缩短了视线。中点设站分段观测法是将经纬仪安置于非固定工作基点进行观测,如图 2-8 所示。A 和 B 分别为大坝两端的固定工作基点,K 为非固定工作基点。

布点时为了消除仪器的调焦误差,尽可能使 $s_1 = s_2$。观测时,将经纬仪安置于变位后的非固定工作基点 K' 上,在固定工作基点 A 和 B 上分别安置固定觇标和活动觇标。先于盘左位置后视 A 点,十字丝竖丝与觇标中心精确重合后即固定水平度盘及照准部,倒转望远镜前视 B 点,并指挥 B 点司标者令觇标中心与视线重合 n 次,读取 n 次读数,为上半测回。然后在水平方向将仪器旋转 180°,以盘右位置后视 A 点,再次倒转望远镜前视 B 点,同上法读取 n 次读数为下半测回,两半测回为一测回,按精度要求依法施测若干测回。

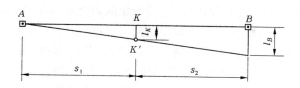

图2-8 直线坝非固定工作基点中点设站观测示意图

由图 2-8 可知，K' 点的偏离值为

$$l_K = 0.5 l_B \qquad (2\text{-}5)$$

式中：l_B 为 B 点活动觇标读数。

如果 K 点未设在 A、B 中点，即 $s_1 \neq s_2$ 时，l_K 的计算式为

$$l_K = \frac{s_1}{s_1 + s_2} l_B \qquad (2\text{-}6)$$

由上可知，将仪器置于中间的非固定工作基点进行观测，视线缩短一半，观测精度将有很大提高。

二、激光技术在土石坝水平位移观测中的应用

激光是一种新型光源，具有方向性强、单色性好、亮度高、相干性好等特点，因此在大坝水平位移观测中的应用越来越普遍，而且观测精度也大为提高，也为观测的自动化开辟了新途径。目前，在大坝水平位移观测中采用较多的是激光经纬仪准直法、激光波带板准直法、真空激光准直法等。下面简略介绍它们在大坝水平位移观测中的应用。

（一）激光经纬仪准直法

1. 激光经纬仪

激光经纬仪是在普通经纬仪上安装一个激光管而成的，如在 J_2 型经纬仪望远镜上安装一个氦（He）氖（Ne）激光管便成为 J_2 – J_D 型激光经纬仪，其光路图如图 2-9 所示。由氦氖激光管发出的红色激光，经反射棱镜转向聚光透镜，通过针孔光栅到达分光棱镜，然后沿望远镜射出一条红色光束，形成可见的准直用的射线。

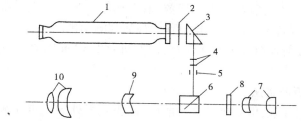

1—激光管；2—遮光开关；3—反射棱镜；4—聚光透镜；5—针孔光栅；
6—分光棱镜；7—目镜组；8—分划板；9—调焦镜；10—物镜组

图2-9 激光经纬仪光路图

2. 观测方法

观测时由激光经纬仪发射一条可见的红色激光束照准目标，其原理与活动觇标视准线法完全相同。先在大坝一端的固定工作基点上安置激光经纬仪，另一端的固定工作基

点上安置固定觇标。激光管通电预热后,令激光束照射固定觇标,司标者指挥司仪者使激光光斑中心恰好与觇标重合,即令司仪者固定激光经纬仪的照准部,这样就标定了准直线的方向,此为简单的目视法。为了正确判定光斑中心,提高照准精度,可采用光电接收靶进行接收。光电接收靶如图 2-10 所示,它是在觇标上安置硒光电池,若激光光斑正好落在硒光电池中心,检流表指针指向零。反之,如指针偏离零位,表示光斑未照准硒光电池中心。当硒光电池中心与觇标中心重合时,测微鼓上相应的读数值是预先测定的。因此,在标定准直线方向时,首先将接收靶安置于固定工作基点并整平,转动测微鼓,使读数恰为硒光电池中心与觇标中心重合时的读数值。然后指挥司仪者转动仪器的水平微动螺旋,移动激光束照准硒光电池,直至检流表的指针处于零位,这样就标定了准直线的方向。

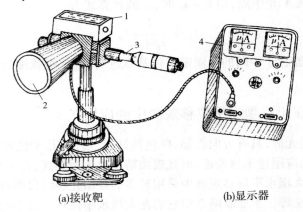

(a)接收靶   (b)显示器

1—水准器;2—硒光电池;3—测微鼓;4—检流表

图 2-10 光电接收靶

准直线方向标定后,激光经纬仪在水平方向不能再转动。如用目视法,则在位移标点上安置精密活动觇标,俯下望远镜,将激光投射到觇标上,转动活动觇标的微动螺旋,目估使觇标的中心与光斑中心重合,然后按觇标上的游标读取偏离值。如采用光电接收靶,则转动接收靶上的测微鼓,直至检流表的指针指向零,然后从测微鼓读取偏离值。对每个位移标点重复重合 2 ~ 4 次,读取 2 ~ 4 个读数,取平均值。为了消除系统误差,采用正倒镜观测,并按精度要求测若干测回取平均值作为最后观测结果。

激光照准的有效射程白天为 500 m 左右,夜间为 2.6 km 以上。当照准距离为 300 m 时,精度可达 1×10^{-5} m。

(二)激光波带板准直法

虽然激光的方向性强,但它仍具有发散性,即当发射处为一点光源,而传输到一定距离外时,仍是一大于光源面积的光斑,这是激光有一定发散角的缘故(发散角为 1 ~ 2 mrad)。接收点光斑的大小,随着距离的增大而增大。对于 $J_2 - J_D$ 型激光经纬仪,当准直距离为 500 m 时,接收点光斑直径将达 25 mm。因此,为了提高观测精度,可采用激光波带板准直法测定水平位移。

1. 激光波带板准直法原理

激光波带板准直系统由激光器点光源、波带板和接收靶三部分组成,如图 2-11 所示。

从激光器发出的激光束照满波带板后,波带板起聚焦作用,对于圆形波带板,在接收靶上会形成一个亮的圆点,如果是方形波带板,则形成十字形亮线。在接收靶上测定亮点或亮线中心位置的偏离值,由此可计算位移标点的偏离值。

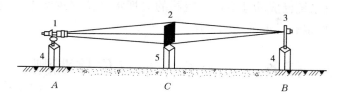

1—激光器点光源;2—波带板;3—接收靶;4—工作基点;5—位移标点

图2-11　激光波带板准直系统示意图

2. 观测方法

如图2-11所示,在两端工作基点 A 和 B 上分别安置激光器点光源和接收靶(或精密活动觇标),在位移标点 C 上安置波带板,做好点光源、波带板和接收靶的对中整平工作,并使波带板的平面与测线方向垂直。然后将激光器通电预热0.5 h,再令激光束照准波带板中心,这时在接收靶上呈现十字亮线或亮点。司标者随即转动接收靶上的测微鼓,令接收靶的中心恰好与亮线或亮点的中心重合,然后从测微鼓读数。之后再次转动接收靶的测微鼓,令接收靶中心移开亮线或亮点中心,然后反向转动测微鼓,重新对准亮线或亮点并读数,如此反复2～4次,取平均值作为观测成果。

在接收靶处测得的观测结果即为激光准直线在 B 点的偏离值,依照视准线中点设站观测法可得位移点 C 的偏离值为

$$l_C = \frac{s_{AC}}{s_{AB}}l_B = K_C l_B \tag{2-7}$$

式中:l_B 为 B 点激光准直线偏离值;K_C 为比例系数,对各位移点来说可视为常数;s_{AC}、s_{AB} 分别为 A 点到 C 点、B 点的距离。

其他各位移点的观测步骤以及偏离值的计算方法与 C 点相同。

(三)真空激光准直法

我国首创的真空管道激光准直装置,已在大坝观测中成功推广。它将波带板和激光束放在一个管道系统中,管道抽真空后进行观测,能大大减小大气折光和湍流对观测的影响,其精度可达基准线长度的 1×10^{-7}。

真空激光准直系统是激光束在低真空管道中传输,且每个测点设有波带板的三点激光准直系统。其基本原理和观测方法与激光波带板准直法相同。

由于大气中存在折射率梯度,它不仅直接引起光束偏折,而且它和湍流的瞬间变化会引起光束漂移及光斑抖动。气体在管道中的流动状态与真空度有关。一般情况下当管道中为粗真空($1.3 \times 10^3 \sim 1.0 \times 10^5$ Pa)时,为湍流态;低真空($1.3 \times 10^{-1} \sim 1.3 \times 10^3$ Pa)时,为层流态;高真空($1.3 \times 10^{-6} \sim 1.3 \times 10^{-1}$ Pa)时,为分子流态。激光束通过粗真空气体时,折射和光斑抖动都还存在;通过低真空气体时,光束的漂移和光斑抖动现象消失,折射也大大减弱;通过高真空气体时,光斑抖动及折射均消失。所以,合理确定真空管中的真空度是真空激光准直系统的关键问题。因为要获得高真空度代价太大,故大坝变形观

测中以低真空度为宜。

对某一工程,可根据其准直线长度和管道的环境温度,由大气折光原理求出管道的气压值,然后求得管道真空度,从而确定管道抽真空的设备。

真空激光准直系统已成功地应用于我国的大坝水平位移观测中,并拟用于长江三峡大坝的观测,是一种很有发展前途的方法。

任务三　土石坝垂直位移观测

土石坝在修建中会发生沉降,在运行过程中由于坝体固结、库水位变化引起坝基沉陷变化,也会使坝体沉降。土石坝的土料不同,施工质量不均,产生的沉降也不一样。因此,为了系统而全面地掌握土石坝的沉降情况,需要对土石坝进行沉降观测,即垂直位移观测。

土石坝垂直位移观测周期与水平位移观测周期一样,通常两项观测同期进行。一般规定,垂直位移向下者为正,向上者为负。

观测土石坝垂直位移的原理,是在坝体上布设位移标点,在两岸坡布置起测基点,在受库水位变化影响较小的地基稳定处设置水准基点,由水准基点引测起测基点的高程,再由起测基点引测位移标点的高程,位移标点的高程变化量即为测点处的坝体垂直位移。高程引测方法常用水准测量法。

一、观测原理

用水准仪进行水准测量可以测出两点之间的高差。观测大坝垂直位移就是在大坝两岸不受坝体变形影响的部位设置水准基点或起测基点,并在坝体表面布设适当的垂直位移标点,然后定期根据水准基点或起测基点用水准测量测定坝面垂直位移标点的高程变化,即为该点的垂直位移值。

水准测量分精密水准测量和普通水准测量,所用的仪器设备与观测的方法和要求都有所不同。在垂直位移观测中,对于大型砌石坝、混凝土坝以及较重要的大型土石坝,一般采用精密水准测量;在缺乏精密水准仪的一些大型土石坝和中型水库,则可采用普通水准测量,但对水准基点或起测基点的校测应提高一级精度。

用水准测量法观测大坝垂直位移,一般采用三级点位——水准基点、起测基点和位移标点;两级控制——由水准基点校测起测基点,由起测基点观测垂直位移标点。如大坝规模较小,也可由水准基点直接观测位移标点。

二、测点布设

土石坝垂直位移观测的测点布置要求与水平位移测点布置要求一样。因此,垂直位移测点与水平位移测点常结合在一起,只须在水平位移标点顶部的观测盘上加制一个圆顶的金属标点头。如水平位移标点的柱身露出坝面较高,可将金属标点头埋于柱身侧面。起测基点起临时水准点作用,一般在每个纵排位移标点两端岸坡上各设一点,可与水平位移的工作基点结合在一起(当满足稳定性要求时)。若工作基点不能满足起测基点稳定性要求,可在距坝端一定距离的地方布置起测基点。当布置在土基或岩基上时,可按图 2-12、图 2-13 的形式布设。

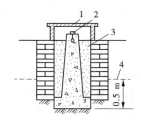

1—盖板;2—标点头;3—填沙;4—冻土线

图 2-12　土基上的起测基点

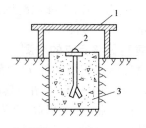

1—保护盖;2—标点头;3—混凝土

图 2-13　岩基上的起测基点

水准基点是大坝垂直位移观测系统的基准点,对整个系统观测成果的可靠性影响极大。因此,应保证水准基点长期稳定可靠,且基本不受库水位变化的影响。一般情况下,在离坝址 1~2 km 处的地质状况较好的地方布设 1~2 个水准基点,大型水库需布设 2~3 个水准基点,以便相互验证,也可利用附近的国家水准点作为大坝观测的水准基点,这样既可减少引测的工作量,又可节省埋设费用,而且安全可靠。

土基中埋设的水准基点如图 2-14 所示,它由混凝土构件组成,主点、副点由不锈钢或铜制成,副点设置在底座的正北方。埋设于新鲜基岩上的水准基点如图 2-15 所示。

如果地表覆盖土层较厚,可用钻机钻孔至新鲜基岩中,埋设单管标或双管标。

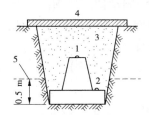

1—主点;2—副点;3—回填沙;
4—盖板;5—冻土线

图 2-14　土基中埋设的水准基点

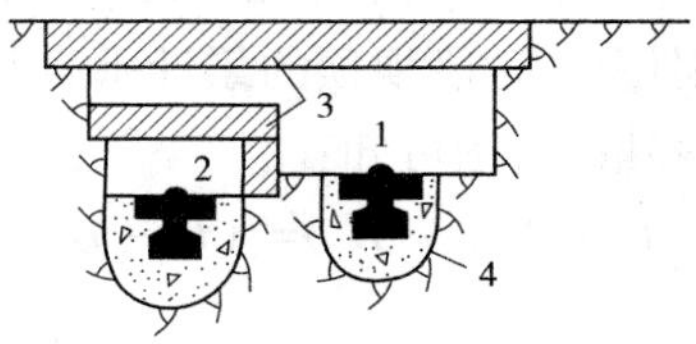

1—主点;2—副点;3—盖板;
4—新鲜基岩

图 2-15　基岩中的水准基点

三、水准法测定垂直位移

垂直位移观测是通过测量坝体测点的高程,由高程的变化量得出坝体的垂直位移,即

$$\Delta Z_i = Z_0 - Z_i \tag{2-8}$$

式中:ΔZ_i 为第 i 次测得测点的累计垂直位移;Z_0 和 Z_i 分别为测点的始测高程和第 i 次测得的高程。

测点的间隔垂直位移由下式计算

$$\Delta Z_{ji} = \Delta Z_i - \Delta Z_{i-1} = Z_{i-1} - Z_i \tag{2-9}$$

式中:ΔZ_{ji} 为第 i 次测得的间隔垂直位移;其余符号意义同上。

垂直位移观测分两步进行:一是由水准基点校测各起测基点高程;二是由起测基点测定各垂直位移标点的高程,最后计算标点垂直位移。

（一）起测基点的校测

校测起测基点用二等水准测量。由水准基点的主点与所有起测基点构成水准环网联测，使用 $S_{0.5}$ 或 S_1 精密水准仪配用钢钢水准尺施测。起测基点的校测为精密水准测量，按照需要每年或两年校测一次。

（二）垂直位移标点的观测

垂直位移标点测量一般按三等普通水准测量进行，所选仪器的望远镜放大倍数不宜小于 30 倍。施测中从坝一端的起测基点开始，逐一测量各位移标点，到坝另一端起测基点止，并进行返测。为了提高观测精度与效率，应坚持固定人员、仪器、测站、时间的"四固定"，并使每测站的前后视距相等。具体施测方法与技术要求同普通水准测量，可参考规范进行。

坝体各垂直位移标点的高程是由起测基点测算的。当起测基点校测有沉降时，应计算出起测基点的沉降量，并在计算出坝体各标点垂直位移后，对各标点垂直位移进行改正，从而得到以首次观测为参考的垂直位移。对垂直位移的改正工作，可放在年度资料整理分析时进行。

任务四　土石坝固结观测

土石坝垂直位移观测可以使我们掌握坝体和坝基的总沉降量。但是，我们在分析坝体的变形时，仅知道总沉降量是不够的，还要知道坝体的固结情况。坝体的总固结量和总沉降量有一定关系，如图 2-16 所示，H 为坝体始测时厚度，H' 为某时段后坝体厚度，ΔZ 和 ΔZ_d 分别为该时段坝顶的累计垂直位移量和基础的累计垂直位移量，由图可知：

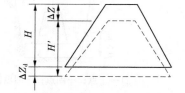

$$\Delta Z = H + \Delta Z_d - H' = (H - H') + \Delta Z_d = S + \Delta Z_d$$
$$(2-10)$$

式中，$S = H - H'$，即为坝体的总固结量。

此外，土石坝每米土厚度的固结量随坝高的不同而

图 2-16　坝体沉降与固结关系图

不同，为了掌握土石坝不同高度的固结规律，分析坝体内部有无裂缝变形，我们不仅要测出坝体的总固结量，还要了解坝体分层固结情况。为此，需要在坝体同一横断面的不同高程上设置测点，观测其高程变化，以便得出坝体的分层固结量。

一、测点布设

固结观测点的位置应根据水库的规模和重要性、坝体结构形式和施工方法以及地质情况而定。一般在老河床、最大坝高、合龙段以及进行固结计算的断面上选择两个以上观测横断面，每个断面选择 2～3 条垂线布设测点，每条垂线上最下面一个测点设在坝基面上，以后从下而上依次间隔 3～5 m 设一个测点。下面介绍横梁式固结管的结构。

横梁式固结管主要由管座、带横梁的细管和套管组成，如图 2-17 所示。

（1）管座。为内径 50 mm、长 1.1 m 的铁管，底部用铁板封死。

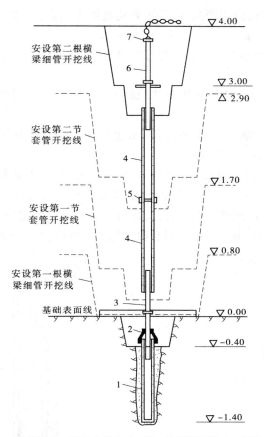

1—管座;2—麻布或棕皮;3—第一根横梁细管;4—套管;
5—管接头;6—第二根横梁细管;7—带铁链的管盖

图 2-17　横梁式固结管结构及埋设过程示意图

（2）横梁细管。管外径 38 mm,每节长 1.2 m。细管中间用 U 形螺栓将一长 1.2 m 的角钢与细铁管正交焊死。角钢两端各焊一块翼板,翼板为长宽各 300 mm、厚 3 mm 的铁板。两翼板平面与细铁管正交并在同一水平面上,如图 2-17 所示。

（3）套管。为内径 50 mm 的铁管,管长比上下测点(翼板处)间距短 0.6 m。为施工方便,可将套管截成短节,使每节长约 1.2 m,安装时用管箍连接牢固。最上一层测点至大坝面的套管长度按需要而定。

横梁式固结管通常在大坝施工时一并埋设。

二、观测方法

坝体固结可用测沉器或测沉棒进行观测。测沉器结构如图 2-18 所示。其外径略小于横梁细管的内径。测沉器圆筒内装有带弹簧的翼片。翼片张开时可通过圆筒上沿直径方向上开的"窗口"伸出筒壁。观测时,将测沉器由固结管口徐徐下放,当测沉器进入细管时,翼片被压入筒内。测沉器经过细管进入套管时,由于套管直径较大,翼片被弹出筒壁。此时,向上拉紧钢尺,翼片就卡在细管口下,即可量得细管下口至管顶上口的距离 L,

如图 2-19(a)所示,然后根据管顶高程,即可算得施测点的高程,即

$$Z_c = Z_g - L \qquad (2\text{-}11)$$

式中:Z_c 为测沉器翼片卡着点高程;Z_g 为管顶高程,由水准测量测出;L 为管顶至测沉器翼片卡着点的距离。

由于细管下口到翼板横梁的长度不大,细管沿长度方向的温差变形很小,故可以用 Z_c 代表翼板底面高程。

测完第一个测点后,继续下放测沉器,从上到下,依次测得各测点距管顶距离,用式(2-11)计算,即可得出各测点高程。

当测完最后一个测点后,继续下放测沉器至管座底,测沉器护筒被管底顶住,上部在自重作用下继续下沉,将翼片压入护筒内的小方孔并被卡住,测沉器即可顺利提出固结管,如图 2-19(b)所示。用测沉器观测时,最好每次用弹簧秤固定拉力拉紧钢尺,拉力一般固定为 40~70 N。测量时,测沉器还应系有保护绳,以防钢尺万一折断,测具掉入管中。

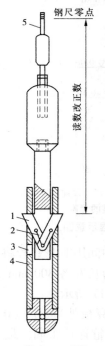

1—翼片;2—弹簧;
3—小方孔;4—护筒;5—钢尺

图 2-18　测沉器结构

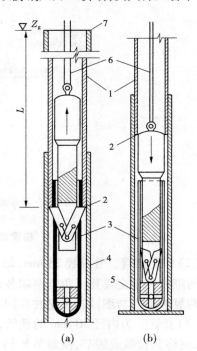

1—横梁细管;2—施测点;3—测沉器;
4—套管;5—管座;6—钢尺;7—坝面管口

图 2-19　测沉器使用示意图

管口高程测定:可从坝端起测基点引测,一般采用四等水准法或三等水准法进行。

测沉棒测量固结的操作示意图如图 2-20 所示。测沉棒为一长度略小于套管内径的小铁棒。棒的中心与钢尺连接,棒的一端系一绳索。观测时将绳索稍稍提起,使测沉棒倾斜放于固结管中,当测沉棒通过细管进入套管后,放松绳索,小棒即基本水平,此时拉紧钢尺(固定拉力),测沉棒即卡在细管下口,即可测出管顶至细管下口的距离,从而算得测点高程。如此逐节向下测量、测完最下一个测点后,将绳索提起,即可将测沉棒提出管口。

坝体固结观测的测次,在施工期间,应随坝体升高,每安装一节细管时,对已埋设的各测点进行一次测量。在停工期间,应每隔 10 d 观测一次。土坝竣工后,应与土坝垂直位移观测同时进行。

无论是用测沉器还是用测沉棒观测,每个测点均应测读两次,两次读数差不大于 2 mm,否则应重测。合格后取其平均值作为本次观测成果。每次观测前,应量测并记录钢尺读数改正数。测完后应盖上管顶保护盖。

三、观测成果计算

(一)固结量计算

固结量包括分层固结量和总固结量。分层固结量为计算层坝体厚度的减小值,各分层固结量之和为总固结量。不论是分层固结量还是总固结

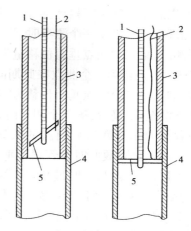

1—钢尺;2—绳索;3—细管;
4—套管;5—测沉棒
图 2-20 测沉棒测量固结的操作示意图

量,都应计算累计固结量和间隔固结量。观测时的坝体厚度与首次测得的坝体厚度之差为累计固结量。相邻两次累计固结量或相邻两次坝体厚度之差为间隔固结量。固结量的计算一般用表格进行,表 2-3 为计算示例。

表 2-3 固结观测成果计算表

固结管编号＿＿＿＿＿＿ 上次观测日期＿＿＿＿＿＿ 年＿＿＿＿＿＿ 月＿＿＿＿＿＿ 日

间隔时间＿＿＿＿＿＿ 天 本次观测日期＿＿＿＿＿＿ 年＿＿＿＿＿＿ 月＿＿＿＿＿＿ 日

测点编号	管顶高程（m）	测点至管顶距离（m）	本次观测测点高程（m）	测点始测高程（m）	测点垂直位移量（mm）	测点始测间距（m）	本次观测测点间距（m）	本次累计固结量（mm）	上次累计固结量（mm）	间隔时间内固结量（mm）
	(1)	(2)	(3) = (1)-(2)	(4)	(5) = (4)-(3)	(6)	(7)	(8) = (6)-(7)	(9)	(10) = (8)-(9)
一	45.834	13.203	32.631	32.635	4	3.021	3.002	19	5	14
二	45.834	10.201	35.633	35.656	23	3.033	2.991	42	13	29
三	45.834	7.210	38.624	38.689	65	3.013	3.013	0	0	0
四	45.834	4.197	41.637	41.702	65					
全管累计固结量(mm)								61		

(二)全管累计垂直位移量计算

由于坝体在施工过程中亦开始了大量的固结,又由于基础在开挖和坝体施工过程中,会出现回弹和沉降。因此,在基础开挖以及坝体施工过程中,即应对基础和坝体进行垂直位移观测。固结管通常是随着土坝施工逐节埋设的,并且在埋设好后即对测点进行高程

测量,以后在计算全管累计垂直位移时,可以根据各测点在施工期所测高程进行计算。例如,当埋设完基础第一个测点时,第一次观测垂直位移量为零。刚安设完第二个测点后进行观测时,第二个测点垂直位移量为零,但在第一层土荷载作用下,基础由 11 高程下沉至 12 高程,于是得第一个测点在此期间的累计垂直位移为 a_{11}。刚安设完第三个测点后进行观测时,第三个测点垂直位移为零,但在第一、二层土荷载作用下,第一个测点由 12 高程又下沉至 13 高程,第二个测点由 21 高程下沉至 22 高程,于是得第一个测点的累计垂直位移量为 a_{12},第二个测点的累计垂直位移量为 a_{21},如图 2-21 所示。因 a_{21} 中包含 $(a_{12} - a_{21})$ 之值,故此时全管累计垂直位移量 $\Delta Z = a_{11} + a_{21}$。依此类推,当安设完最高一个测点进行观测时,此时最高测点的垂直位移量为零,最高测点横梁下全管累计垂直位移量,为前次全管累计垂直位移量与本次最高测点下面一点的累计垂直位移量之和。例如,在表 2-4 中,最高测点下面的第三个测点的累计垂直位移量为 $\Delta Z = a_{11} + a_{21} + a_{31}$。之后,全管累计垂直位移量的计算,只要将此固定值与最高测点累计垂直位移量相加即得。如在测点全部安完后第二次观测,假定测得最高测点累计垂直位移量为 a_{41},则 $\Delta Z = a_{11} + a_{21} + a_{31} + a_{41}$。测点全部安完后第四次观测,假定测得最高测点累计垂直位移量为 a_{43},则 $\Delta Z = a_{11} + a_{21} + a_{31} + a_{43}$。其余类推,当有 j 个测点,且在 j 个测点全部安完后第 i 次观测的全管累计垂直位移量为

$$\Delta Z = a_{11} + a_{21} + a_{31} + \cdots + a_{(j-1)i} + a_{ji} \tag{2-12}$$

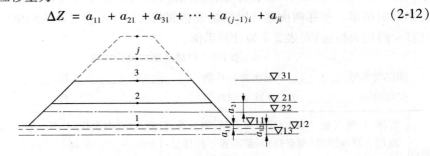

1—基础面测点;2,3,…,j—坝体内测点

图 2-21　全管累计垂直位移量过程图

表 2-4 中所列全管为 4 个测点,故"刚安设完第四个测点后观测",即"测点全部安完后第一次观测。"

表 2-4　累计垂直位移量统计表

观测时间	测点累计垂直位移量				全管累计
年　　月　　日	第一个测点	第二个测点	第三个测点	第四个测点	垂直位移量
刚安设完第一个测点后观测	0				
刚安设完第二个测点后观测	a_{11}	0			a_{11}
刚安设完第三个测点后观测	a_{12}	a_{21}	0		$a_{11} + a_{21}$
刚安设完第四个测点后观测	a_{13}	a_{22}	a_{31}	0	$a_{11} + a_{21} + a_{31}$
测点全部安完后第二次观测	a_{14}	a_{23}	a_{32}	a_{41}	$a_{11} + a_{21} + a_{31} + a_{41}$
测点全部安完后第三次观测	a_{15}	a_{24}	a_{33}	a_{42}	$a_{11} + a_{21} + a_{31} + a_{42}$
测点全部安完后第四次观测	a_{16}	a_{25}	a_{34}	a_{43}	$a_{11} + a_{21} + a_{31} + a_{43}$

由前述过程可知,全管累计垂直位移量反映了坝体和基础的垂直位移。因此,从全管累计垂直位移量中减去基础的累计垂直位移,得到的即是从最高点横梁至最下面一个测点横梁之间的累计固结量,我们称之为全管累计固结量,于是有

$$S' = \Delta Z - \Delta Z_d \qquad (2\text{-}13)$$

式中:S'为全管累计固结量;ΔZ为全管累计垂直位移量;ΔZ_d为基础累计垂直位移量,$\Delta Z_d = a_{1i}$。

工程中实际埋设的固结管,最高测点横梁至坝顶往往还有一段坝高,这一层坝体在自重作用下也要产生固结。因此,由式(2-13)得到的全管累计固结量还差最高测点到坝顶这一层的固结量。实际计算中,全管累计固结量由固结观测成果计算表一起求得,如表2-3中全管累计固结量为61 mm。

任务五　土石坝渗流观测

水库建成蓄水后,在上下游水头差的作用下,坝体和坝基会出现渗流。渗流分为正常渗流和异常渗流。能引起土体渗透破坏或渗流量影响到蓄水兴利的,称之为异常渗流;反之,渗水从原有防渗排水设施渗出,其逸出坡降不大于允许值,不会引起土体发生渗透破坏的,则称为正常渗流。异常渗流往往会逐渐发展并对建筑物造成破坏。对于正常渗流,水利工程中是允许的。但是在一定外界条件下,正常渗流有可能转化为异常渗流。所以,对水库中的渗流现象,必须要有足够的重视,并进行认真的检查观测,从渗流的现象、部位、程度来分析并判断工程建筑物的运行状态,保证水库安全运用。

在进行渗流观测时,应结合对上下游水位、气温、水温、降雨等进行观测。下面介绍土石坝通常进行的渗流观测内容。

一、测压管法测定土石坝浸润线

测压管法是在坝体选择有代表性的横断面,埋设适当数量的测压管,通过测量测压管中的水位来获得浸润线位置的一种方法。

(一)测压管布置

土石坝浸润线观测的测点应根据水库的重要性和规模大小、土坝类型、断面形式、坝基地质情况以及防渗、排水结构等进行布置。一般选择有代表性、能反映主要渗流情况以及预计有可能出现异常渗流的横断面,作为浸润线观测断面。例如,选择最大坝高、老河床、合龙段以及地质情况复杂的横断面。在设计时进行浸润线计算的断面,最好也作为观测断面,以便与设计进行比较。横断面间距一般为100~200 m,如果坝体较长、断面情况大体相同,可以适当增大间距。对于一般大型和重要的中型水库,浸润线观测断面不少于3个,一般中型水库应不少于2个。

每个横断面内测点的数量和位置,应能使观测成果如实地反映出断面内浸润线的几何形状及其变化,并能描绘出坝体各组成部位如防渗排水体、反滤层等处的渗流状况。要求每个横断面内的测压管数量不少于3根。

(1)具有反滤坝址的均质土坝,在上游坝肩和反滤坝址上游各布置1根测压管,其间

根据具体情况布置 1 根或数根测压管。

（2）具有水平反滤层的均质土坝，在上游坝肩以及水平反滤层的起点处各布置 1 根测压管，其间距视情况而定，也可在水平反滤层上增设 1 根测压管。

（3）对于塑性心墙，如心墙较宽，可在心墙布置 2～3 根测压管，在下游透水料紧靠心墙外和反滤层坝址上游端各埋设 1 根测压管。

如心墙较窄，可在心墙上下游和反滤层坝址上游端各布置 1 根测压管，其间根据具体情况布置。

（4）对于塑性斜墙坝，在紧靠斜墙下游埋设 1 根测压管，反滤层坝址上游端埋设 1 根测压管，其间距视具体情况布置。紧靠斜墙的测压管，为了不破坏斜墙的防渗性能并便于观测，通常采用有水平管段的 L 形测压管。水平管段略倾斜，进水管端稍低，坡度在 5% 左右，以避免气塞现象。水平管段的坡度还应考虑坝基的沉陷，防止形成倒坡。

（5）其他坝型的测压管布置，可考虑上述原则进行。需要在坝的上游坝坡埋设测压管时，应尽可能布置在最高洪水位以上，如必须埋设在最高洪水位以下，需注意当水库水位上升将淹没管口时，用水泥砂浆将管口封堵。

（二）测压管的结构及安装埋设

测压管长期埋设在坝体内，要求管材经久耐用。常用的有金属管、塑料管和无沙混凝土管。无论哪种测压管均由进水管、导管和管口保护设备三部分组成。

1. 进水管

常用的进水管直径为 38～50 mm，下端封口，进水管壁钻有足够数量的进水孔。对埋设于黏性土中的进水管，开孔率为 15% 左右；对于砂性土，开孔率为 20% 左右。孔径一般为 6 mm 左右，沿管周分 4～6 排，呈梅花形排列。管内壁缘毛刺要打光。

进水管要求能进水且滤土。为防止土粒进入管内，需在管外周包裹两层钢丝布、玻璃丝布或尼龙丝布等不易腐烂变质的过滤层，外面再包扎棕皮等作为第二过滤层，最外边包两层麻布，然后用尼龙绳或铅丝缠绕扎紧，如图 2-22 所示。进水管的长度，对于一般土料与粉细砂，应自设计最高浸润线以上 0.5 m 至最低浸润线以下 1 m，对于粗粒土则不短于 3 m。

2. 导管

导管与进水管连接并伸出坝面，连接处应不漏水，其材料和直径与进水管相同，但管壁不钻孔。

3. 管口保护设备

伸出坝面的导管应装设专门的设备加以保护，以保护测压管不受人为的破坏，防止雨水、地表水流入测压管内或沿测压管外壁渗入坝体，避免石块和杂物落入管中，堵塞测压管。

测压管一般在土石坝竣工后钻孔埋设，只有水平管段的 L 形测压管，必须在施工期埋设。首先钻孔，再埋设测压管，最后进行注水试验，以检查是否合格。

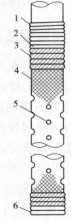

1—缠绕铅丝；2—两层麻布；
3—第二过滤层；4—第一过滤层；
5—进水孔；6—封闭管底

图 2-22　测压管进水管结构示意图

（三）测压管水位观测方法

测压管水位常采用测深钟或电测水位器进行观测，也可采用示数水位器、遥测水位器等进行观测。

1.测深钟测定测压管水位

测深钟的结构形式如图 2-23 所示，为上端封闭、下端开敞的一段金属圆管。圆管长 30～50 mm，外径较测压管内径小，形状好像一个倒置的杯子。吊绳用皮尺或测绳，零点置于测深钟下口。

观测时，用吊绳将测深钟慢慢放入测压管中，当测深钟下口接触管中水面时，若发出空筒击水的"嘭嘭"声，即停止下送。再将吊绳稍微提起又放下，使测深钟反复击水并连续发出"嘭嘭"的声音，此时即可测出管口至管内水面的高度 L，再根据管口高程 Z_g，计算出管内水位高程 Z，即

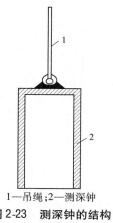

1—吊绳；2—测深钟
图 2-23　测深钟的结构形式示意图

$$Z = Z_g - L \qquad (2\text{-}14)$$

一般要求测读两次，读数差不大于 2 cm。

2.电测水位器测定测压管水位

电测水位器是利用水导电来接通电路的原理构成的。一般由测头、指示器和吊尺组成。测头为铜管或铁管，中间安装电极。指示器采用微安表或灯泡或蜂鸣器等，其作用是指示电路的通断情况。指示器与测头电极用导线连接。对于只有一个电极的测头，如图 2-24(b) 所示，需用一根导线将指示器与金属测压管连接；图 2-24(a) 的双电极则用两根导线接成回路。

测头挂接在吊尺上，吊尺可用钢尺；也可不用吊尺，将导线改用带有刻度的水工专用电缆。测头、指示器和导线可安装在木制的测量箱内，如图 2-25 所示。观测时，将测头放入测压管中，至指示器得到反响后，将测尺靠在测压管口边缘读数，此读数即管口至管内水面高度 L，然后计算管内水位高程 Z，采用式(2-14)计算，但测头（特别是双电极测头）入水后将使管内水位升高，其升高值可由试验测出，在计算管内水位时减去测头入水引起的水位升高值。

电测法测管水位需测读两次，两次读数差对于大型水库不大于 1 cm，中型水库不大于 2 cm。

测压管水位的测次，应根据水库蓄水等具体情况而定。水库初蓄水阶段每日观测一次，以后逐渐减少到每 10 d 一次。但当水库水位超过历年最高水位或接近设计最高水位，以及发现不正常渗流或地震后，应增加测次。测压管口高程，在水库运用初期应每月用水准法测量一次，以后逐渐减少，但每年至少一次。

此外，测压管水位观测方法还有浮子式、压力传感器式、压力投放式、超声波式等，请参考有关书籍，此处不再赘述。

二、坝基渗水压力观测

坝基渗水压力通常在坝基埋设测压管进行观测，也可用渗压计观测。测压管的布置根据地基地质情况、防渗排水设施的结构形式，以及有可能发生渗透变形的部位而定。

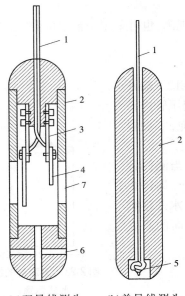

(a)双导线测头　　(b)单导线测头

1—电线;2—金属管;3—隔电板;4—电极;
5—电线头;6—进水孔;7—排气孔

图 2-24　测头构造示意图

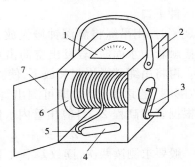

1—指示器;2—电池盒;3—手摇柄;
4—测头;5—电线;6—滚筒;7—木门

图 2-25　电测水位箱

(一)测压管的布置

测压管沿渗流方向布置,一般结合浸润线断面布置,不同地质状况布置形式不一样。

(1)均质砂砾石地基,一般垂直坝轴线布置 2~3 个观测横断面,每个横断面布设 3~5 根测压管,具体位置视坝型而定。

①具有水平防渗铺盖的均质坝,一般每个断面埋设 4 根测压管,上游坝肩、下游坡、反滤坝址上下游各埋设 1 根。

②对有塑性截水墙或垂直防渗帷幕的心墙坝,一般在截水墙前后各布设 1 根测压管,反滤坝址上下游各埋设 1 根。

③对有垂直防渗设施的斜墙坝,其黏土截水墙、灌浆帷幕或混凝土防渗墙靠近上游,测压管可全部布置在防渗设施下游。

④对有水平防渗设施的斜墙坝,一般在土坝施工时预埋 L 形测压管,其水平管段应有 5% 的坡度。

(2)对于上层为相对弱透水层,下层为强透水层的双层地基,应垂直坝轴线至少布置 2~3 个观测横断面,每个横断面布设 2~4 根测压管,并将测压管进水管段布设在强透水层中。多层透水地基可在各层中分别埋设测压管,每个观测横断面每层不少于 3 根。

(二)测压管的结构与管内水位观测方法

坝基渗水压力测压管的结构与浸润线测压管基本相同,只是进水管较短,一般为 0.5~1 m。坝基测压管的埋设一般在大坝施工期或水库初蓄水前进行,造孔埋设不得用泥浆固壁,应下套管防止塌孔。钻进过程中应取土样,鉴定土的性质,并测定高程和计算各种土层厚度,绘制钻孔土层柱状图。埋设完后填写设备考证表。

坝基渗水压力观测通常与浸润线观测同时进行,并在水库水位最高、最低以及升降变化较大时增加测次,且同时观测上下游水位。观测方法与浸润线测压管相同。

三、绕坝渗流观测

水库蓄水后,渗流绕过两岸坝头从下游岸坡流出,称为绕坝渗流。土石坝与混凝土或砌石等建筑物连接的接触面也有绕流发生。在一般情况下,绕流是一种正常现象。但如果土石坝与岸坡连接不好,或岸坡过陡产生裂缝,或岸坡中有强透水间层,就有可能发生集中渗流造成渗透变形,影响坝体安全。因此,需要进行绕坝渗流观测,以了解坝头与岸坡以及混凝土或砌石建筑物接触处的渗流变化情况,判明这些部位的防渗与排水效果。

绕坝渗流一般也是埋设测压管进行观测,测压管的布置以能使观测成果绘出绕流等水位线为原则。一般应根据土石坝与岸坡和混凝土建筑物连接的轮廓线,以及两岸地质情况、防渗和排水设施的形式等确定。

若为均质坝,而且两岸山体本身的透水性差别不大,则测点可沿着绕渗的流线方向布置。若要绘制出两岸的等水位线图,则需要设置较多的测点。每岸一般要设置 3~4 个观测断面,每个断面上设 2~3 个钻孔,每个钻孔内设 2~3 个测点,考虑到等水位线一般不是直线,故不同钻孔内设置的测点最好位于同一高程。

对心墙或斜墙坝,由于下游坝壳多为强透水材料,故它成为绕坝渗流的排水通道的主要渗流出口。因此,渗流出口的渗透稳定性监测是主要的。在这种情况下,除在坝外山体内布置一定数量的钻孔外,还应通过坝体(岸坡部分)钻孔,在岸坡内设置一定数量的测点。

若有断面通过坝头,则应沿断面方向布置测点,测点就设在断面内。

绕坝渗流测压管的构造与浸润线测压管基本相同,观测仪器、方法以及测次等规定也一样。但对观测透水层的测压管,进水管段可较短,与坝基测压管一样为 0.5 m 左右。

四、渗流量观测

进行渗流量观测,对于判断渗流是否稳定,掌握防渗和排水设施工作情况,具有很重要的意义,是保证水库安全运用的重要观测项目之一。

渗流量观测,根据坝型和水库具体条件不同,其方法也不一样。对土石坝来说,通常是将坝体排水设备的渗水集中引出,量测其单位时间的水量。对有坝基排水设备,如排水沟、减压井等的水库,也应观测坝基排水设备的排水量。有的水库土石坝坝体和坝基渗流量很难分清,可在坝下游设集水沟,观测总的渗流量变化,也能据以判断渗流稳定是否遭受破坏。

渗流量观测必须与上下游水位以及其他渗透观测项目配合进行。土石坝渗流量观测要与浸润线观测、坝基渗水压力观测同时进行。根据需要,还应定期对渗流水进行透明度观测和化学分析。观测渗流量的方法,根据渗流量的大小和汇集条件,一般可选用容积法、量水堰法和测流速法。

(一)容积法

容积法适用于渗流量小于 1 L/s 的情况。观测时用秒表记时,测量某一时段引入容器的全部渗流水。测水时间应不少于 10 s。当渗流量很小时,还应延长时间并设法避免或减小蒸发对渗流观测的影响。观测中应测定两次,取两次平均值为测量结果,两次观测值之差不得大于测量结果的 5%。

(二)量水堰法

量水堰法适用于渗流量为 1～300 L/s 的情况。量水堰一般设置在集水沟的直线段上。集水沟断面大小和堰高的设计,应使堰下为自由溢流。如为淹没出流,则需根据水力学书籍或手册上规定的淹没薄壁堰公式计算渗流量。为了能获得比较准确的成果,设置量水堰应符合下列要求:

(1)堰壁与引水槽来水方向垂直并直立。

(2)堰板采用钢板或钢筋混凝土薄板,堰口靠下游边缘制成 45°角。堰板高大于或等于 5 倍堰上水头。

(3)量水堰的水尺设在堰口上游距离为 3～5 倍堰顶水头处。水尺刻度至毫米。为提高观测精度,应使用水位测针代替水尺观测,读数至 0.1 mm。

(4)为使量水堰上游水流稳定,可在水尺上游安设稳流设备,如栅栏、网格等。测量堰上水头时,应观测两次,两次观测值之差不得超过 1 mm。

量水堰一般采用以下三种形式:

(1)三角堰。底角为直角,过水断面为等腰三角形的量水堰,如图 2-26 所示。三角堰适用于流量为 70 L/s 的情况,堰上水深一般不超过 0.3 m,最小不宜低于 0.05 m。

直角三角堰自由出流的流量计算公式为

$$Q = 1.4H^{5/2} \quad (m^3/s) \tag{2-15}$$

(2)梯形堰。过水断面为一梯形,边坡一般为 1:0.25,如图 2-27 所示。堰口应严格水平。底宽不宜大于 3 倍堰上水头。堰上水深不宜超过 0.3 m,适用于渗流量为 10～300 L/s 的情况。

堰口边坡为 1:0.25 的梯形堰流量计算公式为

$$Q = 1.86H^{3/2} \quad (m^3/s) \tag{2-16}$$

(3)矩形堰。分有侧收缩和无侧收缩两种形式:①有侧收缩矩形堰,见图 2-28。堰前每侧收缩 T 至少应等于 2 倍最大堰上水头,即 $T \geqslant 2H_{max}$;堰后每侧收缩 E 至少应等于最大堰上水头,即 $E \geqslant H_{max}$。②无侧收缩矩形堰,见图 2-29。堰后水舌两侧墙上应设置通气孔。

矩形堰口应严格水平,堰口宽度 b 为 2～5 倍堰上水头,但最小为 0.25 m,最大为 2 m,适用于渗流量大于 50 L/s 的情况。

矩形堰流量可采用下式计算

$$Q = (0.402 + 0.054H/P)b\sqrt{2g}H^{3/2} = mb\sqrt{2g}H^{3/2} \tag{2-17}$$

式中:Q 为过堰流量,m³/s;H 为堰上水头,m;b 为堰口宽,m;P 为堰高,m;m 为流量系数,对无侧收缩矩形堰,$m = 0.402 + 0.055H/P$,对有侧收缩矩形堰,则 $m = [0.405 + 0.0027/H - 0.03(B-b)/B][1 + 0.55b^2H^2/B^2(H+P)^2]$,$B$ 为堰上游槽宽,m。

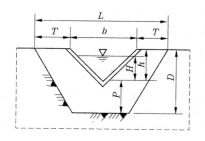
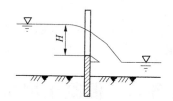

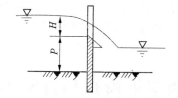

图 2-26 三角堰示意图　　**图 2-27 梯形堰示意图**

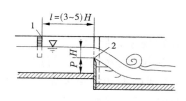
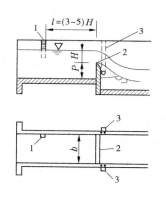

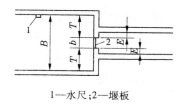

1—水尺;2—堰板　　　　　　1—水尺;2—通气管;3—堰板

图 2-28 有侧收缩矩形堰结构示意图　**图 2-29 无侧收缩矩形堰结构示意图**

(三)测流速法

当渗流量较大,受落差限制不能设量水堰时,渗水若能汇集到较规则平直的排水沟,可采用流速仪或浮标等观测渗水渗速,并测出排水沟水深和宽度,求得过水断面,即可计算渗流量。

五、渗水透明度检测

由坝体、坝基渗出的水,如果清澈透明,一般应认为是正常渗流。如果渗流水中带有泥沙颗粒或渗水浑浊不清,或渗水中含有某种可溶盐成分,则反映坝体或坝基土料中的细粒料被渗流水带出,或者是土料受到溶滤,这些现象通常是管涌、内部冲刷或化学管涌等渗流破坏的先兆。因此,应对渗流水进行透明度检测,并结合其他渗流观测分析判断是否会发生渗透破坏。

检测渗水透明度用透明度管进行。透明度管为一高 35 cm、直径 3 cm 的平底玻璃管。

管壁刻有厘米刻度,零点在管底处,管底有一放水阀门。其观测方法如下:

(1)在渗水出口处取水样摇匀后注入透明度管内。

(2)用一块5号汉语拼音铅印字体置于管底下4 cm处。从管口通过水样看铅印字体。如看不清字样,则打开阀门放水,降低管中水柱,直至看清字样为止。

(3)从管壁刻度上读出水柱高度t,即为渗水透明度。透明度大于30 cm为清水。透明度愈小,说明水样中含泥沙量愈大。若事先率定出含沙量的关系,即可由透明度查出含沙量。

渗水透明度检测应固定专人进行,以免视力差异引起误差。检测工作在同样光亮条件下进行。检测应作两次,两次读数差不大于1 cm。渗水正常时,可每月或每季进行一次,渗水浑浊时每天检测一次或几次。

任务六　混凝土坝及浆砌石坝的巡视检查与日常养护

一、混凝土坝及浆砌石坝的巡视检查

为了及时发现对混凝土坝及砌石坝运行不利的异常现象,结合仪器设备的观测成果综合分析坝的运行状态,应对混凝土坝及砌石坝、泄洪建筑物、水闸等进行巡视检查。巡视检查的制度与土石坝一样,分经常检查、定期检查、特别检查和安全鉴定。各种检查的组织形式和工作开展的要求也与土石坝基本相似,但还应结合混凝土及砌石建筑物的不同特点进行。

对混凝土坝和砌石坝,应对坝顶、上下游坝面、溢流面、廊道以及集水井、排水沟等处进行巡视检查。应检查这些部位有无裂缝、渗水、侵蚀、脱落、冲蚀、松软及钢筋裸露现象,排水系统是否正常,有无堵塞现象;还应检查伸缩缝、沉陷缝的填料、止水片是否完好,有无损坏流失和漏水,缝两侧坝体有无异常错动等情况,坝与两岸及基础连接部分的岩质有无风化、渗漏情况等。

当坝体出现裂缝时,应测量裂缝所在位置、高程、走向、长度、宽度等,并详细记载,绘制裂缝平面位置图、形状图,必要时进行照相。对重要裂缝,应埋设标点进行观测,其观测方法和要求按本项目相关内容进行。

当坝体有渗透时,应测定渗水点部位、高程、桩号,详细观察渗水色泽,有无游离石灰和黄锈析出。作好记载并绘好渗水点位置图,或进行照相。同时也应尽可能查明渗漏路径,分析渗漏原因及危害。必要时可用以下简易法测定渗水量:

(1)用脱脂棉花或纱布,先称好质量,然后铺贴于渗漏点上,记录起止时间,取下再称质量,即可算得渗水量。

(2)用容积法测量渗漏水量。观测时用秒表记时,测量某一时段引入容器的全部渗流水。测水时间应不少于10 s。当渗流量很小时,还应延长时间并设法避免或减小蒸发对渗流观测的影响,观测中应测定两次,取两次平均值为测量结果,两次观测值之差不得大于测量结果的5%。

检查混凝土有无脱壳,可以用木锤敲击,听声响进行判断。对表面松软程度进行检查,可用刀子试剥进行判断。对混凝土的脱壳、松软以及剥落，应量测其位置、面积、深度等。

对砌石坝还应检查块石是否松动，勾缝是否脱落等。

溢洪道的所有部位都属于巡视检查对象。应检查溢洪道各部位有无损坏、裂缝、磨损、剥落、气蚀破坏等现象。对溢洪道的进水渠要检查两岸有无崩坍现象，应保证溢洪道进口有足够的宽度和边坡。溢洪道两侧岩石裂缝发育，严重风化或是土坡时，应注意检查坡顶排水系统是否完整。对溢洪道的边墙、底板排水孔，应检查有无堵塞现象。

有闸门控制的溢洪道，要检查闸墩、边墙、底板有无渗水现象。对闸门应检查有无变形、裂纹、脱焊、锈蚀，闸门主侧轮、止水设备是否正常，铆钉有无松动。对启闭机的电源系统、传动系统、制动系统、润滑系统以及手动启闭设备等，应检查是否正常。平时极少用的闸门启闭机，应在汛前进行试运转，以保证汛期正常使用。

大风和冰冻期间，应经常注意观察风浪和冰凌对闸门的影响情况。

溢洪道泄洪期间，应注意观察溢流堰下和消力池的水流形态以及陡坡段水面形态有无异常，漂浮物对溢洪道建筑物有无影响。泄洪以后还应组织专人对溢洪建筑物及其设备进行全面认真的检查。

二、混凝土坝及浆砌石坝的日常养护

（一）混凝土坝与浆砌石坝的常见病害

1. 坝体本身和地基抗滑稳定性不够

混凝土坝和浆砌石坝，主要靠重力维持稳定，其抗滑稳定往往是坝体安全的关键。当地基存在软弱夹层或缺陷，在设计和施工中又未及时发现和妥善处理时，往往使坝体及地基抗滑稳定性不够，而成为危险的病害。

2. 裂缝及渗漏

温度变化、应力过大或不均匀沉陷，都可能使坝体产生裂缝，并沿裂缝产生渗漏。坝基的缺陷和防渗排水措施的不完善，也可能形成基础渗漏并导致渗流破坏。

3. 剥蚀破坏

剥蚀破坏是混凝土结构表面发生麻面、露石、起皮、松软和剥落等老化病害的统称。根据不同的破坏机制，可将剥蚀分为冻融剥蚀，冲磨和空蚀、钢筋锈蚀，水质侵蚀和风化剥蚀等。

（二）混凝土坝及浆砌石坝的日常养护

混凝土坝和浆砌石坝的日常养护，主要包括以下内容：

（1）经常保持坝体清洁完整，无杂草，无积水。在坝顶、防浪墙、坝坡等处，都不应随意堆放杂物，以免影响管理工作。

（2）坝本身的排水孔及其周围的排水沟、排水管等排水设施，均应保持通畅，如有堵塞、淤积，应加以修复或增开新的排水孔。修复时，可以人工掏挖，也可用压缩空气或高压水冲洗，但须注意压力不能过大，以免建筑物局部受到破坏。有的排水沟、集水井要加保护盖板。

（3）预留伸缩缝要定期检查观测，注意防止杂物进入缝内；填料有流失的，要进行补充；止水破坏应及时修复。

（4）严禁坝体及上部结构承受超设计允许的荷载。交通桥、工作桥不准超过设计标准的车辆通行；坝顶、人行桥、工作桥等处禁止堆放重物，以保证建筑物的正常运用。

（5）坝体表面有冲刷、磨损、风化、剥蚀或裂缝等缺陷时，应加强检查观测，分析原因，尽量设法防止。如继续发展，应立即修理。

（6）严禁在大坝附近爆破。

（7）坝在运用中发现基础渗漏或绕坝渗漏时，应仔细摸清渗水来源，加强检查观测，必要时进行处理。

（8）坝上游的漂浮物应经常清理，防止漂浮物、船只和流冰对坝体的撞击。

（9）对于溢流坝，应经常保持表面光滑完整，对溢流表面被泥沙磨损或水流冲毁的部分，应及时用混凝土修补。

（10）浆砌石坝常见的病害是坝体裂缝，当发现裂缝时，应查明原因并及时进行维修。一般表面裂缝可用水泥砂浆填塞，如发现严重裂缝，应作专门研究处理。

（11）在南方地区，有些坝体混凝土上附生着蚧贝类生物，对建筑物的表面有强烈的腐蚀破坏作用，应及时清除。

（12）在北方地区，针对建筑物可能遭受冰凌破坏的情况制订防冻措施，并准备冬季管理所需的设备、材料及破冰工具。要及时清除建筑物上的积水和重要部位的积雪。对易受冻害的部位，应做好保温防冻措施，在解冻后，应检查建筑物有无冻融剥蚀及冰胀开裂等缺陷，必要时应进行处理。

（13）应保护好各种观测设备，如有损坏或失效，应及时处理。

任务七　混凝土坝及浆砌石坝的变形观测

混凝土坝和砌石坝建成蓄水后，在各种荷载、不同地质状况和气温影响下，坝体必然产生变形。坝体变形与影响因素之间的因果关系有一定的规律和相关变化。如果坝体的变形是符合客观规律的，数值在正常范围内，则属于正常现象；否则，变形会影响建筑物正常运用，甚至危及建筑物的安全。由于混凝土坝及砌石坝的特点，一旦发生异常现象，往往是大坝事故的先兆。因此，在大坝整个运行期间进行系统全面的观测，掌握大坝变形的特点，寻找变形与影响因素之间的规律，用以指导工程运行，对保证工程安全是十分重要的。

混凝土坝和砌石坝的变形观测主要有水平位移、垂直位移和挠度等项目。坝体变形的大小与坝的型式（如重力坝、拱坝）有关，大坝变形的量值一般很小，如重力坝的坝顶，其水平位移一般为几毫米至 20 多 mm，坝基部位的水平位移仅 1～3 mm。因此，在对混凝土坝及砌石坝进行变形观测时，观测的精度应大大高于土石坝的观测精度。

因温度和地基不均匀沉陷等影响，坝体还可能产生裂缝。裂缝对混凝土坝及砌石坝的整体性有很大影响，且直接引起坝的渗漏，故应对坝体裂缝进行观测。

混凝土坝和砌石坝在施工期到初蓄水时变形速度快，变形值大，水平位移和垂直位移观测的周期应短，可每月进行 1～2 次；蓄水 3 年内每月 1 次，以后逐渐延长至每季 1 次到半年 1 次。对于挠度观测，在首次蓄水后到确认大坝已达稳定状态期间，可 7～10 d 观测 1 次；当大坝稳定后，可 10～15 d 观测 1 次。对于裂缝，在发展初期每天观测 1 次，稳定后每季观测 1 次。对于伸缩缝,可在年内最高气温、最低气温时观测。以上指正常情况下的观测周期,当气温、水位变化较大时,以及有其他异常情况下,应加密测次。此外,对不同坝型的观测周期应不尽相同。

混凝土及砌石建筑物的水平位移和挠度值以向下游、向左岸为正,反之为负;垂直位移以向下为正,向上为负。

一、引张线法测定坝体水平位移

混凝土坝及砌石坝中用得较普遍的测定水平位移的方法是引张线法。引张线法具有操作和计算简单,精度高,便于实现自动化观测等优点,尤其在廊道中设置引张线,因不受气候影响,具有明显的有利条件,因此在重力坝水平位移观测中应优先采用。

(一)观测原理及设备

在设于坝体两端的基点间拉紧一根钢丝作为基准线,然后测量坝体上各测点相对基准线的偏离值,以计算水平位移量。这根钢丝称为引张线,它相当于视准线法中的视准线,是一条可见的基准线,如图 2-30 所示。

由于水库大坝长度一般在数十米以上,如果仅靠坝两端的基点来支承钢丝,因其跨度较长,钢丝在本身重力作用下将下垂成悬链状,不便观测。为了解决垂径过大问题,需在引张线两端加上重锤,使钢丝张紧,并在中间加设若干浮托装置,将钢丝托起近似成一条水平线。因此,引张线观测设备由钢丝、端点装置和测点装置三部分组成。

1. 钢丝

一般采用 $\phi 0.8 \sim 1.2$ mm 的不锈钢丝,钢丝强度要求不小于 1.5×10^6 kPa。为了防止风的影响和外界干扰,全部测线需用 $\phi 10$ cm 的钢管或塑料管保护。正常使用时,钢丝全线不能接触保护管。

2. 端点装置

端点装置由混凝土基座(墩)、夹线装置、滑轮、悬挂装置以及重锤等组成,如图 2-31 所示。

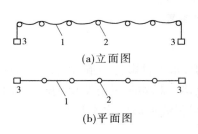

(a)立 面 图

(b)平 面 图

1—钢丝;2—浮托装置;3—端点装置

图 2-30　引张线示意图

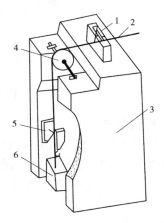

1—夹线装置;2—钢丝;3—混凝土墩;
4—滑轮;5—悬挂装置;6—重锤

图 2-31　引张线端点装置

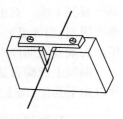

夹线装置的作用是使钢丝始终固定在一个位置上。其构造是在钢质基板上嵌入一个铜质 V 形槽,将钢丝放入 V 形槽中,盖上压板,旋紧压板螺丝,钢丝即被固定在这个位置上,如图 2-32 所示。

夹线装置安装时,需注意 V 形槽中心线与钢丝方向一致,并落在滑轮槽中心的平面上。但要注意,当测线通过滑轮拉紧后,测线与 V 形槽中心线应重合,并且钢丝高出槽底 2 mm 左右。

图 2-32　夹线装置

线锤连接装置上有卷线轴和插销,以便卷紧钢丝,悬挂重锤并张紧钢丝。重锤的质量视钢丝的强度而定。重锤质量愈大,钢丝所受拉力愈大,引张线的灵敏度愈高,观测精度也愈高。重锤质量可按钢丝抗拉强度的 1/3 ~ 1/2 考虑。

3. 测点装置

测点装置设置在坝体测点上,由水箱、浮船、读数尺和保护箱构成,如图 2-33 所示。浮船支撑钢丝,在钢丝张紧时,浮船不能接触水箱,以保证钢丝在过两端点 V 形夹线槽中心的直线上。读数尺为 150 mm 长的不锈钢尺,固定在槽钢上,槽钢埋入坝体测点位置。安装时应尽可能使各测点钢尺在同一水平面上,误差不超过 ±5 mm。测点也可不设读数尺而采用光学遥测仪器。测点装置一般 20 ~ 30 m 设置一个。保护管固定在保护箱上。

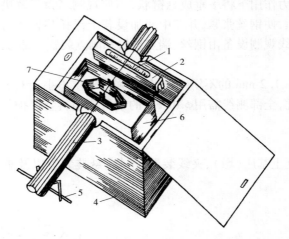

1—读数尺;2—槽钢;3—保护管;4—保护箱;
5—保护管支架;6—水箱;7—浮船
图 2-33　引张线测点装置

(二) 观测方法

引张线的钢丝张紧后固定在两端的端点装置上,水平投影为一条直线,这条直线是观测的基准线。测点埋设在坝体上,随坝体变形而位移。观测时只要测出钢丝在读数尺上的读数,与上次测值比较,即可得出该测点在垂直引张线方向的水平位移,其位移计算原理与视准线法相似。

1. 观测步骤

引张线观测随所用仪器的不同方法亦不同,无论采用哪一种仪器和方法观测,都应按以下步骤进行:

（1）在端点上用线锤悬挂装置挂上重锤，使钢丝张紧。

（2）调节端点上的滑轮支架，使钢丝通过夹线装置V形槽中心，此时钢丝应高出槽底2 mm左右，然后夹紧固定。但应注意，只有挂锤后才能夹线，松夹后才能放锤。

（3）向水箱充水或油至正常位置，使浮船托起钢丝，并高出标尺面0.5 mm左右。

（4）检查各测点装置，浮船应处于自由浮动状态，钢丝不应接触水箱边缘和全部保护管。

（5）端点和测点检查正常后，待钢丝稳定30 min，即可安置仪器进行测读。测读从一端开始依次至另一端止，为一测回。测完一测回后，将钢丝拨离平衡位置，让其浮动恢复平衡，待稳定后从另一端返测，进行第二测回测读。如此观测2~4个测回，各测回值的互差，要求不超过±0.2 mm。

（6）全部观测完后，将端点夹线松开，取下重锤。

（7）若引张线设在廊道内，观测时应将通风洞暂时封闭。对于坝面的引张线应选择无风天观测，并在观测一点时，将其他测点的观测箱盖好。

2. 常用的观测方法

1）直接目视法

用肉眼并使视线垂直于尺面观测，分别读出钢丝左边缘和右边缘在标尺上投影的读数a和b，估读至0.1 mm，得出钢丝中心在标尺上的读数为$L = (a+b)/2$。显然$|a-b|$应为钢丝的直径，以此可作为检查读数的正确性和精度。

2）挂线目视法

将标尺设在水箱的侧面，在靠近标尺的钢丝上系上很细的丝线，下挂小锤，如图2-34所示。用肉眼正视标尺直接读数。

3）读数显微镜法

读数显微镜法是将一个具有测微分划线的读数显微镜置于标尺上方，测读毫米以下的数，而毫米整数直接用肉眼读出，如图2-35所示。观测时，先读取毫米整数，再将读数显微镜垂直于标尺上，调焦至成像清晰，转动显微镜内测管，使测微分划线与钢丝平行。然后左右移动显微镜，使测微分划线与标尺毫米分划线的左边缘重合，读取该分划线至钢丝左边缘的间距a。第二次移动显微镜，将测微分划线与标尺毫米分划线的右边缘重合，读取该分划线至钢丝右边缘的间距b。由图2-35得$a+b = 2z+d+D$，即$(a+b)/2 = z + (d+D)/2$，而$(a+b)/2$即为标尺毫米分划线中心至钢丝中心的距离，于是得钢丝中心在标尺上的读数为

$$L = r + \frac{a+b}{2} \tag{2-18}$$

式中：r为离服从标尺上读取的毫米整数。

由图2-35可知$b-a = D-d$，即钢丝直径与标尺分划线粗度的差值为定值。同样，该值可作为检查读数有无错误和精度的标准。

4）光电跟踪遥测法

南京自动化研究所研制的YZ-1型光电跟踪差动电感式引张线遥测仪是机电与光学部件相结合的远距离自动遥测仪。测量范围为0~20 mm，最小读数为0.02 mm（桥式

仪表)或 0.01 mm(数字仪表),遥测距离为 0 ~ 100 m。

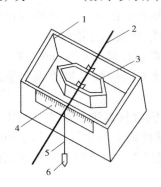

1—水箱;2—钢丝;3—浮船;
4—标尺;5—细丝线;6—小锤

图 2-34　挂线目视观测法示意图

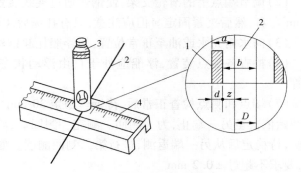

1—标尺毫米分划线;2—钢丝;
3—读数显微镜;4—标尺

图 2-35　读数显微镜法观测示意图

该套仪器在观测过程中避免了照准误差,也没有仪器调焦、调平误差的影响,因此观测精度高,速度快,操作方便。但在湿度大、气温低的情况下会影响正常观测。

二、垂线法测定坝体挠度

混凝土坝及砌石坝体水平位移沿坝体高程不同会不一样,一般是坝顶水平位移最大,近坝基处最小,测出坝体水平位移沿高程的分布并绘制分布图,即为坝体的挠度。因此,测定坝体挠度实为测量坝体相对坝基的水平位移。测定坝体挠度的垂线法分倒垂线与正垂线两种。

(一)倒垂线观测

1.倒垂线原理与设备

倒垂线是将一根不锈钢丝的下端埋设在大坝地基深层基岩内,上端连接浮体,浮体漂浮于液体上。由于浮力始终铅直向上,故浮体静止的时候,必然与连接浮体的钢丝向下的拉力大小相等,方向相反,亦即钢丝与浮力同在一条铅垂线上。由于钢丝下端埋于不变形的基岩中,因此钢丝就成为空间位置不变的基准线。只要测出坝体测点到钢丝距离的变化量,即为坝体的水平位移。

倒垂线装置由浮体组、垂线和观测台构成。

2.现场观测

观测前,首先应检查钢丝的张紧程度,使钢丝的拉力每次基本一致。达到这一要求的做法,是在钢丝长度不变的情况下,观测油箱的油位指示,使油位每次保持一致,浮力即一致,钢丝的拉力也就一致了。其次要检查浮筒是否能在油箱中自由移动,做到静止时浮筒不能接触油箱。浮筒重心不能偏移,人为拨动浮筒后应回复到原来位置,还要检查防风措施,避免气流对浮筒和钢丝的影响。检查完毕后,应待钢丝稳定一段时间才进行观测。

观测时,将仪器安放在底座上,置中调平,照准测线,分别读取 x 轴与 y 轴(即左右岸与上下游)方向读数各两次,取平均值作为测回值。每测点测两个测回,两测回间需要重新安置仪器。读数限差与测回限差分别为 0.1 mm 与 0.15 mm。观测中照明灯光的位置应固定,不得随意移动。

用于倒垂线观测的仪器有很多种,分为光学垂线仪、机械垂线仪与遥测垂线仪三类。不同仪器的操作方法不同,读数系统也略有差异,可参见仪器的使用说明进行。每次观测前,对光学垂线仪还应在专用检查墩上进行零点检查。

坝体测点的水平位移由规定的方向、垂线仪纵横尺上刻划的方向和观测员面向方向三个因素决定。一般规定位移向下游和左岸为正,反之为负;上下游方向为纵轴 y ,左右岸方向为横轴 x 。垂线仪安置的坐标方向应和大坝坐标方向一致。

3. 观测精度

进行倒垂线观测时,每次应观测 $2 \sim 3$ 个测回,每测回分别读取 z 、y 两个方向的读数各两次。一测回中两次读数差不应大于 0.10 mm,符合要求时,取平均值作为该测回的观测值;各测回读数差不应大于 0.15 mm,符合要求时,取平均值作为本次观测的最后成果。

(二)正垂线观测

1. 观测原理与正垂线布置形式

正垂线是在坝的上部悬挂带重锤的不锈钢丝,利用地球引力使钢丝铅垂这一特点,来测量坝体的水平位移。若在坝体不同高程处设置夹线装置作为测点,从上到下顺次夹紧钢丝上端,即可在坝基观测站测得测点相对坝基的水平位移,从而求得坝体的挠度,这种形式称为多点支承一点观测正垂线,见图 2-36(a)、(b)。如果只在坝顶悬挂钢丝,在坝体不同高程处设置观测点,测量坝顶与各测点的相对水平位移来求得坝体挠度的,称为一点支承多点观测正垂线,如图 2-36(c)、(d)。

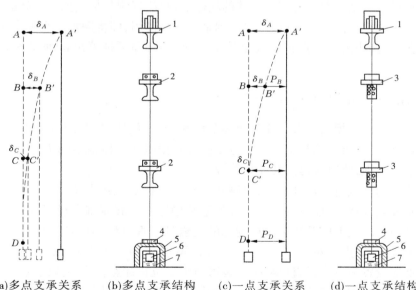

(a)多点支承关系　　(b)多点支承结构　　(c)一点支承关系　　(d)一点支承结构

1—悬挂装置;2—夹线装置;3—坝体观测点;4—坝底观测点;5—观测墩;6—重锤;7—油箱

图 2-36　正垂线多点支承和一点支承示意图

2. 正垂线装置的构成

不论是多点支承还是一点支承正垂线,一般由以下几部分构成:

（1）悬挂装置。供吊挂垂线之用,常固定支承在靠近坝顶处的廊道壁上或观测井壁上。

（2）夹线装置。固定夹线装置是悬挂垂线的支点,在垂线使用期间,应保持不变。即使在垂线受损折断后,支点亦能保证所换垂线位置不变。活动夹线装置是多点支承一点观测时的支点,观测时从上到下依次夹线。当采用一点支承多点观测形式时,取消活动夹线装置,而在不同高程取观测台。

（3）不锈钢丝。为直径 1 mm 的高强度不锈钢丝。观测仪器为接触式仪器时,需配的重锤较重,钢丝直径一般为 2 mm 左右。

（4）重锤。为金属或混凝土块,其上设有阻尼叶片,质量一般不超过垂线极限拉应力的 30%。但对接触式垂线仪,重锤需达 200~500 kg。

（5）油箱。为高 50 cm、直径大于重锤直径 20 cm 的圆柱桶。内装变压器油,使之起阻尼作用,促使重锤很快静止。

（6）观测台。构造与倒垂线观测台相似,也可从墙壁上埋设型钢安装仪器底座,特别是一点支承多点观测,在观测井壁的测点位置埋设型钢安置底座。

3. 现场观测

正垂线观测使用的仪器和观测方法与倒垂线相同。观测步骤首先是挂上重锤,安好仪器,待钢丝稳定后才进行观测。观测顺序自上而下逐点观测为第一测回,再自下而上观测为第二测回。每测回测点要照准两次,读数两次。两次读数差小于 0.1 mm,测回差小于 0.15 mm。

由于正垂线是悬挂在本身产生位移的坝体上,只能观测与最低测点之间的相对位移。为了观测坝体的绝对位移,可将正垂线与倒垂线联合使用,即将倒垂线观测台与正垂线最低测点设在一起,测出最低点正垂线至倒垂线的距离,即可推算出正垂线各测点的绝对位移。

三、水准法测定坝体垂直位移

混凝土坝及砌石坝的垂直位移观测多采用水准法,使用仪器、测量原理、观测方法和位移值计算、误差分析等均与土石坝垂直位移观测相似,但因混凝土及砌石建筑物的垂直位移远小于土石坝,所以应提高其测量等级。

垂直位移的测点也分水准基点、起测基点和位移标点三级点位。水准基点为垂直位移系统的基准点,应设在坝下游 1~3 km 的地基稳定处。起测基点设置在坝体垂直位移标点的纵排两端岸坡上以及廊道出口附近的基岩处。垂直位移标点设在坝面和廊道内,每一坝段布设 1~2 点。对于拱坝,坝顶一般每隔 30~50 m 设置一点,另在拱冠、1/4 拱圈及拱座处应设置测点。垂直位移标点也可与水平位移标点合为一体设置。

水准基点和起测基点的结构与土石坝的同类基点大致相同,但埋设要求和对基础的稳定性应较土石坝的高。位移标点的结构因设置方式不同而不同,若与水平位移标点设在一起,则只在标点基座上设置铜质标点头即可;若单独设置,可直接在坝体上(包括廊道内)埋设标点头。廊道内的标点头也可埋设在墙壁上,观测时用微型铟钢尺进行。

四、混凝土坝及砌石坝的伸缩缝和裂缝观测

(一)混凝土坝及砌石坝的伸缩缝观测

重力坝为适应温度变化和地基不均匀沉陷,一般都设有永久性伸缩缝。随着外界影响因素的改变,伸缩缝的开合和错动会相应变化,甚至会影响到缝的渗漏。因此,为了综合分析坝的运行状态,应进行伸缩缝观测。

伸缩缝观测点通常布置在最大坝高、地质复杂、基础变化较大、施工质量较差或进行应力应变观测的坝段上。测点可设在坝顶、下游坝面或廊道内,一条缝上的观测点不少于两个。

伸缩缝观测分测量缝的单向开合和三向位移。

(1)单向测缝标。在伸缩缝两侧各埋设一段角钢,角钢与缝平行,一翼用螺栓固定在坝体上,另一翼内侧焊一半圆球形或三棱柱形标点头,如图2-37所示。测量时用外径游标卡尺测读两标点头间的距离,各测次距离的变化量即为伸缩缝开合的变化。

(2)型板式三向测缝标。在伸缩缝两侧坝体上埋设宽约30 mm、厚5~7 mm的型板式三向测缝标,型板上焊三对不锈钢或铜质的三棱柱,如图2-38所示。测量时用游标卡尺测读每对三棱柱间的距离,从而推求坝体三个方向的相对位移。

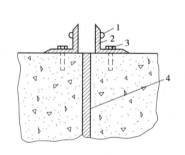

1—标点头;2—角钢;
3—螺栓;4—伸缩缝

图2-37 单向测缝标

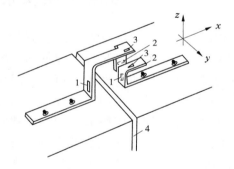

1—x方向测量标点;2—y方向测量标点;
3—z方向测量标点;4—伸缩缝

图2-38 型板式三向测缝标

(二)混凝土坝及砌石坝的裂缝观测

当拦河坝、溢洪道等混凝土建筑物及砌石建筑物发生裂缝,并需了解其发展情况,分析产生原因和对建筑物安全的影响时,应对裂缝进行定期观测。在发生裂缝的初期,至少每日观测一次;当裂缝发展减缓后,可适当减少测次。在出现最高气温、最低气温,上下游最高水位或裂缝有显著发展时,应增加测次。经长时期的观测,裂缝确无发展时,可以停测,但仍应经常进行巡视检查。裂缝的位置、分布、走向和长度等观测,同土石坝裂缝观测一样,在建筑物表面用油漆绘出方格进行丈量。在裂缝两端画出标志,注明观测日期。裂缝宽度需选择缝宽最大或有代表性的位置,设置测点进行测量,常用方法如下:

(1)金属标点法。用测量伸缩缝的单向测缝标量测,或在裂缝两侧埋设粗钢筋作为标点量测。

(2)固定千分表法(见图2-39)。将千分表(或百分表)安装在焊于底板上的固定支架上,底板用预埋螺丝固定在裂缝一侧的混凝土表面,裂缝另一侧也埋设一块底板以安装测杆。安装时测杆正对千分表测针,并稍微压紧,使千分表有较小的初始读数。

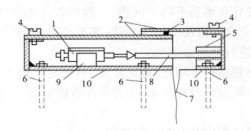

1—千分表;2—保护盖;3—密封胶垫;4—连接螺栓;5—测杆座;
6—固定螺栓;7—裂缝;8—测杆;9—固定支架;10—底板

图2-39   固定千分表安装示意图

此外,也可以用差动电阻式测缝计测量伸缩缝和裂缝宽度,参见有关文献。

对于裂缝深度的观测,可采用细金属丝探测,也可用超声探测仪测定。

任务八   混凝土坝及浆砌石坝基础扬压力的观测

混凝土和砌石建筑物基础上的扬压力,是指建筑物处于尾水位以下部分所受的浮力和在上下游水位差作用下,水从基底向下游渗透产生的向上的渗透压力的合力。向上的扬压力减小了坝体的有效重力,降低了闸坝的抗滑能力。在混凝土和砌石建筑物的设计中,扬压力作为建筑物的主要作用力之一参与稳定计算。以重力坝为例,根据计算,为平衡扬压力需增大坝体体积1/3~1/4。建筑物投入运用后,扬压力的大小是否与设计相符,对于建筑物的安全稳定关系十分重要。为此,必须进行扬压力观测,以掌握扬压力的分布和变化,判断建筑物的稳定安全程度,指导水库的运行和管理。

一、测点布设

扬压力观测的测点应根据建筑物的重要性和规模大小、建筑物类型、断面尺寸、地基地质情况以及防渗、排水结构等进行布置。一般可选择若干垂直于建筑物轴线、具有代表性的横断面作为测压断面。通常选择在最大坝高、老河床、基础较差以及设计时进行稳定计算的断面处。一般要求测压断面不少于3个。

每个测压断面内测点的布置,以能测出扬压力分布及其变化为原则。一般可参考下列情况布置:

(1)在灌浆帷幕、防渗墙、铺盖齿墙、板桩等上下游各安设1个测点。

(2)在坝基排水孔、溢洪道护坦排水孔的下游各安设1个测点。

(3)建筑物底面中间及紧靠下游端各安设1个测点。

(4)每个测压断面的测点不少于3个,并在有断层、夹层裂隙处增加测点。

当混凝土坝或砌石坝有横向廊道时,可在横向廊道位置布置测压断面,以便于观测。

对支墩坝和连拱坝,可将测点布置在支墩和坝垛内。如果需要研究扬压力沿建筑物纵向的分布情况,可沿建筑物轴线布设一排测点,构成一个纵向观测断面,以便分析扬压力沿整个基础的分布情况。

测点上扬压力观测设备通常使用测压管和渗压计。

二、测压管测定扬压力

(一)测压管的构造及埋设

扬压力测压管由进水管、导管和装有保护装置的管口组成。通常使用$\phi 50$ mm 的金属管或塑料管。

扬压力测压管的管口,应设在不被淹没且便于观测的部位,还应加装管口保护设备。若测压管内最高水位低于管口,管口保护设备与土石坝测压管相同;若测压管最低水位高于管口,管口须加螺丝管帽。

测压管埋设好后,应编号并绘制竣工图,测量管口高程,进行注水试验或放水试验,检查测压管的灵敏度。对于管中水位低于管口的进行注水试验,方法同土石坝浸润线测压管灵敏度检验。对于管中水位高于管口的进行放水试验,放水后关闭阀门,根据压力表计算压力上升的时间过程,绘制压力过程线。如恢复到原来压力的时间超过 2 h,认为灵敏度不合格,应分析原因,并采取补救措施。

(二)测压管观测

当测压管中的扬压水位低于管口时,其水位观测方法和设备与土石坝浸润线观测一样,先测出管口高程,再测出管口至管内水面的高度,然后计算得出管内水位高程。对于管中水位高于管口的,一般用压力表或水银压差计进行观测。压力表适用于测压管水位高于管口 3 m 以上,压差计适用于测压管水位高于管口 5 m 以下。不论采用哪种方法观测,观测的测次和精度要求均同土石坝浸润线观测。

用压力表观测时,需在测压管顶部开一岔管安装压力表,图 2-40 为常用连接方法示意图。压力表可以固定安装在测压管上,也可观测时临时安装。若观测时临时安装,需待压力表指针稳定后才能读数。压力表宜采用水管或蒸汽管上应用的压力表,其规格根据管口可能产生的最大压力值进行选用,一般应使压力值在压力表最大读数的 1/3 ~ 2/3 量程范围内较为适宜。观测时应读到最小估读单位,测读两次。两次读数差不得大于压力表最小刻度单位。测压管水位 Z 的计算方法为

$$Z = Z_b + 0.102p \qquad (2-19)$$

式中:Z_b 为压力表座中心高程,m;p 为压力表读数,kPa。

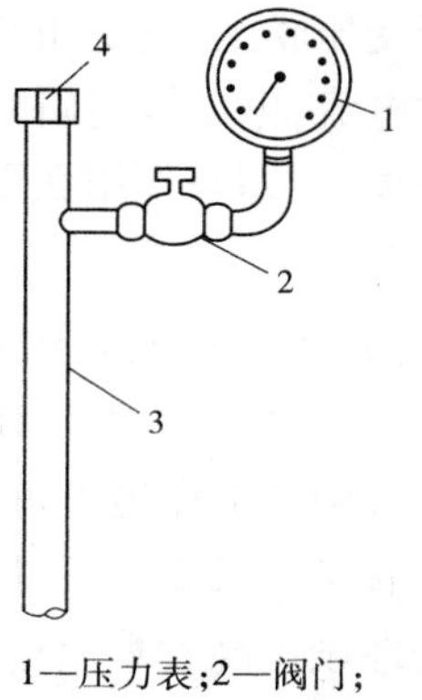

1—压力表;2—阀门;
3—测压管;4—管帽
图 2-40　压力表与测压管
连接示意图

三、渗压计测定扬压力

用于渗水压力观测的渗压计有钢弦式、差动电阻式等仪器,下面介绍钢弦式渗压计。

（一）钢弦式渗压计的结构和原理

钢弦式渗压计由透水石、受压膜、钢弦、电磁铁和外壳等部件构成,如图 2-41 所示。受压膜为不锈钢薄板,钢弦为 0.15 mm 的不锈钢丝,在固定销和螺栓之间张紧固定。

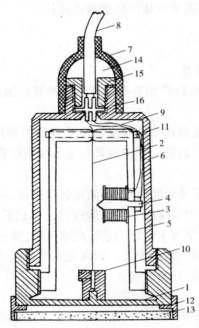

1—不锈钢受压膜;2—钢弦;3—电磁线圈;4—电磁铁;5—支架;6—外壳;7—橡皮密封;8—电缆;
9—导线;10—固定销;11—螺栓;12—透水石固定环;13—透水石;14—密封胶;15—压帽;16—连接柱

图 2-41　钢弦式渗水压力测头（填方埋入式）

钢弦式渗压计埋设于坝基测点位置,在坝基扬压力作用下,水透过透水石,水压力作用于受压膜上,使受压膜挠曲变形,钢弦的张紧程度发生变化。如果给电磁线圈一个瞬时脉冲电流,电磁铁将瞬时吸动钢弦,之后钢弦便产生自振,其振动的频率与钢弦的张紧程度有关,亦即与作用在受压膜上的水压力大小有关,这种关系可表示为

$$p = k(f_i^2 - f_0^2) \tag{2-20}$$

式中:p 为渗水压力,Pa;k 为渗压计灵敏度,Pa/Hz^2;f_i 为渗压计观测频率,Hz;f_0 为零压力时渗压计的振荡频率,Hz。

式中的灵敏度 k 可在仪器埋设前率定求出。

有了式(2-20)后,即可由观测的频率值求出渗水压力 p,再计算出水柱高度,最后由仪器埋设点高程算出渗水压力高程。

由于钢弦受温度影响,其长度将发生变化,自振频率亦将发生变化。为此,需在渗压计埋设前率定渗压计的频率与温度之间的关系,求得温度补偿系数,进行温差修正。当渗压计埋设点温差小于 10 ℃时,频率变化将不大于 2 Hz,此时可不进行修正。

钢弦式渗压计的优点是钢弦频率信号的传输不受电缆电阻的影响,适宜于远距离测量,仪器灵敏度高,稳定性好。

（二）现场观测

钢弦式渗压计的观测,可采用数码式频率计或图形式频率计进行。数码式频率计直接显示频率值,精度高,观测迅速。图形式频率计主要由标准钢弦、荧光屏和测微螺旋等组成,现结合图2-42说明其工作原理。

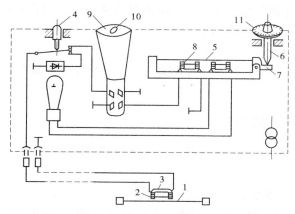

1—渗压计钢弦;2—渗压计内电磁线圈;3—渗压计内电磁铁;4—按钮;5—标准钢弦;
6—测微螺旋;7—杠杆装置;8—电磁铁;9—荧光屏;10—椭圆形成像;11—测微圆盘

图2-42　钢弦振荡频率接收器工作原理示意图

当按动电钮时,交流电源便向渗压计内电磁线圈发送瞬时脉冲电流,使电磁铁动作,吸动渗压计内的钢弦,然后钢弦便按自振频率振荡。同时,由于电钮接通标准钢弦处电磁铁电路,标准钢弦也发生振荡。钢弦振荡,使电磁铁的线圈中产生感应交变电动势,其频率与钢弦振荡频率相同。电振荡通过电子射线管,反映到荧光屏上。调节测微螺旋,通过杠杆装置改变标准钢弦的张力,使其振荡平稳地变化。当标准钢弦调整到与渗压计内钢弦同频率振荡时,荧光屏上的成像就由不断变动的椭圆形变成一条静止的直线,这时便可以从测微圆盘的刻度上读出频率数。

任务九　水工建筑物观测资料的整理分析

观测资料的整理、整编和分析工作,是工程观测的重要组成部分,在平时进行各项观测工作之后,应立即对观测资料进行整理分析,并隔一定时期将观测资料进行整编。

一、观测资料整理、分析的内容

观测资料的整理、分析工作,主要包括以下几方面的内容。

（一）校核原始记录

原始记录是观测的基本资料,应慎重进行审查、校核,确保资料的正确无误。一般审查内容包括:①记载数字和单位有无遗漏,准确度是否符合规定要求;②水准标点标高计算;③由读数计算变化量和高程等,发现错误应予纠正,必要时进行复测。

（二）填制观测报表,并绘制曲线图

各种观测成果经审查校核并填入报表后,即可绘制过程线,在积累了一定数量的资料

后,应绘制关系曲线,根据这些曲线,分析变化幅度、变化量的一般规律和趋势等。此外,还应分析各观测数值的合理性及可能的误差程度,如有异常现象,应及时找出原因。

(三)研究分析建筑物状况

根据绘制的过程线和关系曲线,对建筑物情况进行分析,并与设计过程线及理论关系曲线相比较,判断建筑物的状态变化和工作情况正常与否。如有异常现象,应分析原因,研究处理措施。

(四)提出改进意见

根据建筑物的状况分析,应提出工程运用、建筑物养护维修及今后观测工作的改进意见。

二、观测资料整编的内容

观测资料整编应在平时整理、分析工作的基础上进行,主要工作内容如下。

(一)收集资料

整编前应将有关资料整理齐全,必须整理的资料有以下四部分:

(1)工程资料。包括勘测设计、试验、施工、竣工、验收及养护维修等资料。

(2)考证资料。包括各项观测设备的考证表、布置图、详细结构图,观测设备的损毁、改装情况及其他与观测设备有关的资料。

(3)观测资料。主要有各项观测记录表、报表、过程线、关系曲线、有关说明等。

(4)有关文件。有关观测工作的指示、批文、报告、总结及其他参考文件。

(二)审查资料

整编前,应将所有资料进行全面的审查,主要内容包括:

(1)审查所有考证资料、过程线、关系曲线、文字说明等有无遗漏。

(2)校核原始资料、水准点高程、高程的换算、观测读数换算变化量有无错误。

(3)检查校核各种曲线图,并互相对照进行合理性检查和分析。

(三)填制和编写资料

收集、审查资料完毕后,应填制观测成果统计表,并编写观测资料整编说明,经校核审查无误后,审定付印。

三、观测资料的初步分析

观测资料的初步分析,是介于资料整理与分析之间的工作。常用时间过程统计分析法、空间分布统计分析法、相关因素统计分析法、比较分析法、数学模型法等,进行初步的定性分析。

(一)时间过程统计分析法

时间过程统计分析法一般是以时程为横坐标、测值为纵坐标绘制的测值过程线(可以反映测值随时间的变化过程),来分析测值变化的梯度、趋势、位相、变幅、极值以及有无周期变化及异常变化等。图上可同时绘出有关因素如水库水位、气温等的过程线,以了解测值与这些因素的变化是否相适应,周期是否相同,滞后的时间,两者变幅的大致比例等。为了比较它们之间的联系和差异,图上也可绘出不同测点或不同项目的曲线,如坝面水平位移过程线（见图2-43）、渗流压力水位过程线（见图2-44）。

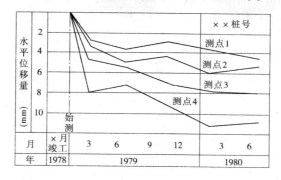

图2-43 坝面水平位移过程线

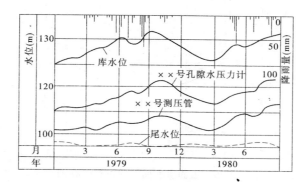

图2-44 渗流压力水位过程线

（二）空间分布统计分析法

空间分布统计分析法通常是以横坐标表示测点位置，纵坐标表示测值的测值分布图。（可以反映测值沿空间的分布情况），来分析测值的分布有无规律，最大数值、最小数值出现的位置，各测点之间特别是相邻测点之间差异的大小等。为了了解测值的分布是否与之相适应，图上还可绘出有关因素如坝高、弹性模量等的分布值，还可同时绘出同一项目不同测次或不同项目同一测次的数值分布，以比较其间的联系和差异等，如坝面纵断面竖向位移分布（见图2-45）。

当测点不便用一个坐标反映时，也可用纵横坐标共同表示测点位置，将测值标在测点位置旁边，然后绘制测值等值线图进行分析，如坝面竖向位移量平面等值线（见图2-46）、坝体裂缝平面分布（见图2-47）。

（三）相关因素统计分析法

相关因素统计分析法是以一个坐标表示测值，另一个坐标表示相关因素，用来分析测值与相关因素之间的相关关系及其变化规律。

在相关图上，可以把各次测值依次用箭头相连并在点据旁注上观测时间，可以看出测值变化过程、因素升降对测值的不同影响以及测值滞后于因素变化的程度等，如渗流量与库水位（或上、下游水位差）相关关系（见图2-48）。

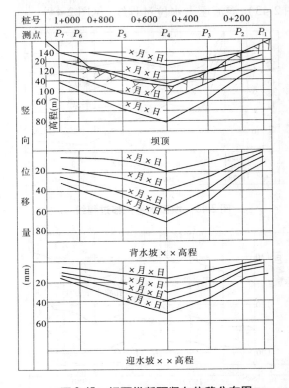

图 2-45　坝面纵断面竖向位移分布图

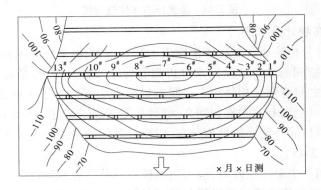

图 2-46　坝面竖向位移量平面等值线图

(四)比较分析法

比较分析法,主要是通过与历史资料、相关资料、设计计算成果、模型试验数据及安全控制指标等因素的比较,了解工程的运行状态。

(1)与历史资料的比较。一般应选取历史上同条件的多次测值,作为对比对象。分析其是否连续渐变或突变,有无突破,差异程度,同时还可比较变化趋势及变幅等,如特定库水位下渗流压力水位过程线(见图 2-49)。

(2)与相关资料的比较。可与相邻测点的测值对比,看其差值是否正常,分布情况是否符合规律;与相关项目对比,如水平位移与铅直位移、扬压力与渗流量等,将测值过程线

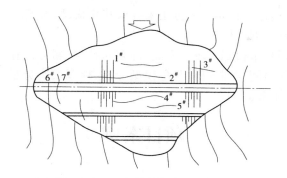

图 2-47　坝体裂缝平面分布图

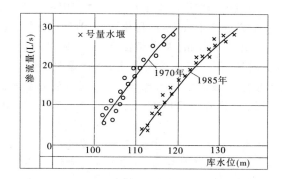

图 2-48　渗流量与库水位（或上、下游水位差）相关关系

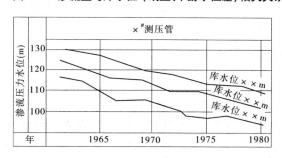

图 2-49　特定库水位下渗流压力水位过程线图

绘在同一张图上进行对比，看其是否有不协调的异常现象。

（3）与设计计算成果或模型试验数据的比较。主要是比较其分布和变化趋势是否相近，数值差别的大小。

（4）与安全控制指标的比较。看测值是否超过标准；同预测值对比，看其出入大小，并分析结果是偏于安全还是偏于危险。

（五）数学模型法

数学模型法就是利用回归分析、经验或数学力学原理，建立原因量（如库水位、气温等）与效应量（如位移、扬压力等）之间定量关系的方法。这种关系往往是具有统计性的，需要较长序列的观测数据。能够在理论分析基础上来寻求两者确定性的关系，称为确定性模型;根据经验,通过统计相关的方法来寻求其联系,称为统计模型;具有上述两者的特点而得到的联系,称为混合模型。

近年来,资料分析技术得到了较快发展,许多新技术、新方法在大坝监测资料分析领域得到了广泛应用,如时间序列分析、灰色模型分析、模糊聚类分析、神经网络分析、决策分析以及专家系统技术等。

项目案例

案例一 山东省日照水库运行管理概要

日照水库位于山东省日照市城西 15 km 处,工程自 1958 年 10 月动工兴建,1959 年 6 月建成并投入运行。总库容 3.2 亿 m³,兴利库容 1.912 亿 m³。主坝长 116 m,坝顶高 47.4 m,最大坝高 28 m;副坝长 285 m,最大坝高 8 m,控制流域面积 548 km²。主要水工建筑物有坝下涵管、溢洪闸等,是一座以防洪为主,结合灌溉、养殖、发电、城市供水等综合利用的大(2)型水库,为日照市城区供水水源地之一,同时还起到补源的功能。2003 年年底完成水库除险加固工程,总投资 1.293 亿元,共完成土石方 21.0 万 m³、砌石 4.09 万 m³,混凝土 2.32 万 m³。

对于多年调节综合利用的大型水库,主体工程的安全运行至关重要。对水库工程进行科学合理的运用、控制、调度,保证其安全、正常运行,才能充分发挥工程综合效益。

管理宗旨:为水库正常运行提供安全管理保障。

基本任务:负责水库工程设施的日常维护、安全检测、供水服务、水力发电等综合管理工作,承担水库防汛的有关工作。

一、日常管理内容

(一)工程检查

工程检查分为日常检查、定期检查和特别检查三类。日常检查是对工程部分所作的经常性巡回检查,由专职人员负责进行,汛期组织大坝安全巡视检查小组强化检查力度;定期检查是在每年汛前、汛后、用水期前后及冰冻期前后,由管理单位负责组织技术人员对工程所作的全面检查;特别检查是工程在面临暴雨、特大洪水等非常运用情况或发生比较严重的破坏现象时,由管理单位或会同有关部门专家临时组织的专门检查。每次检查结果都按统一的记录表式作好翔实记录,并作阶段性总结上报,发现异常情况及时上报处理。

检查内容包括大坝坝体、坝趾近区、防水洞、溢洪道等,一般对坝体注意观察坝顶、坝肩及坝脚处有无裂缝、滑坡、塌坑、兽洞以及水面是否有旋涡等,对坝趾区注意观察有无塌陷、集中渗水,承压水段渗水量及水质变化,坝坡排水沟是否畅通,溢洪道上下游、闸门及启闭设备运行情况以及大坝两端、坝体及建筑物结合部位是否有接触冲刷等。

检查时间根据实际需要灵活掌握,一般非汛期与工程观测同步进行,一个月不少于 4 次,汛期一个月不少于 6 次。在发生大风、暴雨、较大洪水、水库高水位运行及库水位急剧升降等非常运用情况下,随时增加巡视检查次数,必要时昼夜巡视检查。

（二）工程观测

工程观测项目包括渗流观测、变形观测、溢洪闸观测和水文气象观测等,要按照规定的方法进行系统、定期观测,从观测资料中分析了解工程运用是否正常,如有问题要查找原因,进行检查处理。

日照水库的渗流观测始于1963年,测压管水位观测方法采用人工实测,按照水利部发布的《土石坝安全监测技术规范》和单位的《安全监测制度》要求,非汛期每10 d测一次,每逢1日(每月1日、11日、21日)测,汛期月观测6次,每逢1日、6日测。但在高水位、库水位骤变、特大暴雨等特殊运行情况下,随机加测。坝后测水量采用容积法测,与测压管水位同时观测。渗流观测必须做到定人、定仪、定时、定次,对原始观测数据,按照水利部发布的《土石坝安全检测资料整编规程》要求做到:随观测、随记录、随校核、随整理。对观测资料,日清、月结、年总,整理存档。对观测结果及时分析,发现异常及时分析原因并上报处理。

日照水库于2009年3月完成了大坝测压管水位自动观测系统安装,实现了测压管水位采集、数据处理、图表绘制的自动化,为人工分析提供快捷、准确、直观的基本资料,能够对大坝的运行状况实行有效监控。

对溢洪闸开展了底流、绕流、闸墩应力和变形观测。除变形观测外,底流绕流观测均实现了数据的自动化采集,有专人负责定时采集底流、绕流管水位和闸墩应力观测值。

水文气象观测,根据汛期与非汛期的需要进行,主要由水文站负责。

（三）工程养护

按照"经常养护,随时修理,养重于修,修重于抢"的原则,做好工程养护管理工作。一般要保证:主坝、副坝坝顶平整,坝坡整齐美观,无缺损、无树根、高草,防浪墙、反滤体完整,廊道、导渗沟、排水沟畅通,无蚁害。输水建筑物、泄水建筑物进出口岸坡完整、过水断面无淤积和障碍物;混凝土及圬工衬砌、消力池、工作桥、启闭机房等完好无损。灌溉、发电、供水等生产设施完好、运行正常。对机电设备要有金属结构、机电设备维护制度并明示;设备维修养护好,运用灵活,安全可靠;备用发电机组能随时启动,正常运行;机房内整洁美观;维修养护记录规范。

（四）工程维修

工程维修分为经常性养护维修、岁修、大修和抢修。

经常性养护维修是根据经常检查发现的问题而进行日常保养维修和局部修补,保持工程完整。

岁修是根据汛后检查所发现的工程问题,编制岁修计划报批后及时进行修复。

大修是当工程发生较大损坏,修复工作量大,技术性较复杂时,报请上级主管部门会同有关单位研究制订专门的修复计划,报批后进行的。大修工程要有维修设计、批复文件,修复及时,按计划完成任务,有竣工验收报告。

抢修是当工程发生突发事故危及工程安全时,组织力量进行的及时抢险,同时上报主管部门采取进一步的处理加固措施。

（五）防汛调度

根据地域特征,每年的降雨和洪水主要集中在6~9月,即汛期,利用水库的调蓄作用和控制作用,有计划地控制调节洪水,减轻防汛压力,又能拦蓄充沛的来水蓄水兴利,综合利用水资源,优化调度,实现除害和兴利,是水管部门的重要职责。

防汛组织:每年汛前组织调整水库防汛指挥机构,落实以行政首长负责制为核心的防汛责任制。汛期召开全体防汛指挥机构成员会议,对当年防汛工作进行部署安排,将防汛责任制分解落实到各防汛指挥机构成员单位,明确各级防汛领导责任人,做到分工明确,各负其责。组织编排防汛三线队伍,即常备队、抢险队和后备队,明确队伍职责和组织纪律。

控制运用方案:每年汛前编制修订《汛期控制运用方案》、《防洪抢险应急预案》和《防洪预案》。各方案对正常洪水调度原则、非常洪水和超标准洪水的应急措施、抢险方案、安全转移等工作内容都作了具体规定,方案上报防汛主管部门批复后可作为本年度调度运用的依据。另外,针对水库管理中可能遭遇的突发事故,如发生超设防地震、超标准洪水等自然灾害,严重水污染、工程隐患导致溃坝等事故灾难,恐怖袭击、人为破坏等社会安全事件,特编制有《大坝安全管理应急预案》和《防洪抢险应急预案》,以切实提高水管部门应对突发事件的能力。

防汛物质:本着"宁可备而不用,不可用而无备"的原则,立足防大汛、抗大洪,对防汛物料按照上级防汛部门下达的定额配备,筹备不足,补充消耗,建档立卡,实行专人管理。

运用管理:在汛期水库调度运行管理中,严格执行省防汛指挥办公室批复的控制运用计划和运用指标,同时结合工程运用实际,参考中、短期气象和水文预报,正常处理蓄水兴利和防洪安全之间的关系,进行优化调度。汛期结束,做好年度调度运用工作总结,总结经验,查找不足,摆出问题,制订岁修计划,为未来的防汛工作奠定基础。

(六)经营管理

充分利用水、土资源,进行库面淡水鱼养殖、农田灌溉、水力发电、城市供水、经济园林种植等多种综合项目经营。

经营收入除保障水管单位的日常开支外,每年从收入中提取部分经费用于工程维修养护,以实现主体工程运用的良性循环。

水利工程的效益不仅包括经济效益,还包括社会效益和生态效益,各种效益受年度流域降水、径流、洪水等自然因素影响具有随机性和可变性,而且各种效益大小必须统筹兼顾,综合衡量。

二、水库除险加固

山东省的大中型水库大多数建设于20世纪五六十年代,受当时建设条件、技术所限,多数水库建设标准较低,经过多年运行,工程老化、退化严重。近年来,国家加大了水利投资力度,针对安全鉴定确定的病险水库展开了除险加固的热潮。除险加固使病险水库除病脱险,生机再现,防洪、防渗、抗震、泄洪能力都有了较大提高,而且建设中伴随着景观水利和生态水利的观念渗透,加固后的库容和库貌都有了较大的改善。

三、运行管理现代化发展

在近几年的水利工程建设和管理中,水利部门积极引进、推广应用管理新技术,改善管理手段,增加管理科技含量,走水利信息化、办公自动化带动工程管理现代化的道路。

日照水库以灌区节水改造和实施除险加固工程为契机,先后建成了雨水情自动测报系统、灌区测水量水项目、溢洪闸自动化控制系统、防汛视频监视系统和大坝测压管水位自动化观测系统,并建立了单位信息数据库和计算机局域网。除溢洪闸自动化控制系统外,各系统中控室设在办公楼防洪调度中心,能够实现对各信息系统运行状况的模拟可视。

附　日照水库工程管理制度

日照水库是一座以防洪为主,结合灌溉、供水、发电、养殖等综合利用的大(2)型水库。工程管理工作主要有检查观测、养护修理和防汛调度。针对水库除险加固后面临的新形势、新任务,为加强工程管理,保证水库安全和充分发挥水库效益,不断提高管理水平,特制定本制度如下。

一、工程管理人员工作内容及职责

贯彻执行有关法律法规、方针政策和上级主管部门的指示;掌握并熟悉本工程的规划、设计、施工和管理运行等资料;进行检查观测、养护修理,随时掌握工程动态,消除工程缺陷;做好水文预报,掌握雨情、水情,了解气象预报,做好工程的调度运用及防汛工作;建立健全工程技术档案,通过管理运用,积累资料,分析整编,总结经验,不断改进工作。

二、水库工程检查工作

加强对水库工程的检查观测,监视工程的状态变化和工作情况,为正确管理运用提供科学依据,及时发现异常现象,分析原因,果断采取措施,排除工程隐患,杜绝工程事故发生,保证工程安全运用。工程检查工作可分为经常检查、定期检查、特别检查和安全鉴定。

(1)经常检查。对建筑物各部位、部门及启闭设备、通信设备、水流形态等进行经常的检查观测,由专职人员负责进行。

(2)定期检查。每年汛前、汛后,用水期前后对水库工程及各项设施进行定期检查。由管理单位负责人组织,对水库工程进行全面或专项检查。定期检查应结合观测工作及有关分析资料进行。

(3)特别检查。当发生特大洪水、暴雨、暴风、工程非常运用等情况时,管理单位负责人应及时组织力量进行检查,必要时报请上级主管部门及有关单位会同检查。

(4)安全鉴定。水库建成后,在运用头3~5年内,必须对工程进行一次全面鉴定,以后每隔6~10年进行一次。安全鉴定由主管部门组织,管理、施工、设计、科研等单位及有关专业人员共同参加。

水库工程观测工作必须严格按照规定的测次和时间进行全面、系统和连续的观测。所有检查都要认真进行,详细记载、存档。发现问题要及时报告、及时处理,定期检查、特别检查和安全鉴定均应作出书面报告,报上级主管部门。

三、养护修理

要按照"经常养护,随时维修,养重于修,修重于抢"的原则进行,对水库工程进行养护修理,应保持工程和设备完好。一般可分为经常性养护维修、岁修、大修和抢修。

(1)经常性养护维修是根据经常检查发现的问题而进行日常保养维护和局部修补,

保持工程完整。

（2）根据汛后检查所发现的工程问题，编制岁修计划报批后及时进行岁修。

（3）当工程发生较大损坏，修复工作量大，技术性较复杂时，应报请上级主管部门会同有关单位研究制订专门的修复计划，报批后进行大修。

（4）当工程发生事故危及工程安全时，应立即组织力量进行抢修，并同时上报主管部门采取进一步的处理措施。

四、防汛调度

（1）防汛是为防止或减轻洪水灾害，充分发挥工程的错峰作用，在汛期进行的防御洪水的工作，其目的是保证水库和水库上下游地区的安全。必须坚持"安全第一，常备不懈，以防为主，全力抢险"的防汛方针，做到汛前有准备，汛期有措施，防洪工程措施与非工程措施相结合，贯彻落实防汛责任制，汛后及时总结经验。

（2）调度运用应本着"局部服从整体、兴利服从防洪"的调度原则，根据工程现状和运用经验，结合库区迁移安置和下游河道安全泄量的实际情况，根据批准的设计运用计划和运用指标，保证工程安全，科学处理除害和兴利的关系，充分发挥工程效益。

案例二　鲁布革水电站堆石坝观测系统布置实例

鲁布革水电站位于云南省和贵州省的分界河流黄泥河上，大坝是一座窄心墙堆石坝，最大坝高103.8 m，坝顶长200 m；心墙上下游边坡均为1:0.175，底宽40 m，材料为软岩风化料，坝壳材料为电站开挖的白云岩和灰岩。水库总库容1.11亿 m³，其中死库容0.37亿 m³，有效库容0.74亿 m³，电站转换机60万 kW。大坝的设计采用了一些新技术，如心墙为软岩风化料等。为保证大坝安全，便于监测施工质量并验证设计，大坝上布置了先进而又全面的观测仪器。大坝于1998年11月开始蓄水发电。

大坝的观测系统设计原则主要是：①观测项目和测点数量按1级工程设计；②考虑工程的特点及结果的反馈分析和验证设计；③考虑观测工作和检修的方便。

大坝观测的项目和仪器设备有：

（1）标点共32个。目的是监测坝面的水平位移和沉降。

（2）斜孔2个。目的是监测坝体不同层次的水平位移，位置在坝轴线上桩号为0+36.73和0+100处。

（3）沉降观测孔2个。目的是监测坝体的分层沉降情况，位置同测斜孔。

（4）垂直水平位移观测共2条线，9个测点。目的是监测心墙与下游堆石体的相对位移和位移，用以判断心墙是否发生纵向裂缝。在桩号0+100，高程1 076.04 m处设5个测点，高程1 116.88 m处设4个测点。

（5）TS型位移计（电位器式）共22个测点。在桩号0+106.69、高程1 075.46 m处和桩号0+102，高程1 117.18 m处各设2支位移计，观测心墙与上游堆石体的相对位置，以判断心墙上游部位的纵向裂缝的产生。其余18支位移计则设在两岸，用以观测心墙与混凝土垫层岸坡的剪切位移和拉伸位移。

（6）孔隙水压力仪器共31个。目的是观测心墙的固结过程、渗流状态、帷幕效果以及心墙与两岸接触渗漏情况。其中，心墙上10个，帷幕前基岩内2个，混凝土垫层与坝体的接触面上8个,坝基垫层上的反滤层内1个,心墙与两岸混凝土垫层接触面上各5个。

(7)绕坝渗流观测孔共9个。其中,左岸4个孔,右岸5个孔。目的是了解绕坝渗流情况。

(8)量水堰共3个。目的是了解渗漏量大小。坝体、左右两岸绕坝渗流处各设1个。

(9)接触式(界面式)土压力计10个。目的是了解坝基混凝土垫层上的土压力分布和心墙与两岸的接触情况。其中,6个在混凝土(坝基)垫层与心墙底接触面上,其余4个在心墙与左岸混凝土垫层接触面上。

(10)土中土压力计(界质土压力计)共32个。目的是了解心墙和反滤层中的应力变化。位置是心墙内16个,上游反滤层中7个,下游反滤层中9个。

(11)地震仪2台。设在桩号0+100的坝顶和高程1 075 m的下游坝坡上。

鲁布革大坝观测的仪器既有国产的,也有国外生产的。大坝内部观测仪器埋设成功率达87%,处于国际先进水平。经过施工期和运行期的观测,达到了监测的目的。

职业能力实训

实训一　基本知识训练

一、填空题

1.土石坝的常见病害有_____、_____、_____、_____。

2.土石坝的巡视检查工作分为_____、_____、_____和_____四项。

3.运用视准线法测定土石坝的横向水平位移时,需构筑"三点一线",分别是指_____、_____和_____。

4.视准线法观测中常用的仪器设备有_____、_____、_____。

5.土石坝渗流观测的主要内容包括_____、_____、_____。

6.测压管主要由_____、_____、_____三部分组成。

7.混凝土坝和浆砌石坝变形观测的项目主要有_____、_____、_____等。

8.正垂线装置由_____、_____、_____、_____、_____、_____六部分组成。

9.混凝土建筑物及砌石建筑物基础扬压力观测的仪器设备有_____、_____、_____等。

二、名词解释

1.正常渗流

2.异常渗流

3.引张线法

4.基础扬压力

三、选择题(正确答案 1～3 个)

1. 土工建筑物渗流观测的重点是(   )。
    A. 坝体渗流   B. 坝基渗流
    C. 坝肩渗流   D. 异常渗流

2. 土石坝固结观测常用的设备是(   )。
    A. 压力计   B. 孔隙水压力计
    C. 横梁式固结管   D. 应变计

3. 运用视准线法测定土石坝的横向水平位移时,需构筑"三点一线",其中的"三点"是指(   )。
    A. 位移标点   B. 工作基点
    C. 校核基点   D. 水准基点

4. 土石坝的位移观测包括(   )。
    A. 水平位移   B. 垂直位移
    C. 挠度   D. 固结量

5. 对混凝土坝及浆砌石坝水平位移的观测应优先采用(   )。
    A. 视准线法   B. 正垂线法
    C. 引张线法   D. 倒垂线法

6. 水平位移观测中适用于直线形大坝的观测方法是(   )。
    A 正垂线法   B 倒垂线法
    C 引张线法   D 视准线法

7. 混凝土坝及浆砌石坝的挠度观测常用的方法有(   )。
    A. 视准线法   B. 正垂线法
    C. 倒垂线法   D. 引张线法

8. 当测压管中扬压水位高于管口时,常用的观测仪器是(   )。
    A. 测沉棒   B. 测深钟
    C. 电水位器   D. 压力表或压差计

四、简答题

1. 简述视准线法测定土石坝横向水平位移的原理及方法。
2. 观测渗流量有哪些方法?各适用于什么情况?
3. 简述引张线法测定混凝土坝水平位移的原理及设备组成。

五、填表计算题

已知数据见表 2-5,计算并填表。

项目二　挡水建筑物的检查观测

表 2-5 　　　　　　　　　　　　　　　　　　　　　　　　　　（单位:mm）

测点	测回	正镜			倒镜			一次测回平均值	本次偏离值	埋设偏距	上次偏离值	间隔位移量	累计位移量
		1	2	平均	1	2	平均						
a	1	+19.8	+19.4		+20.6	+19.8				+17.3	+18.6		
	2	+19.6	+18.8		+19.6	+20.0							

⋮

实训二　职业活动训练

1.组织学生对某一水工建筑物按照"五定"要求进行一次巡视检查,从中体会巡视检查的制度、内容及要求。

2.组织学生利用模型进行水平位移测点布设的练习。

3.组织学生使用经纬仪进行水平位移观测的实训。

4.组织学生利用模型进行垂直位移测点布设的练习。

5.组织学生使用水准仪进行垂直位移观测的实训。

6.组织学生利用模型进行测压管布设练习。

7.组织学生做渗水透明度检测试验。

8.组织学生通过张拉细绳模拟实际情境来练习引张线法测定水平位移。

9.组织学生使用水准仪来进行观测坝体垂直位移的操作实训。

10.组织学生自制测压管以加深对测压管构造的了解。

11.组织学生观看录像片《中国大坝建设》、《青峰岭水库》。

项目三 挡水建筑物的养护修理

【学习目标】
　　1. 能处理土石坝的裂缝、渗漏、滑坡和护坡破坏。
　　2. 能处理混凝土坝及浆砌石坝的抗滑稳定、裂缝和渗漏。
　　3. 能整理分析水工建筑物的观测资料。
　　4. 能具备土石维修工、混凝土维修工等基本知识。

任务一 土石坝的裂缝处理

　　土石坝坝体裂缝是一种较为常见的病害现象,大多发生在蓄水运用期间,对坝体存在着潜在的危险。例如,细小的横向裂缝有可能发展成为坝体的集中渗漏通道;部分纵向裂缝则可能是坝体滑坡的征兆;有的内部裂缝,在蓄水期突然产生严重渗漏,威胁大坝安全;有的裂缝虽未造成大坝失事,但影响正常蓄水,长期不能发挥水库效益。因此,对土石坝的裂缝,应予以足够重视。实践证明:只要加强养护修理工作,分析裂缝产生的原因,及时采取有效的处理措施,是可以防止土石坝裂缝的发展和扩大,并迅速恢复土石坝的工作能力的。

　　土石坝的裂缝,按其方向可分为龟状裂缝、横向裂缝和纵向裂缝;按其产生原因可分为干缩裂缝、冻融裂缝、不均匀沉陷裂缝、滑坡裂缝、水力劈裂裂缝、塑流裂缝、震动裂缝;按其部位可分为表面裂缝和内部裂缝等。在实际工程中,土石坝的裂缝常由多种因素造成,并以混合的形式出现。下面按干缩裂缝、冻融裂缝、纵向裂缝、横向裂缝及内部裂缝等,分别阐述其成因特征。

一、裂缝的成因及特征

(一)干缩裂缝和冻融裂缝

　　干缩裂缝和冻融裂缝是由于坝体受气候或植物的影响,土料中水分大量蒸发或冻胀,在土体干缩或膨胀过程中产生的。

　　1. 干缩裂缝

　　在黏性土中,土粒周围的薄膜水因蒸发而减薄,土粒与土粒在薄膜水分子吸引作用下互相移近,引起土体干缩,当收缩引起的拉应力超过一定限度时,土体即会出现裂缝。对于粗粒土,薄膜水的总量很少,厚度很薄,对粗粒土的性质没有显著影响。由上述可知,当筑坝土料黏性越大、含水量越高时,产生干缩裂缝的可能性越大。在壤土中,干缩裂缝比较少见,而在砂土中则不可能出现干缩裂缝。显然,干缩裂缝的成因是土中水分蒸发,引起土体干缩。

　　干缩裂缝的待征:发生在坝体表面,分布较广,呈龟裂状,密集交错,缝的间距比较均匀,无上下错动。一般与坝体表面垂直,上宽下窄,呈楔形尖灭,缝宽通常小于 1 cm,个别情况下也可能较宽较深。例如,山东峡山水库土坝,由于 1965~1968 年连续几年干旱,库水位低,加上在坝坡上种植棉槐,大量吸收土体水分,结果于 1968 年 6 月发现干缩裂缝多条,其中最宽的达 4 cm,最深的达 4.6 m。

干缩裂缝一般不致影响坝体安全,但若不及时维修处理,雨水沿缝渗入,将增大土体含水量,降低土体抗剪强度,促使病害发展,尤其是斜墙和铺盖的干缩裂缝可能引起严重的渗透破坏。施工期间,当停工一段时间,填土表面未加保护时,会发生细微发丝裂缝,不易发觉,以后坝体继续上升直至竣工,在不利的应力条件下,该层裂缝会发展,甚至导致蓄水后漏水。因此,对干缩裂缝也必须予以重视。

2. 冻融裂缝

冻融裂缝主要由冰冻而产生,即当气温下降时土体因冰冻而冻胀,气温升高时冰融,但经过冻融的土体不会恢复到原来的密实度,反复冻融,土体表面就形成裂缝。

其特征为:发生在冻土层以内,表层破碎,有脱空现象,缝深及缝宽随气温而异。

(二)纵向裂缝

平行于坝轴线的裂缝称为纵向裂缝。

1. 成因与特征

纵向裂缝主要是因坝体在横向断面上不同土料的固结速度不同,或坝体、坝基在横断面上产生较大的不均匀沉陷所造成的。一般规模较大,基本上是垂直地向坝体内部延伸,多发生在坝的顶部或内外坝肩附近。其长度一般可延伸数十米至数百米,缝深几米至十几米,缝宽几毫米至几十毫米,两侧错距不大于 30 cm。

2. 常见部位

(1)坝壳与心墙或斜墙的接合面处。由于坝壳与心墙、斜墙的土料不同,压缩性有较大差异,填筑压实的质量亦不相同,固结速度不同,致使在接合面处出现不均匀沉陷的纵向裂缝。

(2)坝基沿横断面开挖处理不当处。在未经处理的湿陷性黄土地基上筑坝,由于坝的中部荷载大,施工中坝基沉陷也大,蓄水后的湿陷较小,而上下游侧由于荷载小,坝基沉陷小,蓄水后的湿陷反而大,可能产生纵向裂缝。沿坝基横断面方向上,因软土地基厚度不同或部分为黏软土地基,部分为岩基,在坝体荷重作用下,地基发生不均匀沉陷,也会引起坝体纵向裂缝。

(3)坝体横向分区填筑接合面处。施工时分别从上下游取土填筑,土料性质不同,或上下游坝身碾压质量不同,或上下游进度不平衡,填筑层高差过大,接合面坡度太陡,不便碾压,甚至有漏压现象,因此蓄水后,在横向分区填筑接合面处产生纵向裂缝。

(4)与截水槽对应的坝顶处。因截水槽的压缩性比两侧自然土基压缩性小,与截水槽对应的坝顶处的沉陷比两侧坝坡的沉陷小,故而产生纵向裂缝。

(5)跨骑在山脊的土坝两侧,在固结沉陷时,同时向两侧移动,坝顶容易出现纵向裂缝。

(三)横向裂缝

走向与坝轴线大致垂直的裂缝称为横向裂缝。

1. 成因与特征

横向裂缝产生的根本原因是沿坝轴线纵剖面方向相邻坝段的坝高不同或坝基的覆盖厚度不同,产生不均匀沉陷,当不均匀沉陷超过一定限度时,即出现裂缝。横向裂缝常见于坝端,一般接近铅直或稍有倾斜地伸入坝体内。缝深几米到十几米,上宽下窄,缝口宽几毫米到十几厘米,偶尔可见更深、更宽的裂缝。缝两侧可能错开几厘米甚至几十厘米。

横向裂缝对坝体危害极大,特别是贯穿心墙或斜墙、造成集中渗流通道的横向裂缝。

2. 常见部位

(1)坝体沿坝轴线方向的不均匀沉陷。坝身与岸坡接头坝段,河床与台地的交接处,涵洞的上部等,均由于不均匀沉陷,极易产生横向裂缝。

(2)坝基地质构造不同,施工开挖处理不当而产生横向裂缝。压缩性大(如湿陷性黄土)的坝段,或坝基岩盘起伏不平,局部隆起,而施工中又未加处理,则相邻两部位容易产生不均匀沉陷,而引起横向裂缝。

(3)坝体与刚性建筑物接合处。坝体与刚性建筑物接合处往往会因为不均匀沉陷引起横向裂缝。坝体与溢洪道导墙连接的坝段就属于这种情况。

(4)坝体分段施工的接合部位处理不当。在土石坝合龙的龙口坝段、施工时土料上坝线路、集中卸料点及分段施工的接头等处往往由于接合面坡度较陡,各段坝体碾压密实度不同甚至漏压而引起不均匀沉陷,产生横向裂缝。

(四)内部裂缝

内部裂缝很难从坝面上发现,往往发展成集中渗流通道,造成了险情才被发觉,使维修工作被动,甚至无法补救,所以坝体内部裂缝危害性很大。根据实践经验,内部裂缝常在以下部位发生:

(1)薄心墙土坝。由于心墙土料运用后期可压缩性比两侧坝壳大,若心墙与坝壳之间过渡层又不理想,则心墙沉陷受坝壳的约束产生了拱效应,拱效应使心墙中的垂直应力减小,甚至使垂直应力由压变拉而在心墙中产生水平裂缝。

(2)修建在局部高压缩性地基上的土坝,因坝基局部沉陷量大,使坝底部发生拉应变过大而产生横向或纵向的内部裂缝。

(3)修建于狭窄山谷中的坝,在地基沉陷的过程中,上部坝体通过拱作用传递到两端,拱下部坝沉陷量较大,因而产生拉应力,坝体内产生裂缝。

(4)坝体和刚性建筑物相邻部位。因刚性建筑物比周围的河床冲积层或坝体填土的压缩性小得多,从而使坝体和刚性建筑物相邻部位因不均匀沉陷而产生内部裂缝。

对于内部裂缝,可根据坝体表面和内部的沉陷资料,结合地形、地质、坝形和施工质量等条件进行分析,做出正确判断。必要时,还可以钻孔,挖探槽或探井进行检查,进一步证实。对于没有观测设备的中小型水库土坝,主要依靠加强管理,通过蓄水后对渗流量与渗水浑浊度的观测来发现坝体的异常现象。

二、裂缝的判断

土坝裂缝,主要是干缩裂缝、冻融裂缝、纵向裂缝、横向裂缝及内部裂缝,在实际工程中,对于前四种裂缝可根据各自的特点加以判断,但需注意纵向裂缝和滑坡裂缝的区别,另外需注意判断分析内部裂缝,只有判断准确,才能正确拟订方案,采取有效的处理措施。

(一)滑坡裂缝与纵向裂缝的区别

(1)纵向裂缝一般接近于直线,垂直向下延伸,而滑坡裂缝一般呈弧形,向坝脚延伸。

(2)纵向裂缝发展过程缓慢,随土体固结到一定程度而停止,而滑坡裂缝初期较慢,当滑坡体失稳后突然加快,如图3-1所示。

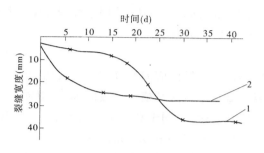

1—滑坡裂缝;2—纵向裂缝

图3-1 两种裂缝发展过程线

(3)纵向裂缝,缝宽为几毫米至几十毫米,错距不超过30 cm;而滑坡裂缝的宽度可达1 m以上,错距可达数米。

(4)滑坡裂缝发展到后期,在相应部位的坝面或坝基上有带状或椭圆形隆起,而沉陷缝不明显。

(二)内部裂缝判断

内部裂缝,具体可结合坝体坝基情况从以下各方面进行分析判断,如有其中之一者,可能产生内部裂缝。

(1)当库水位升高到某一高程时,在无外界影响的情况下,渗漏量突然加大。

(2)当实测沉陷远小于设计沉陷,而又没有其他影响因素时,应结合地形、地质、坝形和施工质量等进行分析判断。

(3)某坝段沉陷量、位移量比较大。

(4)单位坝高的沉陷量和相邻坝段悬殊很大。

(5)个别测压管水位比同断面的其他测压管水位低很多,浸润线呈现反常情况;或做注水试验,其渗透系数远超过坝体其他部位;或当水库水位升到某一数值时,测压管水位突然升高。

(6)钻探时孔口无回水,或者有掉钻现象。

(7)用电法探测裂缝,如直流电阻率法和自然电场法等。

三、裂缝的处理

裂缝处理前,首先应根据观测资料、裂缝特征和部位,结合现场探测结果,分析裂缝类型、产生原因,然后按照不同情况,采取针对性措施,适时进行加固和处理。

各种裂缝对土石坝都有不同的影响,危害最大的是贯穿坝体的横向裂缝、内部裂缝及滑坡裂缝,一旦发现,应认真监视,及时处理。对缝深小于0.5 m、缝宽小于0.5 mm的表面干缩裂缝,或缝深不大于 1 m 的纵向裂缝,也可不予处理,但要封闭缝口;有些正在发展中的、暂时不致发生险情的裂缝,可观测一段时间,待裂缝趋于稳定后再进行处理,但要作临时防护措施,防止雨水及冰冻影响。

非滑坡性裂缝处理方法主要有开挖回填、灌浆和两者相结合三种方法。

(一)开挖回填法

开挖回填法是处理裂缝比较彻底的方法,适用于处理深度不超过 3 m 的裂缝,或允许放空水库进行修补加固防渗部位的裂缝。

1. 裂缝开挖

开挖中应注意的事项有:①开挖前应向裂缝内灌入较稀的石灰水,使开挖沿石灰痕迹进行,以利掌握开挖边界。②对于较深坑槽应挖成阶梯形,以便出土和安全施工。挖出的土料不要大量堆积坑边,以利安全,不同土料应分开存放,以便使用。③开挖长度应超过裂缝两端 1 m 以外,开挖深度应超过裂缝 0.5 m,开挖边坡以不致坍塌并满足土壤稳定性及新旧填土接合的要求为原则,槽底宽至少 0.5 m。④坑槽挖好后,应保护坑口,避免雨淋、干裂、冰冻、进水,造成塌垮。

开挖的横断面形状应根据裂缝所在部位及特点的不同而不同,具体有以下几种:

(1)梯形楔入法。适用于不太深的非防渗部位裂缝。开挖时采用梯形断面,或开挖成台阶形的坑槽。回填时削去台阶,保持梯形断面,便于新老土料紧密接合,如图 3-2 所示。

(2)梯形加盖法。适用于裂缝不太深的防渗部位及均质坝迎水坡的裂缝。其开挖情形基本与梯形楔入法相同,只是上部因防渗的需要,适当扩大开挖范围,如图 3-3 所示。

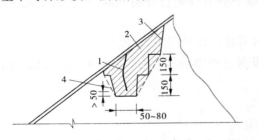

1—裂缝;2—回填土;3—开挖线;4—回填线

图 3-2　梯形楔入法　(单位:cm)

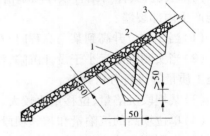

1—裂缝;2—回填土;3—块石护坡

图 3-3　梯形加盖法　(单位:cm)

(3)梯形十字法。适用于处理坝体和坝端的横向裂缝。开挖时除沿缝开挖直槽外,在垂直裂缝方向每隔一定距离(2～4 m),加挖接合槽组成"十"字。为了施工安全,可在上游做挡水围堰,如图 3-4 所示。

2. 土料回填

(1)回填前应检查坑槽周围的含水量,如偏干则应将表面洒水湿润;如土体过湿或冰冻,应清除后,再回填。

(2)回填时,应将坑槽的阶梯逐层削成斜坡,并将接合面刨毛、洒水,要特别注意边脚处的夯实质量。

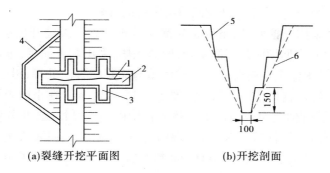

(a)裂缝开挖平面图　　　　　　　　(b)开挖剖面

1—裂缝;2—坑槽;3—接合槽;4—挡水围堰;5—开挖线;6—回填线

图3-4　梯形十字法　（单位:cm）

（3）回填土料应根据坝体土料和裂缝性质选用,并作物理力学性质试验。对沉陷裂缝应选用塑性较大的土料,控制含水量大于最优含水量1% ~2%;对于滑坡、干缩和冰冻裂缝的回填土料的含水量,应等于或低于最优含水量1% ~2%。回填土料的干容重,应稍大于原坝体的干容重。对坝体挖出的土料,亦须经试验鉴定合格后才能使用。对于较小裂缝,可用和原坝体相同的土料回填。

（4）回填的土料应分层夯实,层厚以10 ~15 cm为宜,压实厚度为填土厚度的2/3,夯实工具按工作面大小选用,可采用人工夯实或机械碾压。

（二）灌浆法

当裂缝很深或裂缝很多,开挖困难或开挖危及坝坡稳定或工程量过大时,可采用灌浆法处理,特别是内部裂缝,只宜用灌浆法处理。

灌浆主要有以下两个方面的作用。

1. 充填作用

合适的浆液对坝体中的裂缝、孔隙或洞穴均有良好的充填能力。浆液不仅能严密充填较宽的和形状简单的裂缝,也能充填缝宽1 mm左右、形状复杂的细小裂缝。试验和坝体灌浆后的开挖检查结果证明,不论裂缝大小,浆液与缝壁土粒均能紧密结合。凝固以后的浆液,无论浆液本身还是浆液与缝壁的接合面,均没有新裂缝产生。

2. 压密作用

在灌浆压力作用下,一方面可以挤开坝内土体,形成浆路,灌入浆液,同时在较高的灌浆压力作用下,可使裂缝两侧的坝内土体和不相连通的缝隙也因土壤的挤压作用而被压密或闭合。这种影响的范围,视灌浆压力的大小和土体性质而定,一般可达30 ~100 cm。

土坝灌浆技术虽问世不久,但发展极为迅速,近来已普遍用于土质堤坝除险加固、处理土质堤坝的裂缝和渗漏,并在实践中总结出"粉黏结合"的浆料选择,"先稀后浓"的浆液浓度变换,"先疏后密"的孔序布置,"有限控制"的灌浆压力,"少灌多复"的灌浆次数等先进技术和经验。

（三）开挖回填与灌浆结合法

开挖回填与灌浆结合法适用于自表层延伸到坝体深处的裂缝,或当库水位较高、不易全部开挖回填部位的裂缝,或全部开挖回填有困难的裂缝。

　　施工时对上部采用开挖回填,下部采用灌浆处理。先沿裂缝开挖至一定深度(一般2~4 m)即进行回填,在回填时预埋灌浆管,回填完毕,采用黏土灌浆,进行坝体下部裂缝灌浆处理。例如,某水库土坝裂缝采用开挖回填与灌浆结合法处理,沿裂缝开挖深4 m、底宽1 m的大槽。再沿缝口挖一小槽,深、宽各为15~20 cm。在小槽内预埋周围开孔的铁管,两端接钢(铁)管伸至原土面以上。然后在槽内回填黏性土,并分层压密夯实。最后用往复式泥浆泵由一端铁管灌浆,另一端的铁管作为排气、回浆之用,如图3-5所示。浆液为黄土水泥浆,黄土中0.05~0.005 mm粉粒含量为67%,小于0.005 mm黏粒含量为15%,灌浆压力控制在300 kPa以下,效果很好。

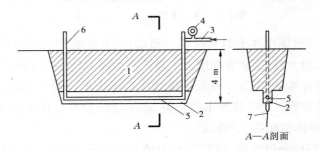

1—开挖后回填土;2—小槽;3—进浆管;4—压力表;5—花管;6—排气孔;7—裂缝

图3-5　灌浆管埋设方法示意图

任务二　土石坝的渗漏处理

　　由于土石坝属于散粒体结构,在坝身土料颗粒之间,仍然存在着较大的孔隙,再加之土石坝对地基地质条件的要求相对较低,在土基或较差的岩基上均可筑坝。因此,水库蓄水后,在水压力的作用下,渗漏现象是不可避免的。渗漏通常分为正常渗漏和异常渗漏。如渗漏从原有导渗排水设施排出,其出逸坡降在允许值内,不引起土体发生渗透破坏的则称为正常渗漏;相反,引起土体渗透破坏的称为异常渗漏。异常渗漏往往渗流量较大,水质浑浊,而正常渗漏的渗流量较小,水质清澈,不含土壤颗粒。

一、土石坝渗漏的途径及其危害性

　　土石坝渗漏除沿地基中的断层破碎带或岩溶地层向下渗漏外,一般均沿坝身土料、坝基土体或绕过坝端渗向下游,即所谓的坝身渗漏、坝基渗漏及绕坝渗漏。这些渗漏过大时将造成以下危害。

(一)损失蓄水量

　　一般正常的渗漏所损失的水量与水库蓄水量相比,其值很小。若对坝基的工程地质和水文地质条件重视不够,未作必要的调查研究,更未作防渗处理,则蓄水后会造成大量渗漏,甚至无法蓄水。

(二)抬高浸润线

严重的坝身渗漏、坝基渗漏或绕坝渗漏,常会导致土石坝坝身浸润线抬高,使下游坝坡出现散浸现象,降低坝体的抗剪强度,甚至造成坝体滑坡。

(三)渗透破坏

渗流通过坝身或坝基时,若渗流的渗透坡降大于临界坡降,将使土体发生管涌或流土等渗透变形,甚至产生集中渗漏,导致土坝失事。因此,对土石坝的异常渗漏,一经发现,必须立即查清原因,及时采取妥善的处理措施,有效防止事故扩大。

土石坝渗漏处理的具体原则为"上堵下排"。"上堵",即在上游坝身或地基采取措施,堵截渗漏途径,防止入渗,或延长渗径,降低渗透坡降,减少渗透流量;"下排",即在下游做好反滤和导渗设施,将坝内渗水尽可能安全地排出坝外,以达到渗透稳定,保证工程安全运用的目的。

二、坝身渗漏的处理措施

坝身渗漏的常见形式有散浸、集中渗漏、管涌及管涌塌坑、斜墙(心墙)被击穿等。坝体浸润线抬高,渗漏的逸出点超过排水体的顶部,下游坝坡呈大片湿润状态的现象,称为散浸。下游坝坡、地基或两岸山包出现成股水流涌出的现象,则称为集中渗漏。坝体中的集中渗漏,逐渐带走坝体中的土粒,自然形成管涌。若没有反滤保护(或反滤设计不当),渗流将把土粒带走,淘成孔穴,逐渐形成管涌塌坑。当集中渗流发生在防渗体(斜墙和心墙)内,亦会使土料随渗流带出,即所谓的斜墙(心墙)被击穿。

坝身渗漏的处理,应按照"上堵下排"的原则,针对渗漏的原因,结合具体情况,采取以下不同的处理措施。

(一)斜墙法

斜墙法即在上游坝坡补做或加固原有防渗斜墙,堵截渗流,防止坝身渗漏。斜墙法适用于大坝施工质量差,造成了严重管涌、管涌塌坑、斜墙被击穿、浸润线及其逸出点抬高、坝身普遍漏水等情况。具体按照所用材料的不同,分为黏土斜墙、沥青混凝土斜墙及土工膜防渗斜墙等。

修筑黏土斜墙时,一般应放空水库,揭开护坡,铲去表土,再挖松 10 ~ 15 cm,并清除坝身含水量过大的土体,然后填筑与原斜墙相同的黏土,分层夯实,使新旧土层接合良好。斜墙底部应修筑截水槽,深入坝基至相对不透水层。

在缺乏合适的黏土土料,而有一定数量的合适沥青材料时,可在上游坝坡加筑沥青混凝土斜墙。沥青混凝土几乎不透水,同时能适应坝体变形,不致开裂,抗震性能好,工程量小(因其厚度为黏土斜墙厚度的 1/40 ~ 1/20),投资省,工期短。

土工膜的基本原料是橡胶、沥青和塑料。当对土工膜有强度要求时,可将抗拉强度较高的绵纶布、尼龙布等作为加筋材料,与土工膜热压形成复合土工膜,成品土工膜的厚度一般为 0.5 ~ 3.0 mm。它具有质量轻,运输量小,铺设方便的特点,而且具有柔性好,适应坝体变形,耐腐蚀,不怕鼠、獾、白蚁破坏等优点。土工膜防渗墙与其他材料防渗斜墙相比,施工简便,设备少,易于操作,节省造价,而且施工质量容易保证。土工膜与坝基、岸坡、涵洞的连接以及土工膜本身的接缝处理是整体防渗效果的关键,沿迎水坡坝面与坝基、岸坡接触边线开挖梯形沟槽,然后埋入土工膜,用黏土回填;土工膜与坝内输水涵管连接,可在涵管与土坝迎水坡相接段,增加一个混凝土截水环,由于迎水坡面倾斜,可将土工膜用沥青粘在斜面上,然后回填保护层土料;土工膜本身的连接方式常有搭接、焊接、黏结等,其中焊接和黏结的防渗效果较好。

(二)充填式灌浆法

充填式灌浆法的主要优点是水库不需要放空,可在正常运用条件下施工,工程量小,设备简单,技术要求不复杂,造价低,易于就地取材。它适用于均质土坝,或者是心墙坝中较深的裂缝处理。具体方法与裂缝灌浆法相同。

(三)防渗墙法

防渗墙法,即用一定的机具,按照相应的方式造孔,然后在孔内填筑具体的防渗材料,最后在地基或坝体内形成一道防渗体,以达到防渗的目的。具体包括混凝土防渗墙和黏土防渗墙两种。

混凝土防渗墙一般是用专门的造孔机械(如冲击钻或振动钻)在坝身打孔,直径为0.5~1.0 m,将若干圆孔连成槽形,用泥浆固壁,然后在槽孔内浇筑混凝土,形成一道整体混凝土防渗墙。这种防渗墙可以适应各种不同材料的坝体和复杂的地基。与其他防渗措施相比,具有施工进度快,节省材料,防渗效果好等优点。

黏土防渗墙是利用冲抓式打井机具,在土坝或堤防渗漏范围内的防渗体中造孔,用黏性土料分层回填夯实,形成一个连续的黏土防渗墙。它具有机械设备简单、施工方便、工艺易掌握、工程量小、工效高、造价低、防渗效果好等优点。

(四)劈裂灌浆法

劈裂灌浆应用河槽段坝轴线附近的小主应力面一般平行于坝轴线的铅垂面的规律,沿坝轴线单排布置相距较远的灌浆孔,利用泥浆压力,沿坝轴线劈开坝体并充填泥浆,从而形成连续的浆体防渗帷幕。

劈裂灌浆的机制:一是泥浆劈裂过程,当灌浆压力大于土体抗劈力(即灌浆孔段坝体的主动土压力)时,坝体将沿小主应力方向产生平行于坝轴线的裂缝。泥浆在压力作用下进入坝体裂隙之中,并充填原有的裂缝和孔隙。二是浆压坝过程,即泥浆进入裂隙后,仍有较大压力,压迫土体,使土体之间产生相对位移而被压密。三是坝压浆过程,随着泥浆排水固结,压力减小,坝体回弹,反过来压迫浆体,加速浆液排水固结。经泥浆充填,浆坝互压和坝体湿陷等作用,不仅充填了裂缝,而且使坝体密实,改善了坝体的应力状态,有利于坝体的变形稳定。

劈裂灌浆法具有效果好、投资省、设备简单等优点。对于均质坝及宽心墙坝,当坝体比较松散,渗漏、裂缝众多或很深,开挖回填困难时,可选用劈裂灌浆法处理。

(五)导渗法

斜墙法、充填式灌浆法、防渗墙法、劈裂灌浆法均为坝身渗漏的“上堵”措施,目的是截流减渗;而导渗法则为“下排”措施,主要针对已经进入坝体的渗水,通过改善和加强坝体排渗能力,使渗水在不致引起渗透破坏的条件下,安全通畅地排出坝外。按具体情况的不同,可采用导渗沟、导渗砂槽、导渗培厚等形式。

当坝体散浸不严重,不致引起坝坡失稳时,可在下游坝坡上采用导渗沟法处理。渗漏不十分严重的坝体,常用 I 形导渗沟;当坝坡、岸坡散浸面积分布较广,且逸出点较高时,可采用 Y 形导渗沟;当坝坡及岸坡散浸相对较严重,且面积较大时,则需用 W 形导渗沟。

对局部浸润线逸出点较高和坝坡渗漏较严重,而坝坡又较缓,且具有褥垫式滤水设施的坝段,可用导渗砂槽处理。

当坝体散浸严重,出现大面积渗漏,渗水又在排水设施以上出逸,坝身单薄,坝坡较陡,且要求在处理坝面渗水的同时增加下游坝坡稳定性时,可采用导渗培厚法。

三、坝基渗漏的处理措施

坝基渗漏处理的原则,仍可归纳为"上堵下排"。在上游采取水平防渗(如黏土铺盖)和垂直防渗(如截水槽、防渗墙等)两种措施,阻止或减少渗流通过坝基;在下游用导渗措施(如排水沟、减压井等)把已经进入坝基的渗流安全排走,不致引起渗透破坏。具体采取的措施如下。

(一)黏土截水槽

黏土截水槽,是在透水地基中沿坝轴线方向开挖一条槽形断面的沟槽,槽内填以黏土夯实而成,是坝基防渗的可靠措施之一。尤其对于均质坝或斜墙坝,当不透水层埋置较浅(10～15 m 以内)、坝身质量较好时,应优先考虑这一方案。不过当不透水层埋置较深,而施工时又不便放空水库时,切忌采用,因施工排水困难,投资增大,不经济。

(二)混凝土防渗墙

如果覆盖层较厚,地基透水层较深,修建黏土截水槽困难大,则可考虑采用混凝土防渗墙。混凝土防渗墙即在透水地基中用冲击钻造孔,钻孔连续套接,孔内浇筑混凝土,形成的封闭防渗的墙体。其上部应插入坝内防渗体,下部和两侧应嵌入基岩。其优点是不必放空水库,施工速度快,节省材料,防渗效果好。

(三)灌浆帷幕

所谓灌浆帷幕,是在透水地基中每隔一定距离用钻机钻孔(达基岩下 2～5 m),然后在钻孔过程中用一定压力把浆液压入坝基透水层中,使浆液填充地基土中的孔隙,使之胶结成不透水的防渗帷幕。当坝基透水层厚度较大,修筑截水槽不经济;或透水层中有较大的漂石、孤石,修建防渗墙较困难时,可优先采用灌浆帷幕。另外,当坝基中局部地方进行防渗处理时,利用灌浆帷幕亦较灵活方便。

(四)砂浆板桩

砂浆板桩,就是用人力或机械把 20～60 号的工字钢打入坝基内,一组(7～10 根)由打桩机在前面打,一组由拔桩机在后面拔,工字钢腹板上焊一条直径 32 mm 的灌浆管,在拔桩的同时开动泥浆泵,把水泥砂浆经灌浆管注入地基内,以充填工字钢拔出后所留下的孔隙。待工字钢全部拔出并灌浆后,整个坝基防渗砂浆板桩即告完成。砂浆板桩主要适用于粉砂、淤泥等软基渗漏处理,是一种简单、价廉的浅基防渗措施,一般处理深度不超过15 m。

(五)高压定向喷射灌浆

所谓高压定向喷射灌浆,是由置入地基的灌浆管上很小的喷嘴中,喷射出高压或超高压的高速喷流体,利用喷流体高度集中、力量强大的动能冲击和切割土体,同时导入具有

固化作用的浆液与冲切下来的土体就地混合。随着喷嘴的运动和浆液的凝固,在地基中形成质地均匀、连续密实的板墙或桩柱等固结体,达到防渗和加固地基的目的。

显然,高压定向喷射灌浆的原理是采用高压射流冲击破坏被灌地层结构,使浆液与被灌地层的土颗粒掺混,形成设计要求的凝结体。把高压水和压缩空气(压力 70～80 N/cm²)输送到直径 2～3 mm 的喷嘴,造成流速为 100～200 m/s 的射流,切割破坏地层形成缝槽,同时用 100 N/cm² 左右的压力,把水泥浆由另一钢管输送到切割缝的附近充填此缝,并使部分浆液穿透到缝壁砂砾石地层中,一起凝结成薄防渗墙。

高压定向喷射灌浆技术是近来发展起来的一项新技术,适用于在各种松散地层(如砂层、淤泥、黏性土、壤土层和砂砾层)中构筑防渗体,能在狭窄场地、不影响建筑物上部结构条件下施工,与其他基础处理技术相比,具有适用范围广,设备简单,施工方便,工效高,有较好的耐久性,料源广,价格低,比较经济。

(六)黏土铺盖

黏土铺盖是常用的一种水平防渗措施,是利用黏土在坝上游地基面分层碾压而成的防渗层。其作用是覆盖渗漏部位,延长渗径,减小坝基渗透坡降,保证坝基稳定。特点是施工简单,造价低廉,易于群众性施工,但需在放空水库的情况下进行,同时要求坝区附近有足够合乎要求的土料。另外,采用铺盖防渗虽可以防止坝基渗透变形并减少渗漏量,但却不能完全杜绝渗漏。因此,黏土铺盖一般在不严格要求控制渗流量、地基各向渗透性比较均匀、透水地基较深,且坝体质量尚好、采用其他防渗措施不经济的情况下采用。

(七)排渗沟

排渗沟是坝基下游排渗的措施之一,常设在坝下游靠近坝趾处,且平行于坝轴线。其目的是:一方面有计划地收集坝身和坝基的渗水,排向下游,以免下游坡脚积水;另一方面当下游有不厚的弱透水层时,尚可利用排水沟排水减压。

对一般均质透水层沟只需深入坝基 1～1.5 m;对双层结构地基,且表层弱透水层不太厚时,应挖穿弱透水层,沟内按反滤材料设保护层;当弱透水层较厚时,不宜考虑其导渗减压作用。

(八)减压井

减压井是利用造孔机具,在坝址下游坝基内,沿纵向每隔一定距离造孔,并使钻孔穿过弱透水层,深入强透水层一定深度而形成的。

减压井的结构是在钻孔内下入井管(包括导管、花管、沉淀管),管下端周围填以反滤料,上端接横向排水管与排水沟相连。这样可把地基深层的承压水导出地面,以降低浸润线,防止坝基渗透变形,避免下游地区沼泽化。当坝基弱透水层覆盖较厚,开挖排水沟不经济,而且施工也较困难时,可采用减压井。减压井是保证覆盖层较厚的砂砾石地基渗流稳定的重要措施。

(九)透水盖重

透水盖重是在坝体下游渗流出逸地段的适当范围内,先铺设反滤料垫层,然后填以石料或土料盖重,它既能使覆盖层土体中的渗水导出又能给覆盖层土体一定的压重,抵抗渗压水头,故又称之压渗。透水盖重简单易行,是处理坝基渗漏中较常采用的一种下排措施,主要适用于坝基不透水层较薄、渗漏严重、有冒水翻砂现象,或坝后长期渗漏积水、大面积沼泽化,甚至发生管涌和流土破坏的情况。常见的压渗形式有石料压渗台和土料压渗台两种。

石料压渗台主要适用于石料较多的地区、压渗面积不大和局部的临时紧急救护。

土料压渗台适用于缺乏石料、压渗面积较大、要求单位面积压渗质量较大的情况。

(十)垂直铺塑防渗

垂直铺塑防渗技术是运用专门开沟造槽的机械,开出一定宽度和深度的沟槽,在沟槽内垂直铺设土工膜,再用土回填沟槽,形成以土工膜为主体的垂直防渗墙。

土工膜具有良好的隔水性和适应变形的能力,垂直铺膜不受紫外线和人畜的破坏,使用寿命长。

四、绕坝渗漏的处理措施

水库的蓄水绕过土坝两岸坡或沿坝岸接合面渗向下游的现象,称为绕坝渗漏。

绕坝渗漏将使坝端部分坝体内浸润线抬高,岸坡背后出现阴湿、软化和集中渗漏,甚至引起岸坡塌陷和滑坡,直接危及土坝安全。

绕坝渗漏的处理原则仍为"上堵下排"。具体处理时应首先观测渗漏现象,查清渗漏部位,分析渗漏原因,研究渗漏与库水位及降雨量的关系;了解水文地质条件,调查施工接头处理措施和质量控制等方面的情况,然后对症下药,以堵为主,结合下排,一般采取的具体措施如下。

(一)截水墙

对于心墙坝,当岸坡存在强透水层引起绕坝渗漏时,可在坝端开挖深槽切断强透水层,回填黏土形成黏土截水墙,或做混凝土防渗齿墙,防止绕坝渗漏。这种方法比较可靠,但要注意,截水墙必须和坝身心墙连接。

(二)防渗斜墙

对于均质坝和斜墙坝,当坝端岸坡岩石异常破碎造成大面积渗漏,而岸坡地形平缓,且有大量黏土可供使用时,则可沿岸坡做黏土防渗斜墙防止绕坝渗漏。

(三)黏土铺盖

黏土铺盖即在坝肩上游的岸坡上用黏土进行铺盖以延长渗径,防止绕渗的措施。具体适用于坝肩岩石节理裂隙细小、风化较微,且山坡单薄、透水性大的情况。

(四)灌浆帷幕

当坝端岩石裂隙发育、绕渗严重时,可采用灌浆帷幕进行绕渗处理。具体方法与坝基的灌浆帷幕处理相同。注意坝肩两岸的灌浆帷幕应与坝基的灌浆帷幕形成一道完整的防渗帷幕。

(五)堵塞回填

对于动物洞穴和根茎腐烂的孔洞所引起的绕渗,开挖后可以将洞穴回填黏土并夯实,或向洞穴灌注水泥砂浆或用混凝土堵塞洞穴。

(六)下游导渗排水

下游导渗排水,即在下游岸坡绕渗出逸处,铺设排水反滤层,保护土料不致流失,防止

渗透破坏。当下游岸坡岩石渗流较小时，可沿渗水坡面以及下游坝坡与山坡接触处铺设反滤层，导出渗水；当下游岸坡岩石地下水位较高、渗水严重时，可沿岸边山坡或坡脚处打基岩排水孔，引出渗水；当下游岸坡岩石裂隙发育密集时，可在坝脚山坡岩石中打排水平洞，切穿裂缝，集中排出渗水。

任务三　土石坝的滑坡处理

土石坝坝坡的一部分土体，由于各种原因失去平衡，发生显著的相对位移，脱离原来位置向下滑移的现象，称为滑坡。

滑坡也是土石坝常见的病害之一。对于土石坝滑坡，如能及时注意，并采取适当的处理预防措施，则损害将会大大减轻；如不及时采取适当措施，将会影响水库发挥其应有效益，严重的也可能造成垮坝事故。

一、滑坡的种类

土石坝滑坡按其性质不同可分为剪切型滑坡、塑流型滑坡和液化型滑坡；按滑动面形状不同可分为圆弧滑坡、折线滑坡和混合滑坡；按其部位不同分为上游滑坡和下游滑坡。下面主要讲述剪切型滑坡、塑流型滑坡及液化型滑坡的特征。

（一）剪切型滑坡

坝坡与坝基上部分滑动体的滑动力超过了滑动面上的抗滑力，失去平衡向下滑移的现象，即为剪切型滑坡。当坝体与坝基土层是高塑性以外的黏性土，或粉砂以外的非黏性土时，多发生剪切型滑坡破坏。

剪切型滑坡的主要特征为：滑动前在坝面出现一条平行于坝轴线的纵向裂缝，然后随裂缝的不断延伸和加宽，两端逐渐向下弯曲延伸，形成曲线形。滑动时，主裂缝两侧便上下错开，错距逐渐加大。同时，滑坡体下部出现带状或椭圆形隆起，末端向坝脚方向推移，如图3-6所示。初期发展较慢，后期突然加快，移动距离可由数米至数十米不等，一般直到滑动力与抗滑力经过调整达到新的平衡以后，才告终止。

（二）塑流型滑坡

塑流型滑坡多发生于含水量较大的高塑性黏土填筑的坝体中。其主要原因是土的蠕动作用（塑性流动）。高塑性黏土坝坡，由于塑性流动（蠕动）的作用，即使剪应力低于土的抗剪强度，土体也将不断产生剪切变形，以致产生显著的塑性流动而滑坡。土体的蠕动一般进行得十分缓慢，发展过程较长，较易察觉，并能及时防护和补救。但当高塑性土的含水量高于塑限而接近流限，或土体接近饱和状态而又不能很快排水固结时，塑性流动便会出现较快的速度，危害性也较大。如水中填土坝、水力冲填坝，在施工期由于自由水不能很快排泄，很容易发生塑流型滑坡。

塑流型滑坡发生前，不一定出现明显的纵向裂缝，而通常表现为坡面的水平位移和垂直位移连续增长，滑坡体的下部土被压出或隆起，如图3-7所示。只有当坝体中间有含水量较大的近乎水平的软弱夹层，而坝体沿该层发生塑流破坏时，滑坡体顶端在滑动前才会出现纵向裂缝。

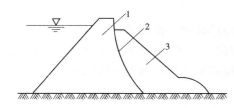

1—原坝体；2—滑弧线；3—滑动体

图 3-6　剪切型滑坡示意图

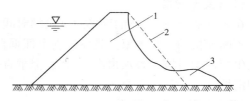

1—原坝体；2—原坡线；3—隆起体

图 3-7　塑流型滑坡示意图

(三)液化型滑坡

对于级配均匀的中细砂或粉砂坝体或坝基,在水库蓄水砂体达饱和状态时,突然遭受强烈振动(如地震、爆炸或地基土层剪切破坏等),砂的体积急剧收缩,砂体中的水分无法流泻,这种现象即液化型滑坡,如图 3-8 所示。

显然,液化型滑坡发生时间短促,事前没有预兆,大体积坝体倾刻之间便液化流散,很难观测、预报或抢护。例如,美国的福特帕克水力冲填坝,坝壳砂料的有效粒径为 0.13 mm,控制粒径为 0.38 mm,由于坝基中发生黏土层的剪切滑动,引起部分坝体液化,10 min 之内塌方达 380 万 m^3。

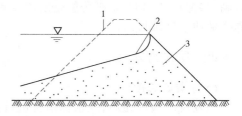

1—原坝坡线；2—滑动面；3—原坡体

图 3-8　液化型滑坡示意图

上述三类滑坡以剪切型滑坡最为常见,需重点分析这种滑坡的产生原因及处理措施。塑流型滑坡的处理基本与剪切型滑坡相同;对于液化型滑坡破坏,则应在建坝前进行周密的研究,并在设计与施工中采取防范措施。

二、滑坡的原因

滑坡的根本原因在于滑动面上土体滑动力超过了抗滑力。滑动力主要与坝坡的陡缓有关,坝坡越陡,滑动力越大;抗滑力主要与填土的性质、压实的程度以及渗透水压力的大小有关。土粒越细、压实程度越差、渗透水压力越大,抗滑力就越小。另外,较大的不均匀沉陷及某些外加荷载也可能导致抗滑力的减小或滑动力的增大。总之,造成滑动力大于抗滑力而引起土坝滑坡的因素是多方面的,只是在不同情况下占主导地位的决定因素有所不同。具体表现在勘测设计、施工、运用管理和其他方面等。

三、滑坡的征兆

土石坝滑坡前都有一定的征兆出现,经分析归纳有以下几个方面。

(一)产生裂缝

坝顶或坝坡出现平行于坝轴线的裂缝,且裂缝两端有向下弯曲延伸的趋势,裂缝两侧有相对错动,进一步挖坑检查发现裂缝两侧有明显擦痕,且在较深处向坝趾方向弯曲,则为剪切型滑坡的预兆。应注意对滑坡性裂缝挖坑检查会加速滑坡的发展,故需慎重。

（二）变形异常

在正常情况下，坝体的变形速度是随时间而递减的。在滑坡前，坝体的变形速度却会出现不断加快的异常现象。具体出现上部垂直位移向下、下部垂直位移向上的情况，则可能发生剪切型滑坡。若坝顶没有裂缝，但垂直位移和水平位移却不断增加，可能会发生塑流型滑坡。

（三）孔隙水压力异常

土坝滑坡前，孔隙水压力往往会出现明显升高的现象。例如，山西文峪河水库土坝，滑坡前孔隙水压力升高，其值超过设计值的 23.5% ~ 36.3%。所以，实测孔隙水压力高于设计值时，可能会发生滑坡。

（四）浸润线、渗流量与库水位的关系异常

一般情况下，随库水位的升高，浸润线升高，渗流量加大。可是，当库水位升高、浸润线亦升高，但渗漏量显著减小时，可能是反滤排水设备堵塞；而当库水位不变、浸润线急剧升高，渗漏量亦加大时，则可能是防渗设备遭受破坏。上述两种情况若不采取相应措施，亦会造成下游坝坡滑坡。

四、滑坡的处理

（一）滑坡的抢护

当发现滑坡征兆后，应根据情况进行判断，若还有一定的抢护时间，则应竭尽全力进行抢护。

抢护就是采取临时性的局部紧急措施，排除滑坡的形成条件，从而使滑坡不继续发展，并使得坝坡逐步稳定。其主要措施如下：

（1）改善运用条件。例如，在水库水位下降时发现上游坡有弧形裂缝或纵向裂缝时，应立即停止放水或减小放水量以减小降落速度，防止上游坡滑坡。当坝身浸润线太高，可能危及下游坝坡稳定时，应降低水库运行水位和下游水位，以保安全。当施工期孔隙水压力过高可能危及坝坡稳定时，应暂时停止填筑或降低填筑速度。

（2）防止雨水入渗。导走坝外地面径流，将坝面径流排至可能滑坡范围之外。做好裂缝防护，避免雨水灌入，并防止冰冻、干缩等。

（3）坡脚压透水盖重，以增加抗滑力并排出渗水。

（4）在保证土石坝有足够挡水断面的前提下，亦可采取上部削土减载的措施。

（二）滑坡的处理

当滑坡已经形成且坍塌终止，或经抢护已经进入稳定阶段后，应根据具体情况研究分析，进行永久性处理。其基本原则是"上部减载，下部压重"并结合"上截下排"，具体措施如下。

1. 堆石（抛石）固脚

在滑坡坡脚增设堆石体，是防止滑动的有效方法。如图 3-9 所示，堆石的部位应在滑弧中的垂线 OM 左边，靠滑弧下端部分（增加抗滑力），而不应将堆石放在滑弧的腰部，即垂线 OM 与 ND 之间（因虽然增加了抗滑力，但也加大了滑动力），更不能放在垂线 ND 以右的坝顶部分（因主要增加滑动力）。

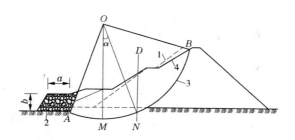

a、b—按稳定设计确定；
1—原坝坡；2—堆石固脚；3—滑动圆弧；4—放缓后的坝坡
图3-9 堆石固脚示意图

如果用于处理上游坝坡的滑坡，在水库有条件放空时，可用块石浆砌而成，具体尺寸应根据稳定计算确定。当水库不能放空时，可在库岸上用经纬仪定位，用船向水中抛石固脚。同时注意，上游坝坡滑坡时，原护坡的块石常大量散堆于滑坡体上，可结合清理工作，把这部分石料作为堆石固脚的一部分。如果用于处理下游的滑坡，则可用块石堆筑或干砌，以利排水。

堆石固脚的石料应具有足够的强度，一般不低于40 MPa，并具有耐水、耐风化的特性。

2. 放缓坝坡

当滑坡是由边坡过陡所造成时，放缓坝坡才是彻底的处理措施。先将滑动土体挖除，并将坡面切成阶梯状，然后按放缓的加大断面，用原坝体土料分层填筑，夯压密实。必须注意，在放缓坝坡时，应做好坝脚排水设施，如图3-10所示。

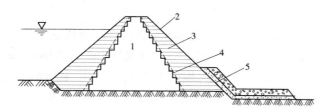

1—原坝体；2—新坝坡；3—培厚坝体；4—原坝体；5—坝脚排水
图3-10 放缓坝坡示意图

3. 开沟导渗滤水还坡

由于坝体原有的排水设施质量差或排水失效后浸润线抬高，使坝体饱和，从而增加了坝坡的滑动力，降低了阻滑能力，引起滑坡的，可采用开沟导渗滤水还坡法进行处理。具体做法为：从开始脱坡的顶点到坝脚为止，开挖导渗沟，沟中填导渗材料，然后将陡坎以上的土体削成斜坡，换填砂性土料，使其与未脱坡前的坡度相同，夯填密实，如图3-11所示。

4. 清淤排水

对于地基存在淤泥层、湿陷性黄土层或液化的均匀细砂层，施工时没有清除或清除不彻底而引起的滑坡，处理时应彻底清除这些淤泥、黄土和砂层。同时，可采用开导渗沟等排水措施，也可在坝脚外一定距离修筑固脚齿槽，并用砂石料压重固脚，增加抗滑力。

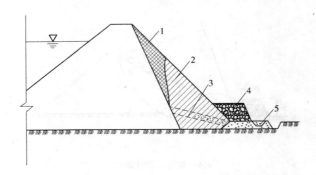

1—削坡换填砂性土；2—还坡部分；3—导渗沟；4—堆石固脚；5—排水暗沟

图 3-11　滤水还坡示意图

5. 裂缝处理

对土坝伴随滑坡而产生的裂缝必须进行认真处理。因为土体产生滑动以后，土体的结构和抗剪强度都发生了变化，加上裂缝后雨水或渗透水流的侵入，使土体进一步软化，将使与滑动体接触面处的抗剪强度迅速减小，稳定性降低。

处理滑坡裂缝时应将裂缝挖开，把其中稀软土体挖除，再用与原坝体相同土料回填夯实，达到原设计干容重要求。

（三）滑坡处理注意事项

（1）滑坡体的开挖与填筑，应符合上部减载、下部压重的原则，切忌在上部压重。开挖填筑应分段进行，保持允许的边坡，以利施工安全。开挖中对松土稀泥、稻田土、湿陷性黄土等，应彻底清除，不得重新上坝。对新填土应严格掌握施工质量，填土的含水量和干容重必须符合要求。新旧土体的接合面应刨毛，以利接合。

（2）对于滑坡主裂缝，原则上不应采用灌浆方法。因为浆液中的水将渗入土体，降低滑坡体之间的抗剪强度，对滑坡体的稳定不利，灌浆压力更会增加滑坡体的下滑力。

（3）滑坡处理前，应严格防止雨水、地面水渗入缝内，可采用塑料薄膜、油毡、油布等加以覆盖；同时，还应在裂缝上方修截水沟，拦截或引走坝面雨水。

（4）不宜采用打桩固脚的方法处理滑坡。因为桩的阻滑作用很小，土体松散，不能抵挡滑坡体的推力，而且因打桩连续的震动，反而促使滑坡体滑动。

（5）对于水中填土坝，水力冲填坝，在处理滑坡阶段进行填土时，最好不要采用碾压法施工，以免因原坝体固结沉陷而开裂。

任务四　土石坝护坡的破坏处理

我国已建土石坝护坡的形式，多数的迎水坡为干砌块石护坡，背水坡为草皮或干砌石护坡。少数土石坝迎水坡用浆砌块石、混凝土预制板、沥青渣油混凝土和抛石等形式护坡。

一、土石坝护坡破坏的类型及原因

常见护坡破坏的类型有脱落破坏、塌陷破坏、崩塌破坏、滑动破坏、挤压破坏、鼓胀破坏、溶蚀破坏等。

护坡的破坏原因是多方面的,观察和归纳后主要有以下几个方面:

(1)护坡块石设计标准偏低或施工用料选择不严,块石质量不够,粒径小,厚度薄。有的选用石料风化严重,在风浪的冲击下,护坡产生脱落,垫层被淘刷,上部护坡因失去支撑而产生崩塌和滑移。

(2)护坡的底端和护坡的转折处未设基脚,结构不合理或深度不够,在风浪作用下基脚被淘刷,护坡会失去支撑而产生滑移破坏。

(3)砌筑质量差。砌筑块石时,块石上下竖向缝口没有错开,出现通缝,这样砌筑就失去了块石互相连锁的作用。块石砌筑的缝隙较大,底部架空,搭接不牢。受到风浪淘刷,块石极易松动脱出,遭到破坏。

(4)没有垫层或垫层级配不好。护坡垫层材料选择不严格,未按反滤原则设计施工,级配不好,层间系数大($D_{50}/d_{50} > 10$),起不到反滤作用。在风浪作用下,细粒在层间流失,护坡被淘空,引起护坡破坏。

(5)在严寒地区,冻胀使护坡拱起,冻土融化,坝土松软,使护坡架空;水库表面冰盖与护坡冻结在一起,冰温升降对护坡产生推拉力,使护坡破坏。

(6)在土石坝运用中,水位骤降和遭遇地震,均易造成护坡滑坡的险情。

二、护坡的抢护和修理

土石坝护坡的抢护和修理分为临时紧急抢护和永久加固修理两类。

(一)临时紧急抢护

当护坡受到风浪或冰凌破坏时,为了防止险情继续恶化,破坏区不断扩大,应该采取临时紧急抢护措施。临时紧急抢护措施通常有砂袋压盖、抛石抢护和铅丝石笼抢护等几种。

(1)砂袋压盖。适用于风浪不大,护坡局部松动脱落,垫层尚未被淘刷的情况,此时可在破坏部位用砂袋压盖两层,压盖范围应超出破坏区 0.5~1.0 m。

(2)抛石抢护。适用于风浪较大,护坡已冲掉和坍塌的情况,这时应先抛填 0.3~0.5 m 厚的卵石或碎石垫层,然后抛石,石块大小应足以抵抗风浪的冲击和淘刷。

(3)铅丝石笼抢护。适用于风浪很大,护坡破坏严重的情况。装好的石笼用设备或人力移至破坏部位,石笼间用铅丝扎牢,并填以石块,以增强其整体性和抵抗风浪的能力。

(二)永久加固修理

永久加固修理的方法通常有局部翻砌、浆砌石(混凝土)框格加固、砾石混凝土或砂浆灌注、全面浆砌块石、块石混凝土护坡。

1.局部翻砌

局部翻砌适用于原有设计比较合理,只是由于土石坝施工质量差,护坡产生不均匀沉陷,或由于风浪冲击,局部遭到破坏,可按原设计恢复的情况。在翻砌前,先按坝原断面填筑土料和滤水料的垫层,再进行块石砌筑。要求做到:①在砌筑块石时,须预先试行安放,以测试块石锤击修凿的部位。修凿的程度,要求达到接缝紧密,块石间能有较大的缝隙,一般称为"三角缝"。②块石应立砌,其间互相锁定牢固,不应平砌或块石大面向上,底部架空。③砌筑的竖向缝必须错开,不应有直缝。④砌石缝的底部如有较大空隙,应用碎石填满塞紧,要做到底实上紧,避免垫层砂砾料由石缝被风浪吸出,造成护坡塌陷破坏。⑤防止护坡因块石松动,淘刷垫层,而使整体护坡向下滑动。为此,有的在迎水坡上顺轴线方向设置浆砌石齿墙的阻滑设施,如图 3-12 所示。通过实践证明,采取了这一措施,效果显著。

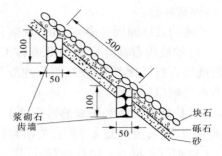

图 3-12　浆砌石齿墙护坡示意图　（单位:cm）

2. 浆砌石(混凝土)框格加固

由于河、库面较宽,风程较大,或因严寒地区结冰的推力,护坡大面积破坏,需全部进行翻砌,仍解决不了浪击冰推破坏时,可利用原护坡较小的块石浆砌框格,起到固架作用,中间再砌较大块石。框格形式可筑成正方形或菱形。框格大小,视风浪和冰情而定。如风浪淘刷或冰凌撞击破坏较严重,可将框格网缩小,或将框格带适当加宽。反之,可以将框格放大,以减少工程量和水泥的消耗。在采用框格网加固护坡时,为避免框格带受坝体不均匀沉陷影响产生裂缝,应留伸缩缝。在严寒地区,框格带的深度应大于当地最大冻层的厚度,以免土体冻胀,框格带产生裂缝,破坏框架作用。河南省某水库,曾采用正方形浆砌块石框格加固护坡,浆砌石带框格宽 1 m,框格内干砌块石长宽各 2 m。经过两次 6~7 级风浪淘刷,均未破坏。

3. 砾石混凝土或砂浆灌注

在原有护坡的块石缝隙内灌注砾石混凝土或砂浆,将块石胶结起来,连成整体,可以增强抗风浪和冰推的能力,减免对护坡的破坏。有的护坡垫层厚度和级配符合要求,但块石普遍偏小;有的护坡块石大小符合要求,但垫层厚度和级配不合规定,经常遭遇风浪或冰冻,破坏了护坡。如更换块石或垫层,工程量都很大,采用上述浆砌石框格加固,又不能避免破坏,可考虑采用砾石混凝土或砂浆灌注加固护坡。一般可在水位变化的区域内进行,通过实践,效果较好。具体的方法是,先将坡面的脏物、杂草等清除干净,用水冲洗石缝,保证块石与混凝土或水泥浆接合牢固。在初凝前,将灌注的缝隙表面用水泥砂浆勾成平缝。为了排除护坡内渗水,一般在一定的面积内应留细缝或小孔作为渗水排除通道。灌缝混凝土应选用适合石缝大小的砾石作骨料,混凝土强度等级不宜过高,以节约水泥。如遇石缝较小,可改用砂浆灌入,一般使用 M8 的砂浆,水灰比为 0.6,水泥与砂料比为 1:4,如图 3-13 所示。

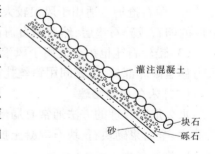

图 3-13　干砌石灌注混凝土护坡示意图

4. 全面浆砌块石

当采用混凝土或砂浆灌注石缝加固,不能抗御风浪淘刷和结冰挤压时,可利用原有护坡的块石进行全面浆砌。如广东省某水库干砌石护坡,最后采取了全面浆砌块石加固措施,解决了风浪淘刷破坏的问题。在砌筑前,将原有的块石洗干净,以利于块石与砂浆紧密接合。砌筑块石时,必须保护好下边垫层,防止水泥砂浆灌入。一般采用 M5 的砂浆,勾缝为 M8 的砂浆,并一律采用块石立砌。为适应土坝边坡不均匀沉陷和有利于维修工作,应分块砌筑,并设置伸缩缝。一般分块的面积以 5~6 m² 为宜,并应留一个排水孔或排水缝以利于排除土体内渗水。

5. 块石混凝土护坡

使用块石混凝土护坡加固方法,可以利用原护坡块石,就地分块浇筑混凝土护坡,也有用预制混凝土板护坡的,并做好接缝处理和排水孔(缝)。采用块石混凝土护坡,与全面浆砌块石方法相比优点有,能抗御较大风浪的淘刷,耐冻性强,可就地使用块石。但也有缺点,需要较多的水泥、砂、碎石,工程造价高,工期较长。在我国沿海附近地区,土坝护坡常遭受飓风袭击,如采用浆砌块石护坡,仍遭受破坏时,常采用块石混凝土护坡加固措施。

任务五　增加重力坝稳定性的措施

重力坝是用混凝土或浆砌石修筑的大体积挡水建筑物,它的主要特点是依靠自重来维持坝身的稳定。

重力坝必须保证在各种外力组合的作用下,有足够的抗滑稳定性。抗滑稳定性不足是重力坝最危险的病害情况。当发现坝体存在抗滑稳定性不足,或已产生初步滑动迹象时,必须详细查找和分析坝体抗滑稳定性不足的原因,提出妥善措施,及时处理。

一、重力坝受力分析

重力坝承受强大的上游水压力和泥沙压力等水平荷载,如果某一截面的抗剪能力不足以抵抗该截面以上坝体承受的水平荷载,便可能产生沿此截面的滑动。由于一般情况下坝体与地基接触面的接合较差,滑动往往是沿坝体与地基的接触面发生的。所以,重力坝的抗滑稳定分析,主要是核算坝底面的抗滑稳定性。坝底面的抗滑稳定性与坝体的受力有关,重力坝所受的主要外力有垂直向下的坝体自重、垂直向上的坝基扬压力、水平推力和坝体沿地基接触面的摩擦力等。重力坝受外力分析示意图如图 3-14 所示。

摩擦力 F 的大小,取决于坝体重力与坝基扬压力之差和坝体与坝基之间的摩擦系数 f 的乘积。坝体的抗滑稳定性,可用下式表示:

$$k = \frac{F}{\sum P} = \frac{f(\sum G - u)}{\sum P} \qquad (3-1)$$

式中:$\sum P$ 为水平推力,包括水压力、风浪压力、泥沙压力等;$\sum G$ 为垂直向下的坝体、水、泥沙的重力;u 为垂直向上的坝基扬压力;f 为抗剪摩擦系数;k 为安全系数。

由式(3-1)可知,增加坝体的抗滑稳定,也就是增大安全系数,其途径有:减小扬压力,增加坝体重力,增大摩擦系数和减小水平推力等。现将具体措施分述如下。

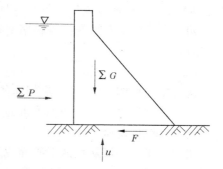

$\sum P$— 水平推力;u— 扬压力;
$\sum G$— 自重;F— 摩擦力

图 3-14　重力坝所受外力示意图

二、增加重力坝抗滑稳定性的主要措施

(一)减小扬压力

扬压力对坝体的抗滑稳定性有极大的影响,减小扬压力是增加坝体抗滑稳定性的主要方法之一,特别是当观测中发现实测扬压力增大成为坝体抗滑稳定性不足的主要原因时,更是如此。通常减小扬压力的方法有两种,一是加强防渗,二是加强排水。

1. 加强防渗

加强坝基防渗,可采取补强帷幕灌浆或补做帷幕的措施,这对减小扬压力的效果非常显著。

灌浆可在坝体灌浆廊道中进行,如图 3-15(a)所示。当没有灌浆廊道时,可从坝顶上游侧钻孔,穿过坝身,深入基岩进行灌浆,如图 3-15(b)所示。当既无灌浆廊道,从坝顶钻孔灌浆困难,又不能放空水库时,也可以采用深水钻孔灌浆,如图 3-15(c)所示。灌浆材料以水泥为主。

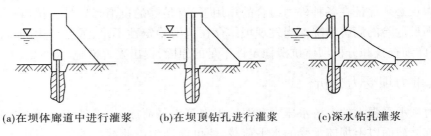

(a)在坝体廊道中进行灌浆　　(b)在坝顶钻孔进行灌浆　　(c)深水钻孔灌浆

图 3-15　补强帷幕灌浆进行方式

2. 加强排水

为减小扬压力,除在坝基上游部分进行补强帷幕灌浆以外,还应在帷幕下游部分设置排水系统,增加排水能力。二者配合使用,更能保证坝体的抗滑稳定性。

排水系统的主要形式是排水孔,排水孔的排水效果与孔距、孔径和孔深有关,常用的孔距为 2 ~ 3 m,孔径为 15 ~ 20 cm,孔深为 0.4 ~ 0.6 倍的帷幕深度。原排水孔过浅或孔距过大的,应进行加深或加密补孔,以增加导渗能力。

如原有的排水孔被泥沙等物堵塞时,可采用高压气水冲孔或用钻机清扫,以恢复其排水能力。

(二)增加坝体重力

重力坝的坝体稳定,主要靠坝体的重力平衡水压力,所以增加坝体的重力是增加抗滑稳定的有效措施之一。增加坝体重力可采用加大坝体断面或预应力锚固等方法。

1. 加大坝体断面

加大坝体断面可从坝的上游面或从坝的下游面进行。从上游面增加断面时,既可增加坝体重力,又可增加垂直水重,同时还可改善防渗条件,但需放空水库或降低库水位修筑围堰挡水才能施工,如图 3-16(a)所示。从坝的下游面增大断面,如图 3-16(b)所示,施工比较方便,但也应当降低库水位进行施工,这样有利于减小上游坝面拉应力。坝体断面增加部分的尺寸,应通过稳定计算确定,施工时还应注意新旧坝体之间接合紧密。

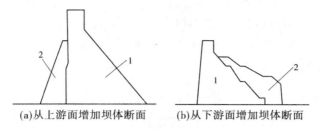

(a)从上游面增加坝体断面　　　　(b)从下游面增加坝体断面

1—原坝体;2—加固坝体

图 3-16　增加坝体断面的方式

2.预应力锚固

预应力锚固是从坝顶钻孔到坝基,孔内放置钢索,锚索一端锚入基岩中,在坝顶另一端施加很大的拉力,使钢索受拉、坝体受压,从而增加坝体抗滑稳定,如图 3-17 所示。

用预应力锚固来提高坝体抗滑稳定性,效果良好,但具有施工工艺复杂等缺点,且预应力可因锚索松弛而受到损失。安徽梅山水库连拱坝曾于1964 年对右坝肩预锚加固,根据 7 年观测的结果,预应力平均损失为 8.8%。对于空腹重力坝或大头坝等坝型,也可采用腹内填石加重,不必加大坝体断面。

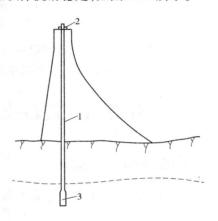

(三)增大摩擦系数

摩擦系数大小与坝体和地基的连接形式及清基深度有关。对于原坝体与地基的结合,只能通过固结灌浆的措施加以改善,从而提高坝体的抗滑稳定性。除此之外,通过固结灌浆还能增强基岩的整体性和弹性模数,增加地基的承载能力,减少不均匀沉陷。

1—锚索孔;2—锚头;3—扩孔段

图 3-17　预应力锚固示意图

在上游部分坝基中,由于坝基可能产生拉应力,要求基岩有较高的整体性,故对钻孔要求较深,为 8 ~ 12 m。在坝基的下游部分,应力较集中,也要求较深的固结灌浆孔,孔深也在 8 ~ 12 m,其余部分可采用 5 ~ 8 m 的浅孔。固结灌浆孔距一般为 3 ~ 4 m,呈梅花形或方格形布置。

(四)减小水平推力

减小水平推力可采用控制水库运用和在坝体下游面加支撑等方法。

1.控制水库运用

控制水库运用主要用于病险水库度汛或水库设计标准偏低等情况。对病险水库来讲,通过降低汛前调洪起始水位,可减小库水对坝的水平推力。对设计标准偏低的水库,通过改建溢洪道,加大泄洪能力,控制水库水位,也可达到保持坝体稳定的目的。

2.在坝体下游面加支撑

在坝体下游面加支撑,可使坝体上游的水平推力通过支撑传到地基上,从而减小坝体所受的水平推力,又可增加坝体重力。下游面加支撑的形式如图 3-18 所示,可根据建筑物的形式和地质地形条件加以选用。图 3-18(a)是在溢流坝下游护坦上钻孔设桩,通过桩将部分水平推力传到河床基岩上;图 3-18(b)是非溢流坝的重力墙支撑;图 3-18(c)是钢筋混凝土水平拱支撑。

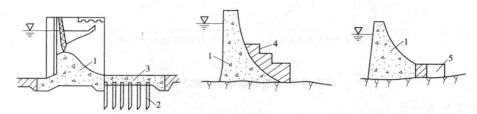

(a)在溢流坝下游护坦上钻孔设桩　(b)非溢流坝的设重力墙支撑　(c)钢筋混凝土水平拱支撑

1—坝体;2—支撑桩;3—护坦;4—重力墙;5—水平拱

图 3-18　下游面加支撑的形式

采用何种提高抗滑稳定的措施要因地制宜,补强灌浆和加大坝体断面是经常采用的两种有效措施,有些情况下也可采用综合性措施。

任务六　混凝土坝及浆砌石坝的裂缝处理

一、裂缝的类型及特征

混凝土坝及浆砌石坝裂缝是常见的现象,其类型及特征见表 3-1。

表 3-1　裂缝的类型及特征

类型	特征
沉陷缝	1. 裂缝往往属于贯通性的,走向一般与沉陷走向一致 2. 较小的沉陷引起的裂缝,一般看不出错距;较大的不均匀沉陷引起的裂缝,则常有错距 3. 温度变化对裂缝影响较小
干缩缝	1. 裂缝属于表面性的,没有一定规律性,走向纵横交错 2. 宽度及长度一般都很小,如同发丝
温度缝	1. 裂缝可以是表层的,也可以是深层的或贯穿性的 2. 表层裂缝的走向没有一定规律性 3. 钢筋混凝土深层或贯穿性裂缝,方向一般与主钢筋方向平行或近似于平行 4. 裂缝宽度沿裂缝方向无多大变化 5. 裂缝宽度受温度变化的影响,有明显的热胀冷缩现象
应力缝	1. 裂缝属深层或贯穿性的,走向一般与主应力方向垂直 2. 宽度一般较大,沿长度和深度方向有明显变化 3. 裂缝宽度一般不受温度变化的影响

二、裂缝处理的方法

混凝土坝及浆砌石坝裂缝的处理,目的是恢复其整体性,保持其强度、耐久性和抗渗性,以延长建筑物的使用寿命。裂缝处理的措施与裂缝产生的原因、裂缝的类型、裂缝的部位及开裂程度有关。沉陷裂缝、应力裂缝,一般应在裂缝已经稳定的情况下再进行处理;温度裂缝应在低温季节进行处理;影响结构强度的裂缝,应与结构加固补强措施结合考虑;处理沉陷裂缝,应先加固地基。

(一)裂缝表面处理

当裂缝不稳定,随着气温或结构变形而变化,而又不影响建筑物整体受力时,可对裂缝进行表面处理。常用的裂缝表面处理的方法有表面涂抹、表面贴补、凿槽嵌补和喷浆修补等。裂缝表面处理的方法也可用来处理混凝土表层的其他损坏,如蜂窝、麻面、骨料架空外露以及表层混凝土松软、脱壳和剥落等。

1.表面涂抹

表面涂抹是用水泥砂浆、环氧砂浆、防水快凝砂浆(或灰浆)等涂抹在裂缝部位的表面,这是建筑物水上部分或背水面裂缝的一种处理方法。

1)水泥砂浆涂抹

涂抹前先将裂缝附近的表面凿毛,并清洗干净,保持湿润,然后用 $1:1 \sim 1:2$ 的水泥砂浆在其上涂抹。涂抹的总厚度一般以控制在 $1 \sim 2$ cm 为宜,最后压实抹光。温度高时,涂抹 $3 \sim 4$ h 后即需洒水养护,冬季要注意保温,切不可受冻,否则强度容易降低。应注意,水泥砂浆所用砂子一般为中细砂,水泥可用不低于 32.5(R)号的普通硅酸盐水泥。

2)环氧砂浆涂抹

环氧砂浆是由环氧树脂与固化剂、增韧剂、稀释剂配制而成的液体材料再加入适量的细填料拌和而成的,具有强度高、抗冲耐磨的性能。

涂抹前沿裂缝凿槽,槽深 $0.5 \sim 1.0$ cm,用钢丝刷洗刷干净,保证槽内无油污、灰尘。经预热后再涂抹一层环氧基液,厚为 $0.5 \sim 1.0$ mm,再在环氧基液上涂抹环氧砂浆,使其与原建筑物表面齐平,然后覆盖塑料布并压实。

3)防水快凝砂浆(或灰浆)涂抹

防水快凝砂浆(或灰浆)是在水泥砂浆内加入防水剂(同时又是速凝剂)制成的,以达到速凝的目的又提高防水性能,涂抹有渗漏的裂缝是非常有效的。防水剂的配合比见表 3-2。

表 3-2　防水剂配合比(质量比)

材料名称	配合比	材料颜色	材料分子式
硫酸铜(胆矾)	1	水蓝色	$CuSO_4 \cdot 5H_2O$
重铬酸钾(红矾)	1	橙红色	$K_2Cr_2O_7$
硫酸亚铁(黑矾)	1	绿色	$FeSO_4 \cdot 7H_2O$
硫酸铝钾(明矾)	1	白色	$KAl(SO_4)_2 \cdot 12H_2O$

续表 3-2

材料名称	配合比	材料颜色	材料分子式
硫酸铬钾(蓝矾)	1	紫色	$KCr(SO_4)_2 \cdot 12H_2O$
硅酸钠(水玻璃)	400	无色	Na_2SiO_3
水	40		H_2O

涂抹时,先将裂缝凿成深约 2 cm、宽约 20 cm 的 V 形或矩形槽并清洗干净,然后按每层 0.5 ~ 1 cm 分层涂抹砂浆(或灰浆),抹平为止。

2. 表面贴补

表面贴补是用黏结剂把橡皮或其他材料粘贴在裂缝的表面,以防止沿裂缝渗漏,达到封闭裂缝并适应裂缝的伸缩变化的目的。一般用来处理建筑物水上部分或背水面裂缝。

1)橡皮贴补

橡皮贴补所用材料主要有环氧基液、环氧砂浆、水泥砂浆、橡皮、木板条或石棉线等。环氧基液、环氧砂浆的配制同涂抹用环氧砂浆。水泥砂浆的配合比(水泥∶砂)一般为 1∶0.8 ~ 1∶1,水灰比不超过 0.55,橡皮厚度一般以采用 3 ~ 5 mm 为宜,板条厚度以 5 mm 为宜。施工工艺如下(见图 3-19):

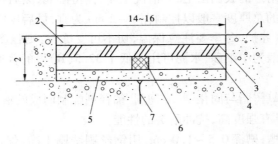

1—原混凝土面;2,4—环氧砂浆;3—橡皮;
5—水泥砂浆;6—板条;7—裂缝

图 3-19 橡皮贴补裂缝 (单位:cm)

(1)沿缝凿深 2 cm、宽 14 ~ 16 cm 的槽并洗净。

(2)在槽内涂一层环氧基液,随即用水泥砂浆抹平并养护 2 ~ 3 d。

(3)将准备好的橡皮进行表面处理,一般放浓硫酸中浸 5 ~ 10 min,取出冲洗晾干。

(4)在水泥砂浆表面刷一层环氧基液,然后沿裂缝方向放一根木板条,按板条厚度涂抹一层环氧砂浆,然后将粘贴面刷有一层环氧基液的橡皮铺贴到环氧砂浆上。注意铺贴时要用力均匀压紧,直至环氧砂浆从橡皮边缘挤出为止。

(5)侧面施工时,为防止橡皮滑动或环氧砂浆脱落,需设木支撑加压。待环氧砂浆固化后,可将支撑拆除。为防止橡皮老化,可在橡皮表面刷一层环氧基液,再抹一层环氧砂浆保护。

用橡皮贴补,也可在缝内嵌入石棉线,以代替夹入木板条,施工工艺基本相同,只是取消了水泥砂浆层。

在实际工程中,也有用氯丁胶片、塑料片代替橡皮,施工方法一样。

2)玻璃布贴补

玻璃布的种类很多,一般采用无碱玻璃纤维织成,它具有耐水性能好、强度高的特点。

玻璃布在使用前,必须除去油脂和蜡,以便在粘贴时有效地与环氧树脂结合。玻璃布除油蜡的方法有两种:一种是加热蒸煮,即将玻璃布放置在碱水中煮 0.5~1 h,然后用清水洗净;另一种是先加热烘烤再蒸煮,即将玻璃布放在烘烤炉上加温到 190~250 ℃,使油蜡燃烧,然后将玻璃布放在浓度为 2%~3% 的碱水中煮沸约 30 min,最后取出洗净晾干。

玻璃布粘贴前,需先将混凝土表面凿毛,并冲洗干净,若表面不平,可用环氧砂浆抹平。粘贴时,先在粘贴面上均匀刷一层环氧基液,然后将玻璃布展开放置并使之紧贴在混凝土面上,再用刷子在玻璃布面上刷一遍,使环氧基液浸透玻璃布,接着再在玻璃布上刷环氧基液,按同样方法粘贴第二层玻璃布,但上层应比下层玻璃布稍宽 1~2 cm,以便压边。一般粘贴 2~3 层即可。玻璃布粘贴示意图如图 3-20 所示。

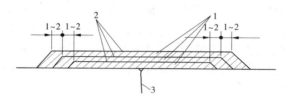

1—玻璃布;2—环氧基液;3—裂缝
图 3-20 玻璃布粘贴示意图 (单位:cm)

3. 凿槽嵌补

凿槽嵌补是沿裂缝凿一条深槽,槽内嵌填各种防水材料,以堵塞裂缝和防止渗水。这种方法主要用于对结构强度没有影响的裂缝处理。沿裂缝凿槽,槽的形状可根据裂缝位置和填补材料而定,一般有如图 3-21 所示的几种形状。∨形槽多用于竖直裂缝;↘形槽多用于水平裂缝;△形槽多用于顶面裂缝及有渗水的裂缝;凵形槽则均能适用以上三种情况。槽的两边必须修理平整,槽内要清洗干净。

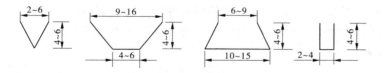

图 3-21 缝槽形状及尺寸图 (单位:cm)

嵌补材料的种类很多,有沥青材料、聚氯乙烯胶泥、预缩砂浆等。嵌补材料的选用与裂缝性质、受力情况及供货条件等因素有关。因此,材料的选用需经全面分析后再确定。对已稳定的裂缝,可采用预缩砂浆、普通砂浆等脆性材料嵌补;对缝宽随温度变化的裂缝,应采用弹性材料嵌补,如聚氯乙烯胶泥或沥青材料等;对受高速水流冲刷或需结构补强的裂缝,则可采用环氧砂浆嵌补。

1)沥青材料嵌补

沥青材料嵌补分为用沥青油膏、沥青砂浆和沥青麻丝三种。

沥青油膏是以石油沥青为主要材料,掺入适量其他油料和填料配制而成。施工时,先在槽内刷一层沥青漆,然后用专用工具将油膏嵌入槽内压实,使油膏面比槽口低 1~2 cm,再用水泥砂浆抹平保护,在嵌补前要注意槽内干燥。

沥青砂浆由沥青、砂子及填充材料制成。施工时,先在槽内刷一层沥青,然后将沥青砂浆倒入槽内,立即用专用工具摊平压实。要逐层填补,随倒料随压紧,当沥青砂浆面比槽口低 1~1.5 cm 时,用水泥砂浆抹平保护。注意:沥青砂浆一定要在温度较高的情况下施工,否则温度降低变硬,不易操作。沥青麻丝嵌补的操作方法是,将沥青加热熔化,然后将麻丝或石棉绳放入沥青浸煮,待麻丝或石棉绳浸透后,用铁钳夹放入缝内,并用凿子插紧,嵌填时,要逐层将其嵌入缝内,填好后,用水泥砂浆封面保护。

2)聚氯乙烯胶泥嵌补

聚氯乙烯胶泥是以煤焦油为主要材料,加入少量聚氯乙烯树脂及增韧剂、稳定剂和填料配制而成的。它具有良好的防水性、弹塑性、温度稳定性及与混凝土的黏结性,而且价格低、原料易得、施工方便。目前主要用于水工建筑物水平面或缓坡上的裂缝的修补。

施工时,在槽内先填一层预缩砂浆,砂浆表面干燥后,用煤焦油与二甲苯为 1:4 的混合料刷一层,干燥后即嵌填聚氯乙烯胶泥,填至与凿毛面齐平为准。胶泥完全冷却后,先用纯水泥浆在凿毛面上涂抹一层,厚 1~2 mm,然后用 1:1 水泥砂浆填至与混凝土面齐平并抹光。

3)预缩砂浆嵌补

预缩砂浆是经拌和好之后再归堆放置 30~90 min 才使用的干硬性砂浆。拌制良好的预缩砂浆,具有较高的抗压强度、抗拉强度,其抗压强度可达 29.4~34.3 MPa,抗拉强度可达 2.45~2.74 MPa,与混凝土的黏结强度可达 1.67~2.16 MPa。因此,采用预缩砂浆修补处于高流速区混凝土的表面裂缝,不仅强度和平整度可以得到保证,而且收缩性小,成本低廉,施工简便,可获得较好效果。当修补面积较小或工程量较小时,如无特殊要求,可优先选用预缩砂浆嵌补。预缩砂浆一般水灰比采用 0.3~0.34,灰砂比 1:2~1:2.5,并掺入水泥质量 1/10 000 左右的加气剂,以提高砂浆拌和时的流动性。

施工时,先在槽内涂一层 1 mm 厚的水泥浆,其水灰比为 0.45~0.50,然后填入预缩砂浆,分层用木锤捣实,直至表面出现少量浆液为止。每层铺料厚 4~5 cm,捣实后为 2~3 cm,最后一层的表面必须反复压实抹光,并与原混凝土表面齐平。

4.喷浆修补

喷浆修补是将水泥砂浆通过喷头高压喷射至修补部位,达到封闭裂缝和提高建筑物表面耐磨抗冲能力的目的。根据裂缝的部位、性质和修理要求,可以分别采用挂网喷浆或挂网喷浆与凿槽嵌补相结合的方法。

1)挂网喷浆

挂网喷浆所采用的材料主要有水泥、砂、钢筋、钢丝网、锚筋等。通常采用 32.5(R)~42.5(R)的普通硅酸盐水泥,砂料以粒径 0.35~0.5 mm 为宜,钢筋网由直径 4~6 mm 钢筋做成,网格尺寸为 100 mm × 100 mm~150 mm × 150 mm,结点焊接或者采用直径 1~3 mm 钢丝做钢丝网,尺寸为 50 mm × 50 mm~60 mm × 60 mm 及 10 mm × 10 mm~20 mm × 20 mm,结点可编结或扎结,锚筋通常采用 10~16 mm 钢筋。灰砂比根据不同部位喷射方向和使用材料,通过试验确定,水灰比一般采用 0.3~0.5。

喷浆设备主要包括喷浆机、干料拌和机、皮带运输机、喷头、水箱、空气压缩机、软管、空气滤清器等。

喷浆系统布置如图3-22所示。

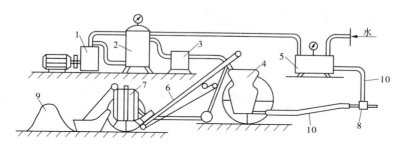

1—空气压缩机;2—储气罐;3—空气滤清器;4—喷浆机;5—水箱;
6—皮带运输机;7—拌和机;8—喷头;9—堆料处;10—输料、输气和输水软管

图3-22 喷浆系统布置示意图

喷浆工艺如下:

(1)喷浆前,将被喷面凿毛冲洗干净,并进行钢筋网的制作和安装,钢筋网应加设锚筋,一般5~10个网格应有一锚筋,锚筋埋设孔深一般为15~25 cm。为使喷浆层和被喷面接合良好,钢筋网应离开受喷面15~25 mm。

(2)喷浆前应对受喷面洒水处理,保持湿润状态。

(3)喷浆前还应准备充足的砂子和水泥,并均匀拌和好。

(4)喷浆应控制好气压和水压并保持稳定。喷浆压力应控制在 0.25~0.40 MPa。

(5)喷头操作。喷头与受喷面要保持适宜的距离,一般要求80~120 cm。距离过近会吹掉砂浆;距离过远会使气压损失,黏着力降低,影响喷浆强度。喷头一般应与受喷面垂直,这样可以使喷射物集中,减少损失,增强黏结力。若有特殊情况可以和喷射物成一角度,但要大于70°。

(6)喷层厚度控制。当喷浆层较厚时,为防止砂浆流淌或因自重坠落等现象,可分层喷射。一次喷射厚度一般不宜超过下列数值:仰喷时,20~30 mm;侧喷时,30~40 mm;俯喷时,50~60 mm。

(7)喷浆工作结束后2 h即应进行无压洒水养护,养护时间一般需14~21 d。

喷浆用于混凝土修补工程具有以下特点:喷浆修补采用较小的水灰比、较多的水泥,从而可以达到较高的强度和密实性,具有较高的耐久性。可省去较复杂的运输、浇筑及骨料加工等设备,简化施工工艺,提高施工工效,可用于不同规模的修补工程。但是,喷浆修补因存在水泥消耗较多、层薄、不均匀等问题,易产生裂缝,影响喷浆层寿命,从而限制了它的使用范围,因此须严格控制砂浆的质量和施工工艺。

2)挂网喷浆与凿槽嵌补相结合

挂网喷浆与凿槽嵌补相结合施工流程为:凿槽→打锚筋孔→凿毛冲洗→固定锚筋→填预缩砂浆→涂抹冷沥青胶泥,焊接架立钢筋→挂网→被喷面冲洗湿润→喷浆→养护。

施工工艺:先沿缝凿槽,然后填入预缩砂浆使之与混凝土面齐平并养护,待预缩砂浆达到设计强度时,涂一层薄沥青漆。涂沥青漆 0.5 h 后,再涂冷沥青胶泥。冷沥青胶泥是由 40:10:50 的 60 号沥青、生石灰、水,再掺入 15% 的砂(粒径小于 1 mm)配制而成。冷沥青胶泥总厚度为 1.5~2.0 cm,分 3~4 层涂抹。待冷沥青胶泥凝固后,挂网喷浆。挂网喷浆与凿槽嵌补相结合示意图如图 3-23 所示。

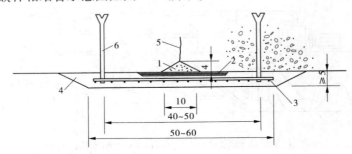

1—预缩砂浆;2—冷沥青胶泥;3—钢丝网;4—水泥砂浆喷层;5—裂缝;6—锚筋

图 3-23　挂网喷浆与凿槽嵌补相结合示意图　(单位:cm)

(二)裂缝的内部处理

裂缝的内部处理,指贯穿性裂缝或内部裂缝常用的灌浆处理方法。其施工方法通常为钻孔灌浆,灌浆材料一般采用水泥和化学材料,可根据裂缝的性质、开度以及施工条件等具体情况选定。对于开度大于 0.3 mm 的裂缝,一般可采用水泥灌浆;对于开度小于 0.3 mm 的裂缝,宜采用化学灌浆;对于渗透流速大于 600 m/d 或受温度变化影响的裂缝,则不论其开度如何,均宜采用化学灌浆处理。

1. 水泥灌浆

水泥灌浆具体施工程序为:钻孔→冲洗→止浆或堵漏处理→安装管路→压水试验→灌浆→封孔→质量检查。

水泥灌浆施工的具体技术要求如下。

1)钻孔

一般用风钻钻孔,孔径 36~56 mm,孔距 1.0~1.5 m,除骑缝浅孔外,不得顺裂缝钻孔,钻孔轴线与裂缝面的交角一般应大于 30°,孔深应穿过裂缝面 0.5 m 以上,如果钻孔为两排或两排以上,应尽量交错或呈梅花形布置。钻进过程中,若发现有集中漏水或其他异常现象,应立即停钻,查明漏水高程,并进行灌浆处理后,再行钻进。钻进过程中,对孔内各种情况,如岩层及混凝土的厚度、涌水、漏水、洞穴等均应详细记录。钻孔结束后,孔口应用木塞塞紧,以防污物进入。

2)冲洗

每条裂缝钻孔结束后,需进行冲洗,其顺序是按竖向排列孔自上而下逐孔进行。其目的主要是将钻孔及裂隙中的岩粉、铁砂等冲洗出来,冲洗方法有高压水冲洗、水气轮换冲洗等。一般冲洗水压相当于 70%~80% 的灌浆压力,冲洗气压则相当于 30%~40% 的灌浆压力。

3）止浆或堵漏处理

缝面冲洗干净后，即可进行止浆或堵漏处理。可在裂缝表面用灰砂比 1:1～1:2 的水泥砂浆涂抹，也可用环氧砂浆涂抹；或者沿裂缝凿成上口宽 3～4 cm、深约 2 cm 的槽子，洗刷干净后，在槽内嵌填旧棉絮，并在表面用纯水泥浆涂抹密实；或者将水泥或环氧砂浆等做成团状，粘贴在渗水裂缝的迎水面。

4）安装管路

灌浆管一般用 19～38 mm 的钢管，上部加工丝扣。安装时，先在钢管外壁裹上旧棉絮，并用麻丝捆紧，然后将管子旋于孔中，埋入深度根据孔深和灌浆压力的大小而定。孔口、管壁周围的空隙可用旧棉絮或其他材料塞紧，并用水泥砂浆封堵，以防冒浆或灌浆管从孔口脱出。

5）压水试验

压水试验的主要目的是判断裂缝有无阻塞，检查管路及止浆效果。压水试验采用从灌浆孔压水、排气孔排水的方式，以检查其畅通情况，然后关闭排气孔以检查止浆效果。

6）灌浆

裂缝灌浆所用水泥一般为 42.5（R）号或 52.5（R）号普通硅酸盐水泥。在灌较细裂缝时，为了提高浆液的可灌性，可尽量采用 52.5（R）号普通硅酸盐水泥，并加工磨细，使其细度达到通过 6 400 孔/cm² 筛的筛余量为 2% 以下。由于磨细水泥易风化，应注意保管，并尽快使用，防止失效。灌浆压力的确定，以保证一定的可灌性，提高浆体结石质量，而又不致引起建筑物发生有害变形为原则。一般进浆管压力采用 300～500 kPa。

7）封孔

凡经认真检查认为合格的灌浆孔，必须及时进行封孔。封孔材料为水泥砂浆，以灰砂比 1:2，水灰比 0.5～0.6，砂子粒径 0.5～1.0 mm 为宜。封孔方法有人工封孔法和机械封孔法。人工封孔法是将一根内径 38～50 mm 的钢管放入孔中，距离孔底约 50 cm，然后把砂浆倒入管内，随着砂浆在孔内的浆面逐渐升高，将钢管徐徐上提，上提时，应使管的下端经常保持埋在砂浆中。机械封孔是利用砂泵或灌浆机进行全孔回填灌浆，浆液由稀变浓，灌浆压力采用 500～600 kPa。

2. 化学灌浆

化学灌浆材料一般具有良好的可灌性，可以灌入 0.3 mm 或更小的裂缝，同时化学灌浆材料可调节凝结时间，适应各种情况下的堵漏防渗处理。此外，化学灌浆材料具有较高的黏结强度，或者具有一定的弹性，对于恢复建筑物的整体性及对伸缩缝的处理，效果较好。因此，凡是不能用水泥灌浆进行内部处理的裂缝，均可考虑采用化学灌浆。

化学灌浆的灌浆材料可根据裂缝的性质、开度和干燥情况选用，常用的有以下几种：

（1）甲凝。是以甲基丙烯酸甲酯为主要成分，加入引发剂等组成的一种低黏度的灌浆材料。甲基丙烯酸甲酯是无色透明液体，黏度很低，渗透力很强，可灌入 0.05～0.1 mm 的细微裂缝，在一定的压力下，还可渗入无缝混凝土中一定距离，并可以在低温下进行灌浆。聚合后的强度和黏结力很高，并具有较好的稳定性，但甲凝浆液黏度的增长和聚合速度较快。甲凝材料适用于干燥裂缝或经处理后无渗水裂缝的补强。

（2）环氧树脂。以环氧树脂为主体，加入一定比例的固化剂、稀释剂、增韧剂等混合

而成,一般能灌入宽 0.2 mm 的裂隙。硬化后,黏结力强、收缩性小、强度高、稳定性好。环氧树脂浆液多用于较干燥裂缝或经处理后已无渗水裂缝的补强。

(3)聚氨酯。由多异氰酸酯和含羟基的化合物合成后,加入催化剂、溶剂、增塑剂、乳化剂以及表面活性剂配合而成。聚氨酯浆液遇水反应后,便生成不溶于水的固结强度高的凝胶体。聚氨酯浆液防渗堵漏能力强,黏结强度高。聚氨酯浆液适用于渗水缝隙的堵水补强。

(4)水玻璃。是由水泥浆和硅酸钠溶液配合而成的。二者体积比通常为 1∶0.8 ~ 1∶0.6,水玻璃具有较高的防渗能力和黏结强度,适用于渗水裂缝的堵水补强。

(5)丙凝。是以丙烯酰胺为主剂,配以其他材料,发生聚合反应,形成具有弹性的、不溶于水的聚合体。可填充堵塞岩层裂隙或砂层中空隙,并可把砂粒胶结起来,起到堵水防渗和加固地基的作用。但因其强度较低,不宜用做补强灌浆,仅用于地基帷幕和混凝土裂缝的快速止水。

化学灌浆的施工程序为:钻孔→压气(或压水)试验→止浆→试漏→灌浆→封孔→检查质量。

化学灌浆具体施工技术要求如下:

(1)钻孔。化学灌浆布孔方式通常有骑缝孔和斜孔两种。骑缝孔的钻孔工作量小,孔内占浆少,且缝面不宜被钻孔灰粉堵塞。但封面止浆要求高,灌浆压力受限制,扩散范围较小。斜孔的优缺点和骑缝孔相反,但斜孔可根据裂缝对深度和结构物的厚度,分别布置成单排孔或多排孔。骑缝孔仅适用于浅缝或仅需防渗堵漏的裂缝。斜孔适用于裂缝较深和结构厚度较大的情况。化学灌浆钻孔一般采用风钻,为了减少孔内占浆量,孔径不宜过大,一般采用 30 ~ 36 mm,孔距一般采用 1.5 ~ 2.0 m。

(2)压气(或压水)试验。对于甲凝及环氧树脂等憎水性材料,最好采用压气试验,压气时可在缝外涂上肥皂水,以检查钻孔与缝面畅通情况,并用耗气量来检查结构物内部是否有大缺陷,以推估吸浆量等,气压一般稍大于灌浆压力。对于丙凝、聚氨酯等亲水性材料,可用压水试验,压水时可在水中加入颜料,以便观察。

(3)止浆。化学灌浆材料的渗透性能较好,造价高,为保证灌浆质量,节省浆液,要求对缝面进行严格止浆。止浆方法一般是沿缝凿槽,洗刷干净后再嵌填环氧砂浆或其他速凝早强的砂浆,并将表面压实抹光。

(4)试漏。目的是检查止浆效果。根据不同的灌浆材料,可采用压气试漏或压水试漏,试漏压力应大于灌浆压力。当发现止浆有缺陷时,应在灌浆前进行修补。

(5)灌浆。化学灌浆有单液法和双液法两种。单液法是将浆液按配合比一次性配好,然后用一般泥浆泵或水泥灌浆泵灌浆,也可采用手摇泵或特制的压浆桶灌浆。双液法是将浆液按配合比中的引发剂与促进剂分成两组分别配好,用比例灌浆泵灌注时在混合室相遇后才组成浆液送入孔内。单液法配合比较精确,但浆液配好后要在胶凝时间内灌完,否则容易堵塞设备与管路。双液法不易堵塞设备,但灌注浆液的配合比较难掌握准确。

随着各种大型工程和地下工程的不断兴建,化学灌浆材料得到了越来越广泛的应用。但化学灌浆费用较高,一般情况下应首先采用水泥灌浆,在达不到设计要求时,再用化学灌浆予以辅助,以获得良好的技术经济指标。此外,化学浆材都有一定的毒性,对人体健康不利,还会污染水源,在运用过程中要十分注意。

（三）加厚坝体

浆砌石坝由于坝体单薄、强度不够而产生应力裂缝和贯穿整个坝体的沉陷缝时，可采取加厚坝体的措施，以增强坝体的整体性和改善坝体应力状态。坝体加厚的尺寸应由应力核算确定。在具体处理时，应保证新老坝体接合良好。

任务七　混凝土坝及浆砌石坝的渗漏处理

一、渗漏的种类及危害

（一）渗漏的种类

混凝土坝及浆砌石坝渗漏，按其发生的部位，可分为以下几种：①坝体渗漏，如由裂缝、伸缩缝和蜂窝空洞等引起的渗漏。②坝与岩石基础接触面渗漏。③地基渗漏。④绕坝渗漏。

（二）渗漏的危害

混凝土坝和浆砌石坝的渗漏危害是多方面的。坝体渗漏，将使坝体内部产生较大的渗透压力，影响坝体稳定。侵蚀性强的水还会产生侵蚀破坏作用，使混凝土强度降低，缩短建筑物的使用寿命。在北方地区，渗漏还容易造成坝体冻融破坏。坝基渗漏、接触面渗漏或绕坝渗漏，会增大坝下扬压力，影响坝身稳定，严重的将因流土、管涌等而引起沉陷、脱落，使坝身破坏。

二、渗漏处理的原则

渗漏处理的基本原则是：上截下排，以截为主，以排为辅。应根据渗漏的部位、危害程度以及修补条件等实际情况确定处理的措施。

（1）对坝体渗漏的处理，主要措施是在坝的上游面封堵，这样既可直接阻止渗漏，又可防止坝体侵蚀，降低坝体渗透压力，有利于建筑物的稳定。

（2）对坝基渗漏的处理，以截为主，以排为辅。排水虽可降低基础扬压力，但会增加渗漏量，对有软弱夹层的地基容易引起渗漏变形，应慎重对待。

（3）对于接触面渗漏和绕坝渗漏的处理，应尽量采取封堵的措施，以减少水量损失，防止渗透变形。

三、渗漏处理措施

（一）坝体渗漏处理

1. 坝体裂缝渗漏的处理

坝体裂缝渗漏的处理可根据裂缝产生的原因及对结构影响的程度、渗漏量的大小和集中分散等情况，分别采取不同的处理措施。

（1）表面处理。坝体裂缝渗漏按裂缝所在部位可采取表面涂抹、表面贴补、凿槽嵌补等表面处理方法。

对渗漏量较大，但渗透压力不直接影响建筑物正常运行的漏水裂缝，如在漏水出口进

行处理,应先采取导渗措施,然后进行封堵。方法有埋管导渗和钻孔导渗两种。

（2）内部处理。是通过灌浆充填漏水通道,达到堵漏的目的。根据裂缝的特征,可分别采用骑缝或斜缝钻孔灌浆的方式。根据裂缝的开度和可灌性,可分别采用水泥灌浆或化学灌浆。根据渗漏的情况,又可分别采取全缝灌浆或局部灌浆的方法。有时为了灌浆的顺利进行,还需先在裂缝上游面进行表面处理或在裂缝下游面采取导渗并封闭裂缝的措施。

（3）结构处理结合表面处理。对于影响建筑物整体性或破坏结构强度的渗水裂缝,除灌浆处理外,有的还要采取结构处理结合表面处理的措施,以达到防渗、结构补强或恢复整体性的要求。图3-24是利用插筋结合止水塞处理大坝水平渗水裂缝的一个实例。其具体做法是:在上游面沿缝隙凿一宽20～25 cm、深8～10 cm 的槽,向槽的两侧各扩大约40 cm 的凿毛面,共宽100 cm,并在槽的两侧钻孔埋设两排锚筋。槽底涂沥青漆,然后在槽内填塞沥青水泥和沥青麻布2～3层,槽内填满后,再在上面铺设宽50 cm 的沥青麻布两层,浇筑宽100 cm、厚25 cm 的钢筋混凝土盖板作为止水塞。从坝顶钻孔,设置两排插筋锚固坝体。最后进行接缝灌浆。

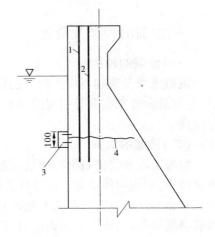

1—5 φ 28 第一排插筋;2—5 φ 28 第二排插筋;
3—止水塞;4—裂缝

**图 3-24　插筋结合止水塞处理大坝水平
渗水裂缝示意图**　（单位:cm）

2. 混凝土坝体散渗或集中渗漏的处理

混凝土坝由于蜂窝、空洞、不密实及抗渗强度不够等缺陷,引起坝体散渗或集中渗漏时,可根据渗漏的部位、程度和施工条件等情况,采取下列一种或几种方法结合进行处理:

（1）灌浆处理。主要用于建筑物内部密实性差、裂缝孔隙比较集中的部位。可用水泥灌浆,也可用化学灌浆。

（2）表面处理。对大面积的细微散渗及水头较小的部位,可采取表面涂抹处理,对面积较小的散渗可采取表面贴补处理,具体处理方法详见本项目任务六内容。

（3）筑防渗层。防渗层适用于大面积的散渗情况。防渗层一般做在坝体迎水面,结构一般有水泥喷浆、水泥浆及砂浆防渗层等形式。

水泥浆及砂浆防渗层,一般在坝的迎水面采用5层,总厚度为12～14 mm。水泥浆及砂浆防渗层施工前需用钢丝刷或竹刷将渗水面松散的表层、泥沙、苔藓、污垢等刷洗干净,如渗水面凹凸不平,则需把凸起的部分剔除,凹陷的部分用1:2.5 水泥砂浆填平,并经常洒水,保持表面湿润。防渗层的施工,第一层为水灰比0.35～0.4 的素灰浆,厚度2 mm,分两次涂抹。第一次涂抹用拌和的素灰浆抹1 mm 厚,把混凝土表面的孔隙填平压实,然后抹第二次素灰浆,若施工仍有少量渗水,可在灰浆中加入适量促凝剂,以加速素灰浆的凝固。第二层为灰砂比1:2.5、水灰比0.55～0.60 的水泥砂浆,厚度4～5 mm,应在初凝的素灰浆层上轻轻压抹,使砂粒能压入素灰浆层,以不压穿为度。这层表面应保持粗糙,待终凝后表面洒水湿润,再进行下一层施工。第三层、第四层分别为厚度为 2 mm 的素灰浆和厚度为 4~5 mm 的水泥砂浆,操作工艺分别同第一层和第二层。第五层素灰浆层厚度为 2 mm,应在第四层初凝时进行,且表面需压实抹光。防渗层终凝后,应每隔 4 h 洒水一次,保持湿润,养护时间按混凝土施工规范规定进行。

(4)增设防渗面板。当坝体本身质量差、抗渗强度等级低、大面积渗漏严重时,可在上游坝面增设防渗面板。

防渗面板一般用混凝土材料,施工时需先放空水库,然后在原坝体布置锚筋并将原坝体凿毛、刷洗干净,最后浇筑混凝土。锚筋一般采用直径 12 mm 的钢筋,每平方米一根,混凝土强度一般不低于 C13。混凝土防渗面板的两端和底部都应深入基岩 1~1.5 m,根据经验,一般混凝土防渗面板底部厚度为上游水深的 1/15~1/60,顶部厚度不少于 30 cm。为防止面板因温度产生裂缝,应设伸缩缝,分块进行浇筑,伸缩缝间距不宜过大,一般为 15~20 m,缝间设止水。

(5)堵塞孔洞。当坝体存在集中渗流孔洞时,若渗流流速不大,可先将孔洞内稍微扩大并凿毛,然后将快凝胶泥塞入孔洞中堵漏,若一次不能堵截,可分几次进行,直到堵截为止。当渗流流速较大时,可先在洞中楔入棉絮或麻丝,以降低流速和漏水量,然后进行堵塞。

(6)回填混凝土。对于局部混凝土疏松,或有蜂窝空洞而造成的渗漏,可先将质量差的混凝土全部凿除,再用现浇混凝土回填。

3. 混凝土坝止水、结构缝渗漏的处理

混凝土坝段间伸缩缝止水结构因损坏而漏水,其修补措施有以下几种:

(1)补灌沥青。对沥青止水结构,应先采用加热补灌沥青方法堵漏,恢复止水,若补灌有困难或无效,再用其他止水方法。

(2)化学灌浆。伸缩缝漏水也可用聚氨酯、丙凝等具有一定弹性的化学材料进行灌浆处理,根据渗漏的情况,可进行全缝灌浆或局部灌浆。

(3)补做止水。坝上游面补做止水,应在降低水位情况下进行,补做止水可在坝面加镶紫铜片或镀锌片,如图 3-25~图 3-27 所示。

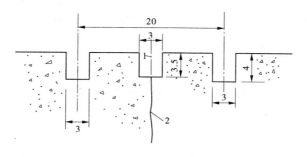

1—中心线;2—伸缩缝

图 3-25 坝面加镶紫铜片凿槽示意图 (单位:cm)

4. 浆砌石坝体渗漏的处理

浆砌石坝的上游防渗部分由于施工质量不好,砌筑时砌缝中砂浆存在较多孔隙,或者砌坝石料本身抗渗强度较低等均容易造成坝体渗漏。浆砌石坝体渗漏可根据渗漏产生的

原因,用以下方法进行处理:

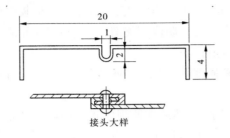

图 3-26　紫铜片形状尺寸图　（单位:cm）

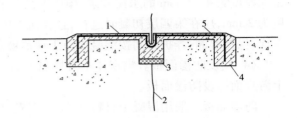

1—环氧基液与沥青漆;2—裂缝;
3—沥青石棉绳;4—环氧砂浆;5—紫铜片

图 3-27　坝面加镶紫铜片示意图

（1）重新勾缝。当坝体石料质量较好,仅局部地方由于施工质量差,砌缝中砂浆不够饱满,有孔隙,或者砂浆干缩产生裂缝而造成渗漏时,均可采用水泥砂浆重新勾缝处理。一般浆砌石坝,当石料质量较好时,渗漏多沿灰缝发生,因此认真进行勾缝处理后,渗漏途径可全部堵塞。

（2）灌浆处理。当坝体砌筑质量普遍较差,大范围内出现严重渗漏、勾缝无效时,可采用从坝顶钻孔灌浆,在坝体上游形成防渗帷幕的方法处理。灌浆的具体工艺见本项目任务六内容。

（3）加厚坝体。当坝体砌筑质量普遍较差、渗漏严重、勾缝无效,但又无灌浆处理条件时,可在上游面加厚坝体。加厚坝体需放空水库进行。若原坝体较单薄,则结合加固工作,采取加厚坝体防渗处理措施将更合理。

（4）上游面增设防渗层或防渗面板。当坝体石料本身质量差、抗渗强度较低,加上砌筑质量不符合要求、渗漏严重时,可在坝上游面增设防渗层或混凝土防渗面板,具体做法同混凝土坝。

（二）基础渗漏的处理

因地质因素的作用,坝基岩石均存在不同程度的裂隙现象。如果坝基在施工中未经妥善处理,水库多在蓄水时产生坝基渗漏。这样不仅影响水库蓄水,增加坝基的扬压力,减少坝体稳定性,而且可能使坝基在长期渗漏过程中产生过大的渗透变形,引起坝体失事。

对于已建成的水库,由于坝体已成,无法再做截水墙,或无法全部放空水库采取其他处理措施,或裂隙渗漏位置过深,其他方法处理困难,往往对基岩渗漏问题采取帷幕灌浆处理,可获得良好的效果。

在进行帷幕灌浆时,需首先确定帷幕位置、深度、厚度、孔距、排距等。

帷幕通常布置在平行于坝轴线方向,靠近坝体上游面附近,向坝基岩层中深入一定深度,形成一道纵向的阻水帷幕,以截断坝基的渗水通道。在垂直于坝轴线方向,坝基处帷幕中线应距上游坝面约 1/10 水头。帷幕的孔深应达到该坝段的相对不透水层,一般以基岩的吸水率 ω 值来确定。不同坝高 H 的帷幕孔深,要求达到的 ω 值小于表 3-3 中数值的深度。当无详细资料时,帷幕深度可取为 $(0.3 \sim 1.0)H$(H 为水头)。

帷幕的厚度应根据帷幕抗渗稳定的要求决定,保证帷幕在最大水力坡降的渗流作用下,不致因稳定性不够而逐渐遭到破坏,可用下式表示:

表 3-3 不同坝高 H 的 ω 值

H(m)	$\omega[\,L/(min \cdot m \cdot m)\,]$
<30	0.03 ~ 0.05
30 ~ 70	0.01 ~ 0.03
>70	<0.01

$$J_{max} = \frac{\beta H}{l} < [J] \qquad (3\text{-}2)$$

式中:J_{max} 为帷幕上下游面最大水力坡降;H 为帷幕上下游面水头差;l 为帷幕厚度;β 为水头折减系数,当帷幕后有排水时,$\beta = 0.65 \sim 0.95$;$[J]$ 为帷幕的允许水力坡降,可根据基岩灌浆后的吸水率 ω 确定,$\omega = 0.01$ L/(min·m·m)时 $[J] = 20$,$\omega = 0.03$ L/(min·m·m)时 $[J] = 15$,$\omega = 0.05$ L/(min·m·m)时 $[J] = 10$。

灌浆孔距主要根据灌浆孔的水泥浆扩散范围确定,应使所选孔距能获得 $l = (0.6 \sim 0.7)n$ 的帷幕厚度(n 为孔距)。排距 l_0 一般为孔距的 $0.8 \sim 0.85$ 倍。

当布置两排灌浆孔时,帷幕的厚度 l 为

$$l = l_0 + (0.6 \sim 0.7)n \qquad (3\text{-}3)$$

帷幕灌浆的施工程序为:钻孔→洗孔→压水试验→灌浆→封孔→检查质量。

(三)绕坝渗漏的处理

绕过混凝土坝或浆砌石坝的渗漏,应根据两岸的地质情况,摸清渗漏的原因及渗漏的来源与部位,采取相应措施进行处理。处理的方法可在上游面封堵,也可进行灌浆处理,对土质岸端的绕坝渗漏,还可采取开挖回填或加深刺墙的方法处理。

项目案例

案例一 山东省历城区卧虎山水库灌浆处理坝体裂缝实例

在山东省济南市历城区南部,锦绣川、锦阳川、锦云川三川汇合处,玉符山与卧虎山之间,有一处水域面积达 4.315 km^2 的人工湖,它就是全国 321 座大型水库之一的卧虎山水库。卧虎山因形似一头伏卧小歇的猛虎而得名,还因初唐大将秦琼常与好友在山头聚会,又名聚仙山。卧虎山山崖高耸、山石嶙峋,山上布满花果草木,风光绮丽,为历城区名山。

1958 年,历城区人民为了根治山洪暴发,变水害为水利,于卧虎山下,建营扎寨,奋战 2 个冬春,动用土石方 537 万 m^3,在玉符河上筑起了长 985 m,高 37 m 的拦河大坝,后经改建、扩建、岁修,成为防洪、灌溉、养鱼、游览综合利用的大型水库。灌区配有干、支渠 49 条,总长 136 km,能灌溉历城、长清、济南市郊的 8 万多亩粮田,而且对保护津浦铁路和济南市不受洪水威胁起到重要作用,同时还能供城市、生产和居民用水。

该大坝由于施工质量差、沉陷量大等原因,1961 年坝体发生一条长 20 m 的横向裂缝;1963 年坝体又发生 11 条纵向裂缝,总长达 332.8 m;1969 年又发生斜向裂缝 3 条,总长 48 m,裂缝深度一般 3 m 左右,最大缝宽达 30 mm。该大坝分别于 1961 年、1969 年和

1972 年采用灌浆处理裂缝四次,共灌入泥浆 278.8 m³,均达到了很好效果。

案例二　山东省莱芜市乔店水库高压定向喷射灌浆处理坝基渗漏实例

乔店水库位于山东省莱芜市牟汶河支流辛庄河上,兴建于 1965 年,流域面积 85 km², 总库容 2 430 万 m³,兴利库容 1 400 万 m³,是一座集防洪、灌溉、城市供水等于一体的综合 利用中型水库。大坝为黏土心墙砂壳坝,分北坝段和南坝段,北坝段坐落于辛庄河主河 床,南坝段坐落于剥蚀残丘之上。坝长 810 m,最大坝高 26.2 m,坝顶宽 5 m。死水位 264.95 m,兴利水位 279.75 m,设计洪水位 282.64 m,校核洪水位 283.73 m。设计防洪标 准 100 年一遇,校核防洪标准 1 000 年一遇。乔店水库自建成投入运用以来,在农田灌 溉、城市供水、防洪减灾以及促进当地经济社会发展中发挥了重要作用。

乔店水库建设时由于受当时技术条件制约,工程标准低,又加上在 40 多年的运行中, 维修养护资金不足,得不到及时有效的维修,致使蓄水和防洪能力大幅度降低。坝基主河 槽段长 220 m,覆盖层为厚 5 ~ 10 m 的砂砾石层,虽采用悬挂式木板桩和黏土铺盖厚度为 2 ~ 4 m 的防渗处理,蓄水后在坝后仍出现 0.3 ~ 0.5 m³/s 的渗透明流量,坡脚翻砂冒水, 200 m 范围内一片沼泽。

1985 年 6 月对乔店水库坝基砂卵石层进行高压喷射灌浆处理。施工所采用的工艺 参数主要有:高压水压力 25 MPa,流量 75 L/min,气压 0.725 MPa,气量 73 m³/h;浆压 0.5 MPa;浆量 80 L/min;进浆比重 1.65 g/cm³,土层内提升速度 8 ~ 10 cm/min,砂卵石层内提 升速度 7.3 cm/min。喷射孔单排布置,施工分二序进行,孔距 1.6 ~ 2.0 m,板墙体向下插 入风化破碎层 0.5 ~ 1.0 m,向上插入心墙土 2 m。

该工程共完成钻孔 262 个,喷射灌浆孔 205 个,钻孔总进尺 10 402.78 m,喷射防渗墙 3 497.83 m²,共用水泥 1 129.68 t,平均每孔用水泥 5.5 t,每平方米用水泥 0.32 t,取得了 明显的防渗效果。

案例三　山东省历城区狼猫山水库土石坝滑坡处理实例

一、狼猫山水库概况

狼猫山水库位于山东省济南市历城区小清河支流巨野河上,控制流域面积 82 km², 总库容 0.16 亿 m³。水库于 1959 年 11 月动工兴建,先后经过四期扩建,1977 年建成投入 运行。大坝为均质土坝,最大坝高 32.5 m,坝长 530 m,坝顶高程 192.5 m,坝顶宽 7.5 m。

二、坝体滑坡情况

1991 年 8 月 29 日 8 时发现下游坝肩出现平行于坝轴线的纵向裂缝,缝宽 3 cm;11 时 裂缝宽度增加到 5 ~ 11 cm;11 时 20 分坝体下游坡开始滑坡,共有 3 段,沿坝轴线方向滑 坡总长 271 m,占坝长的 51.1%,滑坡斜面积 2.3 万 km²,滑坡体最大高度 22.5 m,滑坡量 约 8 万 m³。经钻探勘察,滑坡为一完整的弧形滑体,深度约 7 m。滑坡体上延至坝顶,下 滑至 170.0 m 高程。

三、滑坡原因分析

主要原因是下游坝坡陡、工程施工质量差及雨量大、持续时间长等。

四、滑坡抢护措施

在抢险时,有解放军、武警部队官兵和民工约2 000人,采取了降低库水位、坝面禁止车辆行驶,滑坡面和裂缝覆盖帆布,防止雨水入浸等措施,对滑坡体进行观测,监视滑坡体滑动情况,抢修道路,抢运石料,抢筑临时排水棱体。为防止意外突发性事故发生,对下游沿岸村镇居民做了预防性疏散,对上游水利设施、下游铁路及河道沿线加强监视,并对各种突发性事件做了充分估计和相应对策。

五、滑坡处理永久性加固措施

(1)滑坡体处理。清除滑坡土体,改填透水砂料,由原来的三级坡1∶1.8、1∶2.5、1∶3改为1∶2.5和1∶3两级坡。

(2)由于坝坡放缓,重新做了排水棱体,与原坝体内部排水体相接,并做好反滤。

(3)溢洪道改建。原为开敞式宽顶堰,增建了3孔闸门控制。

(4)为防止坝体渗漏,进行了劈裂灌浆防渗处理。

狼猫山水库滑坡体加固处理后,安全正常运行。

案例四　四川省团结水库浆砌条石拱坝裂缝处理实例

四川省绵阳市三台县团结水库于1966年10月建成,大坝为22 m高的浆砌条石拱坝。1967年发现坝身有两处产生了水平裂缝,缝长分别为10 m、5 m。缝口有压碎现象,漏水严重。放空水库进行检查,又发现坝体中部有一竖直裂缝,从坝顶向下伸长7.5 m,缝宽5 mm。其左侧8 m处另有一长5 m的竖直裂缝。团结水库坝体裂缝见图3-28(a)。后经分析,坝体产生水平裂缝的原因主要是由于坝体纵剖面处宽度突然缩窄,造成应力集中,再加上用料质量差,致使坝体应力超过了砌体的抗剪强度所致,而竖缝则是水库放空时,在坝身回弹过程中被拉裂的。

对于这种严重的应力裂缝,采用了加厚坝体和填塞封闭裂缝的处理方法,如图3-28(b)所示。在原坝体上游面沿水平缝凿槽填塞混凝土,然后在上游面加筑混凝土防渗墙及浆砌条石加厚坝体,竖缝用高强度等级水泥砂浆填塞封闭。经过处理,增强了坝的整体性和抗渗能力,改善了坝体应力状态,处理后再没出现裂缝和漏水情况。

案例五　广西壮族自治区大江水库渗漏处理实例

一、水库基本概况

大江水库位于广西壮族自治区临桂县的漓江支流良丰河上游。工程于1978年8月建成蓄水。坝型为浆砌石重力坝,坝顶高程257 m,集雨面积60.22 km²,水库总库容4.16亿m³。

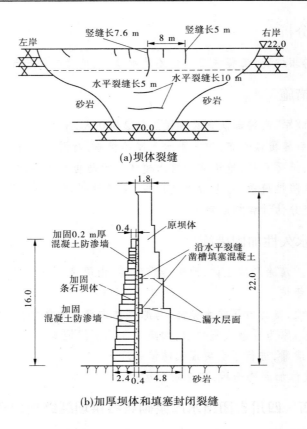

图 3-28 团结水库坝体裂缝处理示意图 （单位：m）

二、水库漏水情况

大坝于 1977 年关闸蓄水即发生渗漏，渗漏量逐年增大，1984 年观测，库水位在 252 m 时，渗漏量 1 140 L/s。经检查分析，漏水原因有以下几个。

（一）坝体漏水

施工时浆砌石的水泥浆液不饱满，孔洞多，空隙大，质量差。混凝土防渗截水墙设计厚 60 cm，但无伸缩缝，施工时每层高 1～1.5 m，没有用振捣器振实，出现蜂窝裂缝。迎水面出现裂缝 17 条，其中由坝顶到坝脚的有 2 条，最大缝宽 2 cm，因而形成渗水通道。库水位在正常水位时，坝后有漏水点 282 处。

（二）绕坝和接触渗漏

坝址由砂岩和泥岩组成，左右两坝肩基岩走向基本倾向下游，左岸强风化层厚达 2～5 m，右岸厚达 5～10 m，裂缝极为发育，岩石破碎，透水性强。左岸吸水率最大达 1.192 L/(min·m·m)，右岸吸水率最大达到 0.46～0.6 L/(min·m·m)，属严重漏水带。但筑坝前和坝建成后，没有进行处理，防渗齿墙没有伸至弱风化带，又没有进行帷幕灌浆处理，这是绕坝和接触渗漏的原因。

（三）坝基断层裂隙漏水

坝址有大小断层 19 条，其中与大坝关系密切的有 7 条，在施工时没有对这些断层进行认真处理，以致形成漏水通道。

三、漏水处理的方法及效果

大江水库在选用处理方法时，曾进行过方案比较，对处理坝体渗漏曾提出做混凝土心墙、混凝土面板和灌浆处理。但坝体是浆砌石，做混凝土防渗墙难以造槽孔，做混凝土面板要求水下作业，施工技术复杂，并受汛期洪水影响，最后选用灌浆方案，对坝基漏水处理采用帷幕灌浆方案。坝体和坝基灌浆同时进行。

灌浆时从坝顶施灌，布孔两排，排距 1.5 m，孔距 2 m，两排孔位成品字形，孔深伸入基岩相对不透水层，即吸水率小于 0.03 L/(min·m·m) 接触带，伸入接触面以下 5 m。断层裂缝部位伸入到 8~12 m。采取自上而下分段灌浆法，每段长一般为 2~4.5 m。灌浆压力：坝体为 0~588 kPa，接触带为 196~490 kPa，基岩为 588~980 kPa。

灌浆时，根据需要在浆液中加入掺料和速凝剂。坝体和接触带孔洞多，空隙大，加掺料以节省水泥用料和投资，掺料采用粉煤灰，用量为水泥的 15%~30%。在渗漏水流速较大的部位掺入速凝剂，以缩短浆液的凝结时间，速凝剂采用水玻璃和氯化钙，水玻璃为浆液的 35%~50%，氯化钙为水泥用量的 3%。

灌浆后，经过压水试验，证明灌浆效果达到了设计要求。吸水率，坝体为 $\omega < 0.05$ L/(min·m·m)，基础和接触带 $\omega < 0.05$ L/(min·m·m)，符合设计要求。灌浆前与灌浆后漏水比较，漏水量减少 96% 以上。

案例六 四川省黑龙滩浆砌条石重力坝病害处理实例

四川省眉山市仁寿县黑龙滩浆砌条石重力坝，于 1971 年建成，最大坝高 55 m，总库容 3.6 亿 m^3，为一大型的灌溉蓄水工程。由于设计考虑不周，勘测条件较差，加之施工质量控制不严，因此蓄水后出现了多方面的病害。

一、病害情况

黑龙滩重力坝的病害是多方面的，主要有以下几方面：

（1）坝体抗滑稳定性不够。施工时发现坝基内有黏土夹层，但未能全部清除，实际的摩擦系数远小于设计采用值 0.55。因此，大坝的抗滑稳定性不够，需加固处理。

（2）渗漏。坝体和坝基均有严重渗漏现象，坝内廊道多处漏水，当水库蓄水位较高时，右岸坝肩基岩也大面积渗水。据 1973 年 5 月观测，当库水位为 471 m 时，大坝渗漏水量为 96 L/min。

（3）裂缝。坝体有多处裂缝，有的为贯穿性裂缝。在廊道左岸出口下游坝面附近的一处裂缝，还有射水现象。

（4）廊道排水沟淤积。由排水带出大量钙质析出物，这些钙质析出物沿廊道排水沟沉积，每周沉积厚度可达 1 cm。

（5）部分排水孔被堵塞，造成坝体扬压力增大，增加了坝体的不稳定性。

二、处理方法及效果

根据病害情况,采用了坝身灌浆,坝基帷幕补强灌浆和加厚坝体的综合处理方案。由于放空水库存在实际困难,而且渗漏范围较大,故未采取上游面勾缝或做防渗面板的处理措施。

坝身灌浆采用坝顶钻孔灌浆方法,经过处理后,坝身裂缝多已闭合,渗漏情况也大为好转,渗漏范围大为减小,廊道内和下游坝坡已能基本上保持干燥状态。

帷幕灌浆时,排距 2 m,孔距 3 m,部分坝段孔距加密至 1.5 m。河床段深入基岩 40 m,两岸坝肩段深入基岩 25 ~ 30 m。帷幕补强后,坝基渗漏也明显减少。

通过坝身灌浆和帷幕灌浆后,1974 年初测得渗透流量已减少为 26 L/min,仅约为原渗透流量的 1/4。

坝体加厚,一方面通过地质勘测工作,确定黏土夹层的摩擦系数,另一方面根据库水位实际达到 480 m 时,认为原坝体处于极限平衡状态,求出摩擦系数,然后根据蓄水至 484 m,并保持一定的抗滑稳定系数的要求,求得须加宽坝体 13 m,整个加厚坝体如图 3-29 所示。核算结果,稳定系数满足要求。

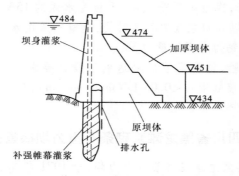

图 3-29　黑龙滩重力坝病害处理示意图

处理工作结束后,水库蓄水运用正常。

职业能力实训

实训一　基本知识训练

一、填空题

1. 对于用土石坝灌浆法处理裂缝,人们在实践中总结出了＿＿＿＿＿＿的浆料选择,＿＿＿＿＿＿的浆液浓度变换,＿＿＿＿＿＿的孔序布置,＿＿＿＿＿＿的灌浆压力,＿＿＿＿＿的灌浆次数等先进技术和经验。

2. 土石坝渗漏的危害有＿＿＿＿＿、＿＿＿＿＿、＿＿＿＿＿。

3. 土石坝渗漏处理的原则是＿＿＿＿＿和＿＿＿＿＿。

4. 劈裂灌浆的机制为＿＿＿＿＿过程、＿＿＿＿＿过程和＿＿＿＿＿过程。

5.土石坝滑坡类型按性质不同可分为＿＿＿＿、＿＿＿＿、＿＿＿＿＿＿＿＿,滑坡处理的原则是＿＿＿＿与＿＿＿＿。

6.增强重力坝抗滑稳定性的措施有＿＿＿＿、＿＿＿＿、＿＿＿＿、＿＿＿＿等。

7.混凝土坝的裂缝类型按成因分为＿＿＿＿、＿＿＿＿、＿＿＿＿和＿＿＿＿。

8.混凝土坝及浆砌石坝常用的裂缝表面处理方法有＿＿＿＿＿＿＿、＿＿＿＿＿＿、＿＿＿＿＿＿、＿＿＿＿＿＿。

9.观测资料的初步分析方法有＿＿＿＿、＿＿＿＿、＿＿＿＿、＿＿＿＿。

二、名词解释

1.横向裂缝
2.上堵下排
3.劈裂灌浆
4.高压定向喷射灌浆
5.滑坡

三、选择题(正确答案1~3个)

1.土石坝裂缝观测中,利用注水试验可有效的判断土坝的(　　)。
A.内部裂缝　　　　B.外部裂缝
C.弧形裂缝　　　　D.干缩裂缝

2.土坝产生滑坡的根本原因在于(　　)。
A.坝坡的陡缓程度　　　　B.坝体填土的性质、压实的程度
C.渗透水压力的大小　　　　D.滑动面上土体滑动力超过了抗滑力

3.土石坝裂缝中不宜采用灌浆方法处理的裂缝是(　　)。
A.纵向沉陷裂缝　　　　B.滑坡裂缝
C.内部裂缝　　　　D.干缩裂缝

4.土石坝滑坡前的征兆主要有(　　)。
A.风浪淘刷　　　　B.产生裂缝
C.岸坡崩塌　　　　D.变形异常

5.土石坝滑坡前的征兆主要有(　　)。
A.孔隙水压力异常　　　　B.风浪淘刷
C.岸坡崩塌　　　　D.浸润线、渗流量与库水位关系异常

6.混凝土坝及浆砌石坝的常见病害有(　　)。
A.裂缝及渗漏　　　　B.滑坡
C.抗滑稳定性不够　　　　D.剥蚀破坏

7.下面不属于混凝土坝和浆砌石坝常见病害的是(　　)。
A.抗滑稳定性不足　　　　B.裂缝及渗漏

C. 滑坡
D. 剥蚀破坏

8. 对于混凝土坝开度小于 0.3 mm 的裂缝,一般可采用的灌浆方法是(   )。

A. 劈裂灌浆
B. 帷幕灌浆

C. 化学灌浆
D. 水泥灌浆

四、简答题

1. 土石坝横向裂缝的特征及常见部位有哪些?

2. 土石坝纵向裂缝的特征及常见部位有哪些?

3. 土石坝坝身渗漏处理的方法有哪些?

4. 土石坝坝基渗漏处理的主要措施有哪些?

5. 土石坝滑坡处理的基本原则是什么? 主要处理措施有哪些?

6. 简述土石坝滑坡处理的注意事项。

7. 简述增强重力坝抗滑稳定性的措施。

8. 水泥灌浆处理混凝土坝裂缝的施工工艺及要求有哪些?

9. 水工建筑物观测资料整理分析工作包括哪些内容?

10. 水工建筑物资料分析有哪些方法?

五、论述题

1. 背景材料:山东省历城区卧虎山水库,大坝为壤土宽心墙土石混合坝,最大坝高29 m,坝长955 m,坝顶宽7 m。由于施工质量差、沉陷大,于1961年大坝发生一条长20 m 的横向裂缝;1963年坝体又发生11条纵向裂缝,总长达332.8 m;1969年又发生斜向裂缝3条,总长48 m,裂缝深度一般3 m左右,最大缝宽达30 mm。

结合以上材料,论述可供考虑选择的处理裂缝的三种适用方法(包括方法的名称、技术要求等)。

2. 背景材料:高压定向喷射灌浆法原叫"高压旋喷灌浆法"。从1977年开始,山东省水利科学研究所经过多年研究,与泰安市水利机械厂等单位合作,对高压旋喷灌浆技术进行改进,并研制组装了适合帷幕防渗要求的专用施工设备。由于这项技术的主要目的是用于防渗,故称之为"高压定向喷射灌浆防渗技术"。1982年至1983年,山东省莱芜市大冶水库和乔店水库用此法补做坝基防渗设施,效果良好,其造价仅相当于混凝土防渗墙的1/6 ~ 1/3。

结合以上材料,论述高压定向喷射灌浆法的概念、机制和特点。

3. 背景材料:山东省狼猫山水库位于济南市郊区小清河支流巨野河上,1959年11月动工兴建,先后经过四期扩建,坝顶高程192.5 m,最大坝高32.5 m。1991年8月29日8时发现下游坝肩出现平行于坝轴线的纵向裂缝,缝宽3 cm;11时裂缝宽度增加到5 ~ 11 cm;11时20分坝体下游坡开始滑坡,共有3段,沿坝体轴线方向滑坡总长271 m,占坝长的51.1%,滑坡斜面积2.3万 m^2,滑坡体最大坝高22.5 m,滑坡量约8万 m^3。经钻探勘察,滑坡为一完整的弧形滑体,深度约7 m。滑坡体上延至坝顶,下滑至170.0 m高程。

坝体下游坡滑坡的主要原因是下游坝坡陡、工程施工质量差及雨量大、持续时间长等。

结合以上材料,论述可供考虑选择的处理滑坡的三种适用方法(包括方法的名称、技术要求等)。

4.结合所学知识,论述土石坝坝基渗漏处理的常用方法及其适用条件。

5.结合所学知识,试分析水工建筑物观测资料整理工作的内容和可以采用的具体方法。

实训二 职业活动训练

1.组织学生实地查找并认识裂缝(如干缩裂缝、不均匀沉陷裂缝等)。

2.组织学生对一些土石坝渗漏的实例进行分析讨论。

3.组织学生对一些滑坡实例进行分析讨论。

4.结合实例,组织学生对混凝土坝及浆砌石坝的常见病害进行分析讨论。

5.组织学生对一些混凝土坝及浆砌石坝的裂缝实例进行分析讨论。

6.组织学生对一些混凝土坝及浆砌石坝的渗漏实例进行分析讨论。

7.组织学生观看录像片《长江三峡大坝工程》。

项目四　泄水建筑物的养护修理

【学习目标】

1. 能熟练操作运用闸门和启闭机。
2. 能掌握闸门和启闭机的养护修理。
3. 能掌握水闸和溢洪道的养护修理。
4. 能具备闸门运行工、水工防腐工、土石维修工、混凝土维修工等基本知识。

任务一　闸门、启闭机的操作运用和日常养护

一、闸门、启闭机的操作运用

(一)闸门启闭前的准备工作

1. 严格执行启闭制度

(1)管理机构对闸门的启闭,应严格按照控制运用计划及负责指挥运用的上级主管部门的指示执行。对上级主管部门的指示,管理机构应详细记录,并由技术负责人确定闸门的运用方式和启闭次序,按规定程序下达执行。

(2)操作人员接到启闭闸门的任务后,应迅速做好各项准备工作。

(3)当闸门的开度较大,其泄流或水位变化对上下游有危害或影响时,必须预先通知有关单位,做好准备,以免造成不必要的损失。

2. 认真进行检查工作

1)闸门的检查

(1)闸门的开度是否在原定位置。

(2)闸门的周围有无漂浮物卡阻,门体有无歪斜,门槽是否堵塞。

(3)冰冻地区,冬季启闭闸门前还应注意检查闸门的活动部分有无冻结现象。

2)启闭设备的检查

(1)启闭闸门的电源或动力有无故障。

(2)电动机是否正常,相序是否正确。

(3)机电安全保护设施、仪表是否完好。

(4)机电转动设备的润滑油是否充足,特别注意高速部位(如变速箱等)的油量是否符合规定要求。

(5)牵引设备是否正常,如钢丝绳有无锈蚀、断裂,螺杆等有无弯曲变形,吊点结合是否牢固。

(6)液压启闭机的油泵、阀、滤油器是否正常,油箱的油量是否充足,管道、油缸是否漏油。

3）其他方面的检查

（1）上下游有无船只、漂浮物或其他障碍物影响行水等情况。

（2）观测上下游水位、流量、流态。

（二）闸门的操作运用原则

（1）工作闸门可以在动水情况下启闭，船闸的工作闸门应在静水情况下启闭。

（2）检修闸门一般在静水情况下启闭。

（三）闸门的操作运用

1.工作闸门的操作

工作闸门在操作运用时，应注意以下几个问题：

（1）闸门在不同开启度情况下工作时，要注意闸门、闸身的振动和对下游的冲刷。

（2）闸门放水时，必须与下游水位、流量相适应，水跃应发生在消力池内，应根据闸下安全水位—流量关系图表和水位—闸门开度—流量关系图表，进行分次开启。

（3）不允许局部开启的工作闸门，不得中途停留使用。

2.多孔闸门的运行

（1）多孔闸门若能全部同时启闭，尽量全部同时启闭；若不能全部同时启闭，应由中间依次向两边对称开启或由两边向中间依次对称关闭。

（2）对上下双层孔口的闸门，应先开底层后开上层，关闭时顺序相反。

（3）多孔闸门下泄小流量时，只有当水跃能控制在消力池内时，才允许开启部分闸孔。开启部分闸孔时，也应尽量考虑对称开启。

（4）多孔闸门允许局部开启时，应先确定闸下分次允许增加的流量，然后确定闸门分次启闭的高度。

（四）启闭机的操作运用

1.电动及手、电两用卷扬式、螺杆式启闭机的操作

（1）电动启闭机的操作程序，凡有锁定装置的，应先打开锁定装置，后合电器开关。当闸门运行到预定位置后，及时断开电器开关，装好锁定装置，切断电源。

（2）人工操作手、电两用启闭机时，应先切断电源，合上离合器后，方能操作。如使用电动，应先取下摇柄，拉开离合器后，才能按电动操作程序进行。

2.液压启闭机操作

（1）打开有关阀门，并将换向阀扳至所需位置。

（2）打开锁定装置，合上电器开关，启动油泵。

（3）逐渐关闭回油控制阀升压，开始运行闸门。

（4）在运行中若需改变闸门运行方向，应先打开回油控制阀至极限，然后扳动换向阀换向。

（5）停机前，应先逐步打开回油阀，当闸门达到上、下极限位置，而压力再升时，应立即将回油控制阀升至极限位置。

（6）停机后，应将换向阀扳至停止位置，关闭所有阀门，装好锁定装置，切断电源。

（五）水闸操作运用应注意的事项

（1）在操作过程中，不论是遥控、集中控制或是显机旁控制，均应有专人在机旁和控

制室进行监护。

（2）启动后应注意：启闭机是否按要求的方向动作；电器、油压、机械设备的运用是否良好；开度指示器及各种仪表所示的位置是否准确；用两部启闭机控制一个闸门时是否同步启闭。当发现启闭力达到要求，而闸门仍固定不动或发生其他异常现象时，应立即停机检查处理，不得强行启闭。

（3）闸门应避免停留在容易发生振动的开度上。如闸门或启闭机发生不正常的振动、声响等，应立即停机检查。消除不正常现象后，再行启闭。

（4）使用卷扬式启闭机关闭闸门时，不得在无电的情况下，单独松开制动器降落闸门（设有离心装置的除外）。

（5）当开启闸门接近最大开度或关闭闸门接近闸底时，应注意闸门指示器或标志，应停机时要及时停机，以避免启闭机械损坏。

（6）在冰冻时期，如要开启闸门，应将闸门附近的冰破碎或融化后，再开启闸门。在解冻流冰时期泄水时，应将闸门全部提出水面，或控制小开度放水，以避免流冰撞击闸门。

（7）闸门启闭完毕，应校核闸门的开度。

水闸的操作是一项业务性较强的工作，要求操作人员必须熟悉业务，思想集中，在操作过程中，必须坚守工作岗位，严格按操作规程办事，避免各种事故的发生。

二、闸门、启闭机的日常养护

衡量闸门及启闭机养护工作的标准是：结构牢固、操作灵活、制动可靠、启闭自如、封水不漏和清洁无锈。下面介绍具体养护工作。

（一）闸门的日常养护

（1）要经常清理闸门上附着的水生物和杂草污物等，避免钢材腐蚀，保持闸门清洁美观，运用灵活。要经常清理门槽处的碎石、杂物，以防卡阻闸门，造成闸门开度不足或关闭不严。

（2）严禁水闸的超载运行。严禁在水闸上堆放重物，以防引起地基不均匀沉陷或闸身裂缝。

（3）门叶是闸门的主体，要求门叶不锈不漏。要注意发现门叶变形、杆件弯曲或断裂及气蚀等病害，发现问题应及时处理。

（4）支承行走装置是闸门升降时的主要活动和支承部件，支承行走装置常因维护不善而出现不正常现象，如滚轮锈死，由滚动摩擦变为滑动摩擦，压合胶木滑块变形，增大摩擦系数等。对支承行走装置的养护工作，除防止压合胶木滑块劈裂变形及表面保持一定光滑度外，主要是加强润滑和防锈。

（5）水封装置要保证不漏水，按一般使用要求，闸门全闭时，各种水封的漏水量不应超过下列标准：木水封，$1.0\ \mathrm{L/(s \cdot m)}$；木加橡皮水封，$0.3\ \mathrm{L/(s \cdot m)}$；橡皮水封，$0.1\ \mathrm{L/(s \cdot m)}$；金属水封（阀门上用），$0.1\ \mathrm{L/(s \cdot m)}$。

水封养护工作主要是及时清理缠绕在水封上的杂草、冰凌或其他障碍物，及时拧紧或更换松动锈蚀的螺栓，定期调整橡胶水封的预压缩量，使松紧适当；打磨或涂抹环氧树脂于水封座的粗糙表面，使之光滑平整。对橡皮水封要做好防老化措施，如涂防老化涂料；

木水封要做好防腐处理;金属水封要做好防锈蚀工作等。

（6）闸门工作时,往往由于水封漏水、开度不合理、波浪冲击、闸门底缘形式不好或门槽形式不适当等,均容易使闸门发生振动。振动过大,就容易使闸门结构遭受破坏。因此,在日常养护过程中,一旦发现闸门有异常振动现象,应及时检查,找出原因,采取相应处理措施。

（二）启闭机的日常养护

（1）启闭机的动力部分应保证有足够容量的电源,良好的供电质量;应保持电动机外壳上无灰尘污物,以利于散热;应经常检查接线盒压线螺栓是否松动、烧伤,要保证润滑油脂填满轴承空腔的 $1/2 \sim 2/3$,脏了要更换。

（2）电动机的主要操作设备如闸刀、开关等,应保持清洁、干净、触点良好,接线头连接可靠,电机的稳压、过载保护装置必须可靠。

（3）电动部分的各类指示仪表,应按有关规定进行检验,保证指示正确。

（4）启闭机的传动装置,润滑油料要充足,应及时更换变质润滑油和清洗加油设施。启闭机的制动器是启闭机的重要部件之一,要求动作灵活、制动准确,若发现闸门自动沉降,应立即对制动器进行彻底检查及修理。

（三）其他日常养护工作

（1）定期清理机房、机身、闸门井、操作室以及照明设施等,并要充分通风。

（2）拦污栅必须定期进行清污,特别是在水草和漂浮物多的河流上更应注意。在多泥沙河流上的闸门,为了防止门前大量淤积,影响闸门启闭,要定期排沙,并防止表面磨损。

（3）备用照明、通信、避雷设备等要经常保持完好状态。

三、水闸工程运行管理考核标准

根据《水利工程管理考核工作手册》,水闸工程运行管理考核标准,见表4-1。

表 4-1 水闸工程运行管理考核标准

项目	考核内容	标准分	赋分原则
管理细则	根据《水闸技术管理规程》(SL 75—94),结合工程具体情况,制订技术管理实施细则	30	未制订技术管理实施细则扣30分;虽制订技术管理实施细则,但未经上级主管部门批准扣10分
技术图表	水闸平、立、剖面图,电气主接线图,启闭机控制图,主要技术指标表,主要设备规格、检修情况表等齐全,并在适宜位置明示	30	每缺一项图表扣5分,未明示扣10分
经常检查	经常对建筑物各部位、设施和管理范围内的河道、堤防、拦河坝等进行检查。检查周期,每月不得少于一次	20	检查内容每缺一项扣2分,未按规定周期检查扣5分
定期检查	每年汛前、汛后或用水期前后,对水闸各部位及各项设施进行全面检查	20	未按规定进行定期检查扣10分,检查内容不全面每缺一项扣2分

续表 4-1

项目	考核内容	标准分	赋分原则
特别检查	当水闸遭受特大洪水、风暴潮、台风、强烈地震等和发生重大工程事故时,必须及时对工程进行特别检查	10	遇特别情况未及时进行检查扣10分
工程观测	按规定对水工建筑物进行垂直位移观测、渗透观测及河床变形观测,固定时间、人员、仪器;对资料进行整编分析;根据观测提出分析成果报告;观测设施完好率达90%以上	50	必测项目每缺一项扣10分;观测不符合规定每项次扣5分;资料整编不合格扣10分;无分析成果报告扣5分;设施完好率低于90%,每低5%扣2分
土工建筑物的养护修理	堤(坝)无雨淋沟、渗漏、裂缝等缺陷,岸、翼墙后填土区无跌落、塌陷,河床无严重冲刷和淤积	20	堤(坝)有缺陷扣5分,翼墙后填土区有跌落、塌陷扣5分,河床严重冲刷和淤积扣10分
石工建筑物的养护修理	砌石护坡、护底无松动、塌陷等缺陷;浆砌块石墙身无渗漏、倾斜或错动,墙基无冒水冒沙现象;防冲设施(防冲槽、海漫等)无冲刷破坏;反滤设施、减压井、导渗沟、排水设施等保持畅通	20	护坡、护底有缺陷扣5分,浆砌块石墙身有异常扣5分,防冲设施冲刷破坏扣5分,反滤设施、减压井、导渗沟、排水设施等堵塞扣5分
混凝土建筑物的养护修理	混凝土结构表面整洁,无脱壳、剥落、露筋、裂缝等现象,因地制宜地采取适当的保护措施及时修补;伸缩缝填料无流失	30	混凝土结构表面不整洁扣5分,剥落、露筋等每处扣2分,严重裂缝每处扣4分,伸缩缝填料流失扣5分,未采取保护措施及时修补扣10分
闸门养护修理	钢闸门表面无明显锈蚀;闸门止水装置密封可靠;闸门行走支承零部件无缺陷;钢门体的承载构件无变形;吊耳板、吊座、裂纹或严重锈损;运转部位的加油设施完好、畅通;寒冷地区的水闸,冰冻期间应因地制宜地对闸门采取有效的防冰冻措施	80	闸门出现严重锈蚀每扇扣 $10/n$ 分(n 为闸门总数),闸门漏水超规定每扇扣 $30/n$ 分,闸门行走支承有缺陷每扇扣 $10/n$ 分,承载构件变形每扇扣 $10/n$ 分,连接件损坏每扇扣 $10/n$ 分,加油设施损坏每扇扣 $10/n$ 分,冰冻期间未对闸门采取防冰冻措施扣5分
启闭机养护修理	A. 卷扬启闭机:防护罩、机体表面保持清洁;启闭机的连接件保持紧固;传动件的传动部位保持润滑;限位装置灵活可靠;滑动轴承的轴瓦、轴颈无划痕或拉毛,轴与轴瓦配合间隙符合规定;滚动轴承的滚子及其配件无损伤、变形或严重磨损;制动装置动作灵活、制动可靠;钢丝绳经常涂抹防水油脂,定期清洗保养	80	每台启闭机存在一项次缺陷扣 $10/n$ 分(n 为启闭机总台数)

续表 4-1

项目	考核内容	标准分	赋分原则
启闭机养护修理	B. 液压启闭机:油泵、油管系统无渗油现象,供油管和排油管保持色标清晰,敷设牢固;活塞杆无锈蚀、划痕、毛刺;活塞环、油封无断裂、失去弹性、变形或严重磨损;阀组动作灵活可靠;指示仪表指示正确并定期检验;贮油箱无漏油现象;工作油液定期化验、过滤,油质和油箱内油量符合规定	80	油泵、油管系统渗油扣5分,供油管和排油管色标不清晰扣2分,敷设不牢固扣5分,油缸漏油每个扣2分,阀组动作失灵每个扣10分,仪表指示失灵每表扣1分,贮油箱漏油扣5分,油质不合格扣10分
机电设备及防雷设施的维护	电动机的外壳保持无尘、无污、无锈,接线盒应防潮,压线螺栓无松动,轴承润滑良好,无松动、磨损,绕组的绝缘电阻值应定期检测;开关箱应经常保持箱内整洁;设置在露天的开关箱应防雨、防潮;各种开关、继电保护装置保持干净,触点良好,接头牢固;主令控制器及限位装置保持定位准确可靠;各种电力线路、电缆线路、照明线路均应防止漏电、短路、断路、虚连等现象,经常清除架空线路上的树障,保持线路畅通,定期测量导线绝缘电阻值;指示仪表及避雷器等均应按供电部门有关规定定期检验;自备电源的柴(汽)油发电机按有关规定定期维护、检修;变压器运行符合有关规定	40	每台电动机出现每项次缺陷扣5/n分(n为相应设备的总台数);开关箱、开关、继电保护装置每台套每项次缺陷扣10/n分;主令开关及限位开关失灵每个扣10分;线路存在隐患扣5分;仪表及避雷器等未按有关规定检验扣5分;自备电源未按有关规定定期维护、检修扣5分;变压器运行不符合规定扣5分
管理现代化	建立管理现代化发展规划和实施计划;积极采取新技术、新材料、新工艺,积极探索管理创新,增加管理工作科技含量;加强自动监测系统建设,积极推进管理现代化、信息化建设	40	无发展规划和实施计划扣10分;未应用或推广新技术扣10分;无自动监测系统扣10分;未实现计算机自动化控制扣10分
控制运用	制订控制运用计划或调度方案,按水闸控制运用计划或上级主管部门的指令组织实施,按照水闸操作规程运行	30	无控制运用计划或调度方案扣20分,未按计划或指令实施水闸控制运用每次扣10分,违反操作规程每次扣10分

任务二 水闸的养护修理

一、水闸的检查养护

(一)水闸的检查

水闸检查工作,应包括经常检查、定期检查、特别检查和安全鉴定。

经常检查：水闸管理单位应经常对建筑物各部位、闸门、启闭机、机电设备、通信设施、管理范围内的河道、堤防、拦河坝和水流形态等进行检查。检查周期，每月不得少于一次。当水闸遭受不利因素影响时，对容易发生问题的部位应加强检查观察。

定期检查：每年汛前、汛后或用水期前后，应对水闸各部位及各项设施进行全面检查。汛前着重检查岁修工程完成情况，度汛存在问题及措施；汛后着重检查工程变化和损坏情况，据以制订岁修工程计划。冰冻期间，还应检查防冻措施的落实及其效果等。

特别检查：当水闸遭受特大洪水、风暴潮、强烈地震和发生重大工程事故时，必须及时对工程进行特别检查。

安全鉴定：水闸投入运用后，每隔 15～20 年应进行一次全面的安全鉴定；当工程达折旧年限时，亦应进行一次安全鉴定；对存在安全问题的单项工程和易受腐蚀损坏的结构设备，应根据情况适时进行安全鉴定。

（二）水闸的日常养护

水闸的日常养护工作应包括以下内容：

（1）土工建筑物有无雨淋沟、塌陷、裂缝、渗漏、滑坡和白蚁、害兽等，排水系统、导渗及减压设施有无损坏、堵塞、失效，堤闸连接段有无渗漏等迹象。

（2）石工建筑物块石护坡有无塌陷、松动、隆起、底部淘空、垫层散失，墩、墙有无倾斜、滑动、勾缝脱落，排水设施有无堵塞、损坏等现象。

（3）混凝土建筑物（含钢丝网水泥板）有无裂缝、腐蚀、磨损、剥蚀、露筋（网）及钢筋锈蚀等情况，伸缩缝止水有无损坏、漏水及填充物流失等情况。

（4）水下工程有无冲刷破坏，消力池、门槽内有无砂石堆积，伸缩缝止水有无损坏，门槽、门坎的预埋件有无损坏，上、下游引河有无淤积、冲刷等情况。

（5）闸门有无表面涂层剥落、门体变形、锈蚀、焊缝开裂或螺栓、铆钉松动，支承行走机构是否运转灵活，止水装置是否完好等。

（6）启闭机械是否运转灵活、制动准确，有无腐蚀和异常声响；钢丝绳有无断丝、磨损、锈蚀、接头不牢、变形；零部件有无缺损、裂纹、磨损及螺杆有无弯曲变形；油路是否通畅，油量、油质是否合乎规定要求等。

（7）机电设备及防雷设施的设备、线路是否正常，接头是否牢固，安全保护装置是否动作准确可靠，指示仪表是否指示正确、接地可靠，绝缘电阻值是否合乎规定，防雷设施是否安全可靠，备用电源是否完好可靠。

（8）水流形态应注意观察水流是否平顺，水跃是否发生在消力池内，有无折冲水流、回流、旋涡等不良流态；引河水质有无污染。

对于水闸的损坏，首先应找出损坏产生的原因，采取措施改变引起损坏的条件，然后对损坏部位进行修复。

二、水闸的裂缝与修理

（一）闸底板和胸墙的裂缝与修理

闸底板和胸墙的刚度比较小，适应地基变形的能力较差，因此很容易由于地基不均匀沉陷而引起裂缝。另外,混凝土强度不足、温差过大或施工质量差等也容易引起闸底板和胸墙裂缝。

由于地基不均匀沉陷产生的裂缝,在裂缝修补前,首先应采取稳定地基的措施。稳定地基的一种方法是卸载,如将墙后填土的边墩改为空箱结构,或拆除增设的交通桥等,此法适用于有条件进行卸载的水闸;另一种方法是加固地基,常用的方法是对地基进行补强灌浆,提高地基的承载能力。对于因混凝土强度不足或因施工质量而产生的裂缝,主要应对结构进行补强处理。

(二)翼墙和浆砌块石护坡的裂缝与修理

地基不均匀沉陷和墙后排水设备失效是产生翼墙裂缝的两个主要原因。由于地基不均匀沉陷而产生的裂缝,首先应通过减荷稳定地基,然后对裂缝进行修补处理;因墙后排水设备失效而产生,应先修复排水设施,再修补裂缝。浆砌石护坡裂缝常常是由于填土不实造成的,严重时应进行翻修。

(三)护坦的裂缝与修理

护坦的裂缝产生的原因有:地基不均匀沉陷、温度应力过大和底部排水失效等。因地基不均匀沉陷而产生的裂缝,可待地基稳定后,在缝上设止水,将裂缝改为沉陷缝。因温度应力过大产生的裂缝可采取补强措施进行修补。因底部排水失效产生的裂缝,应先修复排水设备。

(四)闸墩及工作桥的裂缝与修理

我国早期建成的许多闸墩及工作桥,发现许多细小裂缝,严重老化剥离。其主要原因是混凝土的碳化。混凝土的碳化是指空气中的二氧化碳与水泥中氢氧化钙作用生成碳酸钙和水,使混凝土的碱度降低,钢筋表面的氢氧化钙保护膜破坏而开始生锈,混凝土膨胀形成裂缝。

闸墩及工作桥的裂缝应对锈蚀钢筋除锈,锈蚀面积大的加设新筋,采用预缩砂浆并掺入阻锈剂进行加固。混凝土的碳化,不仅在水闸中存在,在其他类型混凝土中同样存在。碳化的原因是多方面的,提高混凝土抗碳化的能力的措施,尚待不断完善。

(五)钢筋混凝上的顺筋裂缝与修理

钢筋混凝土的顺筋裂缝是沿海地区挡潮闸普遍存在的一种病害现象。裂缝的发展可使混凝土脱落、钢筋锈蚀,使结构强度过早地丧失。顺筋裂缝产生的原因是海水渗入混凝土后,降低了混凝土碱度,使钢筋表面的氧化膜遭到破坏,结果导致海水直接接触钢筋而产生电化学反应,使钢筋锈蚀,锈蚀引起的体积膨胀致使混凝土顺筋开裂。

顺筋裂缝的修补,其施工过程为:沿缝凿除保护层,再将钢筋周围的混凝土凿除2cm;对钢筋彻底除锈并清洗干净;在钢筋表面涂上一层环氧基液,在混凝土修补面上涂一层环氧胶,再填筑修补材料。

顺筋裂缝的修补材料应具有抗硫酸盐、抗碳化、抗渗、抗冲、强度高、凝结力大等特性。目前常用的有铁铝酸盐早强水泥砂浆及混凝土、抗硫酸盐水泥砂浆及细石混凝土、聚合物水泥砂浆及混凝土和树脂砂浆及混凝土等。

三、消能防冲设施的破坏及处理

(一)护坦和海漫的冲刷破坏及处理

护坦和海漫常因单宽流量大而发生冲刷破坏。对护坦因抗冲能力差而引起的冲刷破坏,可进行局部补强处理,必要时可增设一层钢筋混凝土防护层,以提高护坦的抗冲能力。为防止因海漫破坏引起护坦基础被淘空,可在护坦末端增设一道钢筋混凝土防冲齿墙。

对于岩基水闸,在护坦末端设置鼻坎,将水流挑至远处河床,以保证护坦的安全。

对软基水闸,在护坦的末端设置尾槛可减小出池水流的底部流速,可减轻水流对海漫的冲刷;降低海漫出口高程、增大过水断面可保护海漫基础不被淘空及减小水流对海漫的冲刷。

近年来,土工织物作为防冲保护和排水反滤的一种新型材料,已在闸坝等水利工程中得到了越来越广泛的应用。其优点如下:具有抗拉强度高,整体连续性好;质量轻、抗腐、不霉变、储运方便;质地柔软,具有排水、防冲、加筋土体等功能;施工简便、速度快、施工质量容易控制;工程抗老化、造价低等。土工织物是高分子材料经聚合加工而成的,目前应用较多的有涤纶、锦纶、丙纶等。由于合成类型、制造方法不同,织物在力学和水力性质方面有很大的差异。根据制造方法,目前土工织物可分为纺织型和非纺织型两种。

(二)下游河道及岸坡的破坏及修理

水闸下游河道及岸坡的冲刷原因较多,当下游水深不够,水跃不能发生在消力池内时,会引起河床的冲刷;上游河道的流态不良使过闸水流的主流偏向一边,引起岸坡冲刷,水闸下游翼墙扩散角设计不当产生折冲水流也容易引起河道及岸坡的冲刷。河床的冲刷破坏处理可采用与海漫冲刷破坏大致相同的处理方法。河岸冲刷的处理方法应根据冲刷产生的原因来确定,可在过闸水流的主流偏向的一边修导水墙或丁坝,亦可通过改善翼墙扩散角以及加强运用管理等来处理河岸冲刷问题。

四、气蚀及磨损的处理

气蚀是气穴和空蚀的总称。当高速水流流经建筑物不平整的边界时,水把不平整处的空气带走,产生负压区,当压力降低至相应水温的汽化压力以下时,水分子发生汽化,形成小气泡,这种现象称为气穴现象。小气泡随水流流向下游正压区,气泡受压破裂,如果破裂过程发生在靠近建筑物表面的地方,则建筑物表面将受到气泡破裂的巨大冲击作用,建筑物表面就会遭到破坏,这种现象称为空蚀现象。

气蚀现象一般发生在建筑物边界形状突变、水流流线与边界分离的部位。水闸产生气蚀的部位一般在闸门周围、消力槛、翼墙突变等部位,这些部位往往由于水流脱离边界产生过低负压区而产生气蚀。对气蚀的处理可采取改善边界轮廓、对低压区通气、修补破坏部位等措施。

多推移质河流上的水闸,磨损现象也较普遍。对因设计不周而引起的闸底板、护坦的磨损,可通过改善结构布置来减免。对难以改变磨损条件的部位,可采用抗蚀性能好的材料进行护面修补。

五、闸门的防腐处理

(一)钢闸门的防腐处理

钢闸门常在水中或干湿交替的环境中工作,极易发生腐蚀,加速其破坏,引起事故。为了延长钢闸门的使用年限,保证安全运用,必须经常地予以保护。

钢铁的腐蚀一般分为化学腐蚀和电化学腐蚀两类。钢铁与氧气或非电解质溶液作用而发生的腐蚀,称为化学腐蚀;钢铁与水或电解质溶液接触形成微小腐蚀电池而引起的腐蚀,称为电化学腐蚀。钢闸门的腐蚀多属电化学腐蚀。

钢闸门防腐蚀措施主要有两种:一种是在钢闸门表面涂上覆盖层,借以把钢材母体与氧或电解质隔离,以免产生化学腐蚀或电化学腐蚀;另一种是设法供给适当的保护电能,使钢结构表面积聚足够的电子,成为一个整体阴极而得到保护,即电化学保护。

钢闸门不管采用哪种防腐措施,在具体实施过程中,首先都必须进行表面的处理。表面处理就是清除钢闸门表面的氧化皮、铁锈、焊渣、油污、旧漆及其他污物。经过处理的钢闸门要求表面无油脂、无污物、无灰尘、无锈蚀、表面干燥、无失效的旧漆等。目前,钢闸门表面处理方法有人工处理、火焰处理、化学处理和喷砂处理等。

人工处理就是靠人工铲除锈和旧漆,此法工艺简单,无须大型设备,但劳动强度大、工效低、质量较差。

火焰处理就是对旧漆和油脂有机物,借燃烧使之碳化而清除。对氧化皮是利用加热后金属母体与氧化皮及铁锈间的热膨胀系数不同而使氧化皮崩裂、铁锈脱落。处理用的燃料一般为氧－乙炔焰。此种方法,设备简单,清理费用较低,质量比人工处理好。

化学处理是利用碱液或有机溶剂与旧漆层发生反应来除漆,利用无机酸与钢铁的锈蚀产物进行化学反应清理铁锈。除旧漆可利用纯碱石灰溶液(纯碱∶生石灰∶水＝1∶1.5∶1.0)或其他有机脱漆剂。除锈可用无机酸与添加料配制的除锈药膏。化学处理,劳动强度低,工效较高,质量较好。

喷砂处理方法较多,常见的干喷砂除锈除漆法是用压缩空气驱动砂粒通过专用的喷嘴以较高的速度冲到金属表面,依靠砂粒的冲击和摩擦来除锈、除漆。此种方法工效高、质量好,但工艺较复杂,需专用设备。

1. 涂料保护

过去的涂料均以植物油和天然漆为基本原料制成,故称为“油漆”。目前,已大部或全部为人工合成树脂和有机溶剂所代替,故称为“涂料”较为恰当,但习惯上仍称为油漆。涂料可分为底漆和面漆两种,二者相辅相成。底漆主要起防锈作用,应有良好的附着力,漆膜封闭性强,使水和氧气不易渗入。面漆主要是保护底漆,并有一定的装饰作用,应具有良好的耐蚀、耐水、耐油、耐污等性能。同时还应考虑涂料与被覆材料的适应性,注意产品的配套性,包括涂料与被覆材料表面配套、涂料层间配套、涂料与施工方法配套、涂料与辅助材料(稀释剂、固化剂、催干剂等)配套。总之,只有根据实际情况,选择适宜的涂料,提高施工质量,才能保证防腐效果,如有些钢闸门由于涂料选择不当,经防腐处理后,有效保护期仅 1～2 年,即须重新处理。几种常用的防腐涂料特性见表4-2。

表 4-2　几种常用的防腐涂料特性

序号	涂料名称	主要组成	类别	表面处理要求	特性	适用 海水	适用 淡水	适用 大气
1	环氧富锌漆	环氧树脂、聚氨酯、锌粉	底漆	较高	防锈、耐久、耐油、耐化学药品性能好,物理机械性能好,能起电化学保护作用	√	√	√
2	聚氨酯铁红底漆		底漆	高	附着力强、耐水、耐蚀,与各种面漆配套效果好	√	√	√
3	红丹环氧清漆	环氧树脂、丁醇、甲苯	底漆	一般	附着力强、耐水、耐化学腐蚀、耐溶	√	√	
4	氯黄化聚乙烯橡胶液	合成橡胶及其衍生物	底、面漆	高	附着力强、耐水、耐油、耐磨、耐化学药品性能好,机械性能好,对光不够稳定	√	√	√
5	聚氨酯焦油沥青漆	4-甲苯二异氰酸酯、三甲基丙烷	面漆		附着力强、耐油、封闭性好、耐蚀、耐老化性好	√	√	√
6	氯化橡胶漆	天然橡胶及其衍生物	底、面漆	较高	耐水、耐油、耐化学药品、耐溶性差,对光不够稳定	√	√	√
7	环氧焦油沥青漆		面漆		附着力强、耐水、耐潮,对日光不够稳定	√	√	
8	环氧沥青清漆	环氧树脂、煤油沥青	面漆		附着力强、耐水、封闭性好、耐化学腐蚀强、机械性能好、对光不够稳定、易粉化、龟裂	√	√	

　　涂料保护一般施工方法有刷涂和喷涂两种。刷涂是用漆刷将油漆涂刷到钢闸门表面。此种方法工具设备简单,适宜于构造复杂、位置狭小的工作面。喷涂是利用压缩空气将漆料通过喷嘴喷成雾状而覆盖于金属表面上,形成保护层。喷涂工艺优点是工效高、喷漆均匀、施工方便。特别适合于大面积施工。喷涂施工需具备喷枪、贮漆罐、空压机、滤清器、皮管等设备。涂料一般应涂刷 3~4 遍,涂料保护的时间一般为 10~15 年。

　　2.喷镀保护

　　喷镀保护是在钢闸门上喷镀一层锌、铝等活泼金属,使钢铁与外界隔离从而得到保护,同时还起到牺牲阳极(锌、铝)保护阴极(钢闸门)的作用。喷镀有电喷镀和气喷镀两种。水工上常采用气喷镀。气喷镀所需设备主要有压缩空气系统、乙炔系统、喷射系统等。常用的金属材料有锌丝和铝丝,一般采用锌丝。气喷镀的工作原理是:金属丝经过喷枪传动装置以适宜的速度通过喷嘴,由乙炔系统热熔后,借压缩空气的作用,把雾化呈半熔融状态的微粒喷射到部件表面,形成一层金属保护层。

　　3.外加电流阴极保护与涂料保护相结合

　　将钢闸门与另一辅助电极(如废旧钢铁等)作为电解池的两个极,以辅助电极为阳极、钢闸门为阴极,在两者之间接上一个直流电源,通过水形成回路,在电流作用下,阳极的辅助材料发生氧化反应而被消耗,阴极发生还原反应得到保护,如图 4-1 所示。当系统通电后,阴极表面就开始得到电源送来的电子,其中除一部分被水中还原物质吸收外,大部分将积聚在阴极表面上,使阴极表面电位越来越负。电位越负,保护效率就越高。当钢闸门在水中的表面电位达到 -850 mV 时,钢闸门基本能不锈,这个电位值被称为最小保护电位。在钢闸门上采用外加电流阴极保护时,需消耗大量保护电流。为了节约用电,可采用与涂料一并使用的联合保护措施。

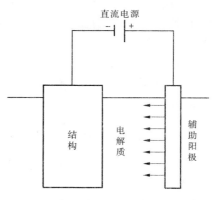

图 4-1　外加电流阴极保护示意图

(二)钢丝网水泥闸门的防腐处理

钢丝网水泥是一种新型水工结构材料,它由若干层重叠的钢丝网、浇筑高强度等级水泥砂浆而成。它具有质量轻、造价低、便于预制、弹性好、强度高、抗振性能好等优点。完好无损的钢丝网水泥结构,其钢丝网与钢筋被氢氧化钙等碱性物质包围着,钢丝与钢筋在氢氧化钙碱性作用下生成氢氧化铁保护膜保护钢丝网、钢筋,防止了网筋的锈蚀。因此,对钢丝网水泥闸门必须使砂浆保护层完整无损。要达到这个要求,一般采用涂料保护。

钢丝网水泥闸门在涂防腐涂料前也必须进行表面处理,一般可采用酸洗处理,使砂浆表面达到洁净、干燥、轻度毛糙。常用的防腐涂料有环氧材料、聚苯乙烯、氯丁橡胶沥青漆及生漆等。为保证涂抹质量,一般需涂 2~3 层。

任务三　溢洪道的养护修理

一、溢洪道的检查养护

溢洪道的安全泄洪是确保水库安全的关键。对大多数水库的溢洪道,泄水机会并不多,宣泄大流量的机会则更少,有的几年或十几年才遇上一次。但由于大洪水出现的随机性,溢洪道得做好每年过大洪水的准备,这就要求我们把工作的重点放在日常检查养护上,保证溢洪道能正常工作。

(1)检查水库的集水面积、库容、地形地质条件和水、沙量等规划设计基本资料,按设计要求的防洪标准,验算溢洪道的过流尺寸。当过流尺寸不满足要求时,应采取各种措施予以解决。

(2)检查开挖断面尺寸,检查溢洪道的宽度和深度是否已经达到设计标准;观测汛期过水时是否达到设计的过水能力,每年汛后检查观测各组成部分有无淤积或坍塌堵塞现象;还应注意检查拦鱼栅和交通桥等建筑物对溢洪道过水能力的影响等。通过检查,发现问题应及时采取措施。

(3)应经常检查溢洪道建筑物结构完好情况,要检查溢洪道的闸墩、底板、胸墙、消力池等结构有无裂缝和渗水现象,陡坡段底板有无被冲刷、淘空、气蚀等现象,发现问题应及时采取措施进行处理。

（4）应注意检查溢洪道消能效果。溢洪道消能效果的好坏,关系到工程的安全。消力池消能应注意观察水跃产生情况。鼻坎挑流要注意观察水流是否冲刷坝脚,冲坑深度是否继续扩大。

（5）做好控制闸门的日常养护,确保闸门正常工作。

（6）严禁在溢洪道周围爆破、取土、修建无关建筑。注意清除溢洪道周围的漂浮物,禁止在溢洪道上堆放重物。

二、溢洪道的损坏及修理

着重讲述溢洪道因高速水流引起的损坏及修理,对于其他的损坏,可根据损坏的原因,采用本项目所讲的有关措施和方法加以处理。

（一）溢洪道裂缝的处理

溢洪道的闸墩、边墙、堰体、底板、消能工等,一般均由混凝土或浆砌块石建成,裂缝也是这些结构物上经常出现的现象。裂缝产生的原因,主要还是温差过大、地基沉陷不均以及材料强度不够等。位于岩基上的结构物,裂缝多由温度应力引起;位于土基上的结构物,裂缝多因沉陷不均所致。

裂缝从方向上可分为垂直于溢洪道堰轴线的横缝,平行于堰轴线的水平缝或纵缝,与堰轴线斜交的斜缝和无一定方向的纵横交错的龟裂缝等。

裂缝产生后,可能造成两种后果:一种是建筑物的整体性和密实性受到一定程度的破坏,但还不渗水;另一种是整体性破坏,而且渗水。前者修理时主要在于恢复其整体性,而后者除要求恢复其整体性以外,还应同时解决渗漏问题。因此,修理裂缝的方法基本上可分为恢复整体性、结构补强和防渗、堵漏几个方面。

（1）缝宽在 0.1 mm 以下表面无渗水的龟裂缝,不影响混凝土结构强度的,可不加修理。但对处于高流速下比较密集的龟裂缝,宜用环氧砂浆进行表面涂抹,以增强其抗冲耐蚀能力。

（2）缝宽在 0.1 mm 以上的无渗水裂缝,当不影响结构强度时,为防止钢筋锈蚀,可采用表面胶泥粘补的方法。

（3）有小量渗水,但不影响结构强度的少数裂缝,可采用凿槽嵌补和喷浆等方法。

（4）数量较多,分布面积较广的细微裂缝,当不影响结构强度时,可采用水泥砂浆抹面,浇筑混凝土隔水层、沥青混凝土防水层或表面喷浆等方法。

（5）渗漏较大,但对结构强度无影响的裂缝,可在渗水出口面凿槽,把漏水集中导流后,再嵌补水泥砂浆或其他材料;如渗漏量较大,最好在渗水进口面粘补胶泥或其他材料。也可凿槽嵌补环氧焦油砂浆或酮亚环氧砂浆等材料,或采用钻孔灌浆堵漏的方法。

（6）开裂的伸缩缝,要区分有无渗漏两种情况。不渗水的可采用凿槽嵌补的方法;有渗水的则要加止水片,然后封补。

（7）沉陷缝应首先加固基础（例如采用灌浆的方法）,然后堵塞裂缝,必要时可辅以其他措施以增强结构的整体性。恢复或增强结构整体性的方法有浇筑新混凝土或新钢筋混凝土、灌水泥浆或水泥砂浆、喷水泥浆或水泥砂浆、钢板衬护、钢筋锚固或预应力锚索加固等。

（二）动水压力引起的底板掀起及修理

溢洪道的泄槽段的高速水流,不仅冲击泄槽段的边墙,造成边墙冲毁,威胁溢洪道本身的安全,而且由于泄槽道内流速大,流态混乱,再加上底板表面不平整,有缝隙,缝中进入动水,使底板下浮托力过大而掀起破坏。

（三）弯道水流的影响及处理

有些溢洪道因地形条件的限制,泄槽段陡坡建在弯道上,高速水流进入弯道,水流因受到惯性力和离心力的作用,互相折冲撞击,形成冲击波,使弯道外侧水位明显高于内侧,形成横向高差,弯道半径 R 愈小、流速愈大,则横向水面坡降也愈大。有的工程由此产生水流漫过外侧翼墙顶,使墙背填料冲刷、翼墙向外倾倒,甚至出现更为严重的事故。

减小弯道水流影响的措施一般有两种:一种是将弯道外侧的渠底抬高,造成一个横向坡度,使水体产生横向的重力分力,与弯道水流的离心力相平衡,从而减小边墙对水流的影响;另一种是在进弯道时设置分流隔墩,使集中的水面横比降由隔墩分散,如图4-2所示。

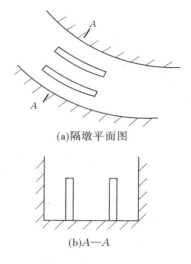

(a)隔墩平面图

(b)A—A

图4-2　弯道隔水墙布置示意图

（四）地基土淘空破坏及处理

当泄槽底板下为软基时,由于底板接缝处地基土被高速水流引起的负压吸空,或者板下排水管周围的反滤层失效,土壤颗粒随水流经排水管排出,均容易造成地基被淘空、底板开裂等破坏。对此种破坏的处理,前者应做好接缝处反滤,并增设止水,后者应对排水管周围的反滤层重新翻修。

（五）排水系统失效的处理

泄槽段底板下设置排水系统是消除浮托力、渗透压力的有效措施。排水系统能否正常工作,在很大程度上决定底板是否安全可靠。山西省漳泽水库,溢洪道净宽40 m,设计泄量为1 055 m^3/s,溢洪道全长314 m,混凝土底板厚度为0.2~1.0 m,底板建于土基上,排水系统为板下式排水管网,1975年7月18日溢洪道第一次过水,由于地下排水管路被堵,当流量达到60 m^3/s时,底板1块被冲走,4块断裂。排水系统失效一般需翻修重做。

（六）泄槽底板下滑的处理

泄槽底板可能因摩擦系数小、底板下扬压力大、底板自重轻等原因,在高速水流作用下向下滑动。为防止土基上底板下滑,可在每块底板端做一段横向齿墙,齿墙深度为0.4~0.5 m,若底板自重不够,可在板下设置钢筋混凝土桩,即在底板上钻孔,并深入地基1~2 m,然后浇筑钢筋混凝土成桩,并使桩顶与底板连接。岩基上的地板,自重较轻,可用锚筋加固。锚筋可用20 mm以上的粗钢筋,埋入深度1~2 m,上端应很好地嵌固在底板内。

（七）气蚀的处理

泄槽段气蚀的产生主要是边界条件不良所致,如底板、翼墙表面不平整,弯道不符合流线形状,底板纵坡由缓变陡处理不合理等均容易产生气蚀。对气蚀的处理,一方面可通

过改善边界条件,尽量防止气蚀产生;另一方面需对产生气蚀的部位进行修补。

(八)消力池冲毁的处理

大中型水库枢纽中的溢洪道多采用底流和挑流两种消能形式,在工程运用中,消能设施破坏的主要原因有:①底流消能时,消力池尺寸过小,不满足水跃消能的要求;护坦的厚度过于单薄,底部反滤层不符合要求;平面形状布置不合理,扩散角偏大造成两侧回流,压迫主流而形成水流折冲现象;消力池上游泄水槽采用弯道,进入消力池单宽流量沿进口宽分布不均,水流紊乱、气蚀等;施工质量差、强度不足,结构不合理,维护不及时等。②挑流消能时,挑距达不到设计要求,冲坑危及挑坎和防冲墙;反弧及挑坎磨损、气蚀,使其表面高低不平而不能正常运用;采用差动式挑流鼻坎时,在高坎的侧壁易产生气蚀破坏;挑坎上过水流量较小,易产生贴壁流,直接淘刷防冲墙的基础,并且挑出的水流向两侧扩散,冲刷两岸岸坡;设计不合理、地质条件差、施工质量低、强度不足及维护不及时等。

消力池冲毁处理可采取改造消力池、选择合适的挑射角、增设尾坎或陡坡、跌水辅助消能等措施。

许多管理单位总结了工程运用中的经验教训,把在高速水流下保证底板结构安全的措施归结为四个方面,即"封、排、压、光"。"封"要求截断渗流,用防渗帷幕、齿墙、止水等防渗措施隔离渗流;"排"要做好排水系统,将未截住的渗流妥善排出;"压"利用底板自重压住浮托力和脉动压力,使其不漂起;"光"要求底板表面光滑平整,彻底清除施工时残留的钢筋头等不平整因素。以上四个方面是相辅相成、互相配合的。

三、加大溢洪道泄洪能力的措施

(一)溢洪道泄洪能力不足的原因

溢洪道泄洪能力不足,是导致许多水库垮坝的一个重要原因。根据1979年编制的《全国水库垮坝登记册》的资料统计,在垮坝的总数中,漫坝占51.5%,其中因泄洪能力不足,漫坝失事的占42%。溢洪道泄洪能力不足的主要原因如下:

(1)原始资料不可靠。有的水库集雨面积的计算值远小于实际来水面积;有的水库降雨资料不准,与实际不符;有的水库容积关系曲线不对,实际的库容比设计的小等。

(2)水库的设计防洪标准偏低,设计洪水偏小。

(3)溢洪道开挖断面不足,未达到设计要求的宽度和高程等。

(4)溢洪道控制段前淤积及设置拦鱼设施等碍洪设施。

(5)在计算中未考虑溢洪道控制段前较长引水渠的水头损失。

(二)加大溢洪道泄洪能力的措施

溢洪道的泄洪能力主要取决于控制段。因溢洪道控制段的大多水流是堰流,因此可用以下的堰流公式分析溢洪道的泄洪能力:

$$Q = \varepsilon m B \sqrt{2g} H^{3/2} \tag{4-1}$$

式中:H 为堰顶水头,m;B 为堰顶宽度,m;m 为流量系数;ε 为侧收缩系数;g 为重力加速度,$g = 9.8$ m/s^2;Q 为泄洪流量,m^3/s。

由式(4-1)可知,要加大溢洪道泄洪能力,可采取以下措施:

（1）加高大坝。通过加高大坝，抬高上游库水位，增大堰顶水头。这种措施应以满足大坝本身安全和经济合理为前提。

（2）改建和增设溢洪道。通过改建溢洪道可增大溢洪道的泄洪能力，具体措施如下：

①降低溢洪道底板高程。这种方法会降低水库效益。但若降低溢洪道底板高程不多就能满足泄洪能力，在降低的高度上设置闸，在洪水来临前将闸门移走，保证泄洪，洪水后期，关闭闸门，使库水回升，可避免或减小水库效益的降低。

②加宽溢洪道。当溢洪道岸坡不高，加宽溢洪道所需开挖量不很大时，可以采用。

③增大流量系数。不同堰型的流量系数不同，同种堰型的形状不同，流量系数也不一样。宽顶堰的流量系数一般为 0.32 ~ 0.385，实用堰的流量系数一般为 0.42 ~ 0.44。因此，当所需增加的泄洪能力的幅度不大，扩宽或增建溢洪道有困难时，可将宽顶堰改为流量系数较大的曲线形实用堰，以增大泄洪能力。

④提高侧收缩系数。改善闸墩和边墩的头部平面形状可提高侧收缩系数，从而增加泄洪能力。

在有条件的情况下，也可增设新的溢洪道。

（3）加强溢洪道日常管理。减小闸前泥沙淤积，及时清除拦鱼等妨碍泄洪的设施，可增加溢洪道的泄洪能力。

项目案例

案例一　山东省南四湖湖东大堤水闸工程管理细则（节录）

为了对水闸进行科学管理、正确运用，确保工程安全完整，充分发挥工程效益，不断提高水闸管理水平，依照相关法规和技术规范，结合南四湖流域管理局工程实际情况，制订本细则。其主要内容包括总则，控制运用，检查观测，养护修理，安全工作，其他工作，附录A——闸门开/关门操作命令单，附录 B——水闸经常检查记录表，附录 C——（1）湖东堤水闸工程表、（2）湖东堤滞洪区泄洪涵闸表、（3）湖东堤涵洞工程表、（4）水闸说明。

一、总则

（1）本细则适用于南四湖流域管理局所管理的各类水闸、涵洞共 21 座，其中包括老运河节制闸、徐楼河闸、小荆河闸、汁泥河闸、下刘庄闸、老运河分洪闸、蒋庄河闸、段庄引河闸、塘子引河闸、班村引河闸、夏镇航道闸、白马河右岸分洪涵闸、白马河左岸分洪涵闸、蒋集河右岸分洪涵闸、蒋集河左岸分洪涵闸、幸福河涵洞、鲁桥中心沟涵洞、黄山沟涵洞、时王口涵洞、郗山西涵洞、解放沟涵洞。

（2）水闸的主要功能任务如下：

①防洪功能。在洪水期防止南四湖洪水回灌河道，保证南四湖湖内客水不外泄到湖东地区，减少湖东地区因客水而增加的防洪负担。

②泄洪功能。排泄河道洪水入南四湖，提高湖东地区的防洪功能。

③分洪功能。在洪水期分泄南四湖洪水入滞洪区。

④排涝、灌溉功能。可使农田内涝水通过水闸排入南四湖,可从南四湖内引水灌溉农田或供工矿企业使用。

(3)水闸工程管理工作主要内容如下:

①贯彻执行国家和省有关的法律、法规、规章及上级主管部门的指示。

②制订和完善本工程技术岗位责任制度和操作规程,并贯彻执行。

③掌握水情、雨情、工情,做好防汛、抗旱工作和其他服务工作。

④根据控制运用原则和上级主管部门的指令做好水闸的控制运用。

⑤对工程进行检查观测,并及时分析研究,随时掌握工程状态。

⑥对工程进行养护修理,消除工程缺陷和隐患,确保工程安全完整。

⑦定期组织对水闸进行安全鉴定,完成水闸的注册登记工作。

⑧做好依法管理、安全保卫和安全生产管理工作。

⑨做好档案归档与管理工作。

⑩结合工程管理业务需要,开展科学研究和技术革新,积极推广应用新技术,提高管理水平;加强职工教育和业务培训,提高职工队伍素质。

(4)管理人员应认真学习本细则和有关技术标准,熟悉工程规划、设计、施工等情况,熟悉工程各部位结构,掌握控制运用、检查观测、养护修理等管理业务,做好所管工程的管理工作。

(5)根据所管工程的情况和要求,建立健全各项管理制度,各项制度均应在适宜位置明示,主要应包括以下制度:

①管理人员岗位责任制;

②水利工程维修养护管理制度;

③闸(涵)工程管理巡查制度;

④闸(坝)管理制度;

⑤水利工程检查观测制度;

⑥防汛责任制度;

⑦防汛值班制度;

⑧汛期特别值守制度;

⑨工程管理责任追究制度;

⑩水利工程管理考核办法;

⑪水利工程安全生产管理制度;

⑫档案管理制度;

⑬培训学习制度。

(6)建立《工程大事记》,对管理中发生的重大问题,应详细记录并归入档案。

(7)全面推行水利工程规范化管理考核,根据《山东省水利工程规范化管理考核办法》、《山东省拦河闸(坝)规范化管理考核标准》、《济宁水利工程规范化管理考核办法》、《济宁市南四湖水利管理局工程管理考核办法》的要求开展考核工作。

(8)水闸管理除应符合本细则外,尚应符合国家与行业现行有关标准的规定。

二、控制运用

(一)一般规定

(1)根据水闸规划设计要求和济宁市防汛抗旱调度方案制订水闸控制运用原则或方案,报上级主管部门批准。水闸的控制运用应服从上级防汛指挥机构的调度。

(2)水闸控制运用,应符合下列原则:

①局部服从全局,兴利服从抗灾,统筹兼顾;

②综合利用水资源;

③按照有关规定和协议合理运用;

④与上下游和相邻有关工程密切配合运用。

(3)根据规划设计的工程特征值,结合工程现状确定下列有关指标,作为控制运用的依据:

①上下游最高水位、最低水位;

②最大过闸流量,相应单宽流量及上下游水位;

③最大水位差及相应的上下游水位;

④上下游河道的安全水位和流量;

⑤兴利水位和流量。

(4)当水闸确需超标准运用时,应进行充分的分析论证和复核,提出可行的运用方案,报上级主管部门批准后施行。运用过程中应加强工程观测,发现问题及时处置。

(5)在保证工程安全,不影响工程效益发挥的前提下,可保持通航河道水位相对稳定和最小通航水深。

(6)水闸泄流时,应防止船舶和漂浮物影响闸门启闭或危及闸门、建筑物安全。

(二)闸门操作运用

(1)闸门操作运用的基本要求如下:

①过闸流量应与下游水位相适应,使水跃发生在消力池内;当初始开闸或较大幅度增加流量时,应采取分次开启办法,每次泄放的流量应根据"始流时闸下安全水位—流量关系曲线"确定,并根据"闸门开度—水位—流量关系曲线"确定闸门开度;每次开启需等闸下水位稳定后才能再次增加开启高度。

②过闸水流应平稳,避免发生集中水流、折冲水流、回流、旋涡等不良流态。

③关闸或减少过闸流量时,应避免下游河道水位降落过快。

④应避免闸门开启高度在发生振动的位置。

(2)闸门启闭前应作好下列准备工作:

①检查上下游管理范围和安全警戒区内有无船只、漂浮物或其他阻水障碍,并进行妥善处理。

②闸门开启泄流前,应及时发出预警,通知下游有关村庄和单位。

③检查闸门启、闭状态,有无卡阻。

④检查机电等启闭设备是否符合安全运行要求。

⑤观察上下游水位、流态，查对流量。

（3）多孔水闸的闸门操作运用应符合下列规定：

①多孔水闸闸门应按设计提供的启闭要求或管理运用经验进行操作运行，一般应同时分级均匀启闭，不能同时启闭的应由中间向两边依次对称开启，由两边向中间依次对称关闭。

②多孔水闸闸下河道淤积严重时，可开启单孔或少数孔闸门进行适度冲淤，但应加强监视，严防消能防冲设施遭受损坏。

（4）闸门操作应遵守下列规定：

①应由熟练人员进行操作、监护，做到准确及时。

②有锁定装置的闸门，闭门前应先打开锁定装置；闸门开启后，装好锁定装置，才能进行下一孔操作。

③两台启闭机控制一扇闸门的，应严格保持同步；一台启闭机控制多扇闸门的，闸门开度应保持相同。

④闸门正在启闭时，不得按反向按钮，如需反向运行，应先按停止按钮，然后才能反向运行。

⑤运行时如发现异常现象，如沉重、停滞、卡阻、杂声等，应立即停止运行，待检查处理后再运行。

⑥当闸门开启接近最大开度或关闭接近底板门槛时，应加强观察并及时停止运行；遇有闸门关闭不严现象，应查明原因进行处理。

（5）闸门启闭结束后，应核对启闭高度、孔数，观察上下游流态，并填写启闭记录，内容包括启闭依据、操作人员、操作时间、启闭顺序及历时、水位、流量、流态、闸门开度、启闭设备运行情况等。

（6）采用计算机自动监控的水闸，应根据本工程的具体情况，制订相应的运行操作和管理规程。

（7）结合工程的具体情况，参照本细则附录 A 制定闸门开/关门操作命令单。每次启闭闸门均应认真填写操作命令单，并存档。

三、检查观测

（一）一般规定

（1）水闸检查观测的主要任务应包括以下内容：

①监视水情和水流形态、工程状态变化和工作情况，掌握水情、工情变化规律，为正确管理提供科学依据。

②及时发现异常现象，分析原因，采取措施，防止发生事故。

③验证工程规划、设计、施工及科研成果，为发展水利科学技术提供资料。

（2）检查观测工作应符合下列要求：

①检查观测应按规定的项目、测次和时间执行。

②检查观测资料应详细记录，成果应真实、准确，精度符合要求，资料应及时整理、

分析。

③观测设施应妥善保护,观测、检测仪器和工具应定期校验、维护。

(二)检查工作

(1)水闸检查工作,应包括经常检查、定期检查、特别检查和安全鉴定。

(2)经常检查:对经常管理范围内的建筑物各部位、闸门及锚固件、启闭机、机电设备、观测设施、通信设施等进行巡视检查。检查时应填写检查记录,遇有异常情况,应及时采取措施进行处理。检查周期,每半月一次。当水闸处于泄水运行状态或遭受不利因素影响时,对容易发生问题的部位应加强检查观察。

(3)定期检查:每年汛前、汛后,应对水闸各部位及各项设施进行全面检查,定期对水下工程进行检查。

①汛前检查:着重检查岁修工程和度汛应急工程完成情况,安全度汛存在问题及措施,防汛工作准备情况,对工程各部位和设施进行详细检查,并对闸门、启闭机、备用电源等进行检查和试运行,对检查中发现的问题提出处理意见并及时进行处理,对影响安全度汛而又无法在汛前解决的问题,应制订度汛应急方案;汛前检查应结合保养工作同时进行;汛前检查要求在 4 月底前完成。

②汛后检查:着重检查工程和设备度汛后的变化和损坏情况,冰冻期间,还应检查防冻措施落实及其效果等;汛后检查要求在 10 月底前完成。

③水下检查:着重检查水下工程的损坏情况,一般每两年进行一次。

(4)当水闸遭受特大洪水、风暴、强烈地震和发生重大工程事故时,应及时报上级主管部门,并组织对工程进行特别检查,对发现的问题进行分析,并制订修复方案和计划。

(5)定期检查、特别检查和安全鉴定结束后,应根据成果作出检查、鉴定报告,按规定报上级主管部门。

(6)定期检查应包括以下内容:

①管理范围内有无违章建筑和危害工程安全的活动,环境应整洁、美观。照明、通信、安全防护设施及信号、标志是否完好。

②水闸有无裂缝、腐蚀、磨损、剥蚀、露筋(网)及钢筋锈蚀等情况;伸缩缝止水有无损坏、漏水及填充物流失等情况;堤闸连接段有无渗漏等迹象。

③水下工程的底板、闸墩、铺盖、护坦、翼墙水平止水和垂直止水等有无损坏;门槽、门底预埋件有无损坏,有无块石、树枝等杂物影响闸门启闭;底板、闸墩、翼墙、护坦、消力池、消力坎等部位表面有无裂缝、异常磨损、混凝土剥落、露筋等;消力池内有无砂石等淤积物;海漫、防冲槽有无松动、塌陷;上下游引河有无淤积、冲刷等情况。

④闸门有无表面涂层剥落,门体有无变形、锈蚀、焊缝开裂或螺栓、铆钉松动;支承行走机构是否运转灵活;止水装置是否完好等。

⑤启闭机构是否运转灵活、制动准确可靠,有无腐蚀和异常声响;钢丝绳有无断丝、磨损、锈蚀、接头不牢、变形;零部件有无缺损、裂纹、磨损及螺杆有无弯曲变形;油路是否通畅,油量、油质是否符合规定要求等。

⑥机电设备、防雷设施的设备、线路是否正常,接头是否牢固,安全保护装置是否动作

准确可靠,指示仪表是否指示正确,接地是否可靠,绝缘电阻值是否符合规定,防雷设施是否安全可靠,备用电源是否完好可靠;自动监控系统工作是否正常、动作可靠,精度是否满足要求等。

⑦水流形态,应注意观察水流是否平顺,水跃是否发生在消力池内,有无折冲水流、回流、旋涡等不良流态;引河水质有无污染。

四、养护修理

(一)一般规定

(1)水闸养护修理工作分为养护、岁修、抢修和大修,其划分界限应符合下列规定:

①养护:对经常检查发现的缺陷和问题,随时进行保养和局部修补,以保持工程及设备完整清洁,操作灵活。

②岁修:根据汛后全面检查发现的工程损坏等问题,对工程设施进行必要的整修和局部改善。对于影响安全度汛的问题,应在主汛期到来前完成。

③抢修:当工程及设备遭受损坏,危及工程安全或影响正常运用时,应立即采取抢护措施。

④大修:当工程发生较大损坏或设备老化,修复工程量大,技术较复杂时,应有计划地进行工程整修或设备更新。

(2)养护修理工作应本着"经常养护,及时修理,养修并重"的原则进行,并应符合下列要求:

①岁修、抢修和大修工程,应以恢复原设计标准或局部改善工程原有结构为原则,制订的修理方案,应根据检查和观测成果,结合工程特点、运用条件、技术水平、设备材料和经费承受能力等因素综合确定。

②抢修工程应做到及时、快速、有效,防止险情发展。

③应根据有关规定明确各类设备的检修、试验和保养周期,并定期进行设备等级评定。

④应建立设备养护修理卡制度,建立单项设备技术管理档案,逐年积累各项资料,包括设备技术参数、安装、运用、缺陷、养护、修理、试验等相关资料。

⑤应根据工程及设备情况,备有必要的备品、备件。

(3)积极推行管养分离,精简管理机构,提高养护修理水平。

(二)养护修理项目管理

(1)根据汛后检查的结果,编制次年的岁修养护、防汛急办和大修加固等工程维修计划。

(2)工程养护修理计划应根据《水利工程维修养护定额标准(试行)》及其他相关定额编制,并按规定时间报上级主管部门。

(3)工程养护修理计划下达后,应尽快组织实施。凡影响安全度汛的项目应在汛前完成,其余项目应于年底前完成。需跨年度施工的,应报上级主管部门批准。

(4)工程养护修理项目实行项目负责人制度,根据批准的计划,认真编制施工方案,并按照批准的方案组织实施,保质、保量、按时完成。

（5）工程养护修理经费实行"专款专用"，项目和经费计划需要调整的应报上级主管部门批准。

（6）外包工程项目应按照有关规定，选择具有施工资质和能力的修理施工队伍，签订合同，加强项目管理。

（7）养护修理工作应作详细记录并及时进行整理。完工后，进行总结，报上级主管单位，重要项目由上级主管单位组织检查验收。

（三）水闸的养护修理要求

（1）水闸的反滤设施、减压井、导渗沟、排水设施等应保持畅通，如有堵塞、损坏，应予疏通、修复。砌石护坡、护底遇有松动、塌陷、隆起、底部淘空、垫层散失等现象时，应按原状及时修复。

（2）水闸表面应保持清洁完好，积水、积雪应及时排除；门槽、闸墩等处如有苔藓、蚧贝、污垢等应予清除。闸门槽、底坎等部位淤积的砂石、杂物应及时清除，底板、消力池、门库范围内的石块和淤积物应定期清除。

（四）闸门的养护修理

（1）闸门外观应整洁，梁格、臂杆内无积水，闸门吊耳、门槽、弧形门支铰及结构夹缝处等部位的杂物应及时清理，附着的水生物、泥沙和漂浮物等杂物应定期清除。

（2）运转部位的加油设施应保持完好、畅通，并定期加油。

（3）钢闸门可采用涂装涂料和喷涂金属等措施防腐蚀，如局部构件锈损严重的，应按锈损程度，在其相应部位加固或更换。

（4）闸门止水装置出现磨损、变形、老化，漏水量超过规定时，应及时予以更换，更换后的止水装置应达到原设计的止水要求。

（5）钢闸门门叶及其梁系结构、臂杆等发生局部变形、扭曲、下垂时，应核算其强度和稳定性，并及时矫形、补强或更换。

（6）闸门的连接紧固件如有松动、缺失，应分别予以紧固、更换、补全；焊缝脱落、开裂锈损，应及时补焊。

（7）闸门行走支承装置的零部件出现下列情况时应更换，更换的零部件规格和安装质量应符合以下原设计要求：

①滑道损伤或滑动面磨损严重。

②轴和轴套出现裂纹、压陷、变形、磨损严重。

③滚轮出现裂纹、磨损严重或锈死不转。

④主轨道变形、断裂、磨损严重。

（8）吊座与门体应联结牢固，销轴的活动部位应定期清洗加油。吊耳、吊座、绳套出现变形、裂纹或锈损严重时应更换。

（9）闸门的预埋件应有暴露部位非滑动面的保护措施，保持与基体联结牢固、表面平整、定期冲洗。主轨的工作面应光滑平整并在同一垂直平面，其垂直平面度误差应符合图纸规定。

（10）闸门锁定装置必须安全可靠，操作方便，动作灵活，两侧锁锭必须受力均匀。

（11）冰冻期间应因地制宜地对闸门采取有效的防冰冻措施。

（12）检修闸门放置应整齐有序,并进行防腐保护,如局部破损或止水损坏,应进行修理。

（五）启闭机的养护修理

启闭设备维修养护检查如表4-3所示。

表4-3　启闭设备维修养护检查

检查项目	检查周期	检查内容	处理意见
钢丝绳	月	松紧度是否合适,表面断股数,绳头固定点是否牢固,锈蚀现象,润滑度	调节。根据保养要求处理花篮螺丝止转装置。黄油润滑,清洁表面
绳鼓	周	转动灵活。磨损、变形位移。润滑度	发现问题及时上报处理,每2月加油润滑
搁门器总成	周	搁门位置正确,转动灵活,勤加油	发现问题及时解决,调整
启闭机、机架底座	天	变形、位移、运行时共振、锈蚀	查原因,定措施
联轴节	周	查连接皮带是否破损,紧固夹板松动	调换、紧固、及时处理
电动机	年	转动平稳、无杂声、电流温升正常、接线桩保护接地良好可靠	发现问题及时解决,定期（2年）对电动机保养
紧固件	天	松动、锈蚀	紧固、破损及时调换
限位开关及拨杆	周	触头完好、无明显氧化,动作清楚、位置正确,紧固良好	定期更换（或工作次数）,调正,紧固可靠
电气接线箱	周	接线可靠,无杂物、锈蚀现象,防雨措施	紧固、清洁、加防雨装置
工作桥照明灯	周	有无不亮的照明灯	及时更换修理

（1）启闭机防护罩、机体表面应保持清洁,除转动部位的工作面外,应采取防腐蚀措施。防护罩应固定到位,防止齿轮等碰壳。

（2）启闭机机架不得有明显变形、损伤或裂纹,底脚连接应牢固可靠。

（3）启闭机的连接件应保持紧固,不得有松动现象。联轴节连接的两轴同轴度应符合规定。弹性联轴节内弹性圈如出现老化、破损现象,应予更换。

（4）启闭机传动轴等转动部位应涂红色油漆,油杯应涂黄色标志。

（5）机械传动装置的转动部位应及时加注润滑油,并符合下列要求:

①根据启闭机转速或按照说明书要求选用合适的润滑油脂。

②减速箱内油位应保持在上、下限之间,油质须合格。

③油杯、油道内油量要充足,并经常在闸门启闭运行时旋转油杯,使轴承得以润滑。

（6）注油设施（如油孔、油道、油槽、油杯等）应保持完好,油路应畅通,无阻塞现象。油封应密封良好,无漏油现象。一般应根据工程启闭频率定期检查保养,清洗注油设施,并更换油封,换注新油。

（7）滑动轴承的轴瓦、轴颈，出现划痕或拉毛时应修刮平滑。轴与轴瓦配合间隙超过规定时，应更换轴瓦。滚动轴承的滚子及其配件，出现损伤、变形或磨损严重时，应更换。

（8）闸门开度指示器，应定期校验，确保运转灵活，指示准确。

（9）制动装置应经常维护，适时调整，确保动作灵活、制动可靠。进行维修时，应符合下列要求：

①制动轮、闸瓦表面不得有油污、油漆、水分等。

②闸瓦退距和电磁铁行程调整后，应符合《水利水电工程启闭机制造安装及验收规范》（DL/T 5019—94）的有关规定。

③制动轮出现裂纹、砂眼等缺陷，必须进行整修或更换。

④制动带磨损严重，应予更换。制动带的铆钉或螺钉断裂、脱落，应立即更换补齐。

⑤主弹簧变形，失去弹性时，应更换。

⑥蜗轮蜗杆应保持自锁可靠，锥形摩擦圈间隙调整适当，定期适量加油。

（10）卷扬式启闭机卷筒及轴应定位准确、转动灵活，卷筒表面、幅板、轮缘、轮毂等不得有裂纹或明显损伤。开式齿轮应保持清洁，表面润滑良好，无损坏及锈蚀。

（11）钢丝绳应定期清洗保养，并涂抹防水油脂。修理时应符合下列要求：

①钢丝绳达到《起重机械用钢丝绳检验和报废实用规范》（GB 5972—86）规定的报废标准时，应予更换。

②当钢丝绳与闸门连接端断丝超标，其断丝范围不超过预绕圈长度的 1/2 时，允许调头使用。

③更换钢丝绳时，缠绕在卷筒上的预绕圈数，应符合设计要求。无规定时，应大于 4圈，其中 2 圈为固定用，另外 2 圈为安全圈。

④钢丝绳在卷筒上应固定牢固，压板、螺栓应齐全，压板、夹头的数量及距离应符合《起重机械安全规程》（GB 6067—85）的规定。

⑤钢丝绳在卷筒上应排列整齐，不咬边、不偏挡、不爬绳。

⑥发现绳套内浇注块粉化、松动时，应立即重浇。

⑦双吊点闸门钢丝绳应保持两吊点在同一水平，防止闸门倾斜；一台启闭机控制多孔闸门时，应使每一孔闸门在开启时保持同高。

⑧弧形闸门钢丝绳与面板连接的铰链应转动灵活。

⑨更换的钢丝绳规格应符合设计要求，应有出厂质保资料。

（12）在闭门状态，钢丝绳不得过松。滑轮组应转动灵活，滑轮内钢丝绳不得出现脱槽、卡槽现象。

（六）机电设备的养护修理

（1）电动机的养护应符合下列规定：

①电动机的外壳应保持无尘、无污、无锈。

②接线盒应防潮，压线螺栓应紧固，如有损坏应更换。

③轴承内的润滑油脂应保持填满空腔内 1/2 ~ 1/3，油质合格。定子与转子间的间隙要保持均匀，轴承如有松动、磨损，应及时更换。

④绕组的绝缘电阻值应定期检测，小于 0.5 MΩ 时，应进行干燥处理，如绕组绝缘老

化,应视老化程度采取浸绝缘漆、干燥或更换绕组等措施。

(2)操作设备的养护应符合下列规定:

①动力柜、照明柜、启闭机操作箱、检修电源箱等应定期清洁,保持箱内整洁,设在露天的操作箱、电源箱应防雨、防潮;所有电气设备金属外壳均有明接地,并定期检测接地电阻值,如超过规定,应增设补充接地极。

②各种开关、继电保护装置应保持干净、触点良好、接头牢固,如发现接触不良,应及时维修,如老化、动作失灵,应予更换;热继电器整定值应符合规定。

③主令控制器及限位开关装置应经常检查、保养和校核,确保限位准确可靠,触点无烧毛现象;上下限位装置应分别与闸门最高位置、最低位置一致。

④熔断器的熔丝规格必须根据被保护设备的容量确定,熔丝熔断后应检查原因,查看线路、设备是否正常,不得改用大规格熔丝,严禁使用其他金属丝代替。

⑤各种仪表(电流表、电压表、功率表等)应按规定定期检验,保证指示正确灵敏,如发现失灵,应及时检修或更换。

(3)输电线路的养护应符合下列规定:

①各种电气设备应防止发生漏电、短路、断路、虚连等现象;线路有故障时,应及时检测、维修或更换。

②线路接头应连接良好,并注意防止铜铝接头锈蚀。

③架空线路与树木之间的净空距离应符合规定要求,经常巡视架空线路,清除线路障碍物。

④定期测量导线绝缘电阻值,对一次回路、二次回路及导线间的绝缘电阻值都不应小于 0.5 MΩ。

(4)线路、电动机、操作设备、电缆等必须保持接线相序正确,接地可靠,接地电阻值应不大于 4 Ω,否则应增设补充接地极。

(5)备用电源的柴(汽)油发电机组应按有关规定定期养护、检修。

(6)建筑物防雷设施的养护应符合下列规定:

①避雷针(线、带)及引下线,如锈蚀量超过截面30%以上时,应予更换。

②导电部件的焊接点或螺栓接头如脱焊、松动应予补焊或旋紧。

③接地装置的接地电阻值应不大于 10 Ω,否则应增设补充接地极。

(7)电器设备的防雷设施应按供电部门的有关规定进行定期校验。

(8)防雷设施的构架上,严禁架设低压线、广播线及通信线。

(七)观测设施的养护修理

(1)一般性观测项目的观测设施,如有损坏应及时修复。其中,测压管(扬压力)滤层淤塞或失效,宜重新补设。

(2)专门性观测项目的观测设施,如有损坏应及时修复。

(3)各观测设施的标志、盖锁、围栏或观测房,如有损坏应及时修复。

(4)主要观测仪器、设备(包括自动化观测及其传输设备),如有损坏应及时修复或更新。

(八)自动监控设施的维护

(1)自动监控系统硬件设施的维护应遵守下列规定:

①定期对传感器、可编程序控制器、指示仪表、保护设备、视频系统、通信系统、计算机及网络等系统硬件进行检查维护和清洁除尘。

②按规定时间定期对传感器、指示仪表、保护设备等进行率定和精度校验,对不符合要求的设备进行检修、校正或更换。

③定期对保护设备进行灵敏度检查、调整,对云台、雨刮器等转动部分加注润滑油。

(2)自动监控系统软件系统的维护管理应遵守下列规定:

①应制订计算机控制操作规程并严格执行。

②加强对计算机和网络的安全管理,配备必要的防火墙。

③定期对系统软件和数据库进行备份,对技术文档妥善保管。

④有管理权限的人员对软件进行修改或设置时,修改或设置前后的软件应分别进行备份,并做好修改记录。

⑤对运行中出现的问题详细记录,并通知开发人员解决和维护。

⑥及时统计并上报有关报表。

(3)自动监控系统发生故障或显示告警信息时,应查明原因,并及时排除。

五、安全工作(略)

六、其他工作(略)

附录 A、B、C(略)

案例二　山东省日照水库溢洪闸管理制度

山东省日照水库溢洪闸启闭操作系统由闸门启闭系统和自动化控制系统组成。闸门启闭系统包括弧形闸门、检修闸门和电动行车,自动化控制系统包括液压启闭机电气控制系统和计算机监视系统两部分。为加强溢洪闸工程设施的安全管理,确保水库溢洪闸工程安全运行,特制订本制度。

(1)闸门启闭必须经水库管理局领导批准,非工作人员不得任意启闭。操作人员必须树立高度的政治责任感和工作责任心,严格执行上级批准的洪水调度原则和闸门启闭方案,并及时做好详细规范的闸门启闭记录。

(2)闸门操作人员必须定期进行相应的岗位培训和学习,应该持证上岗。操作人员要经常学习机械、电气设备的基础理论知识,学习安全操作规程,做一名有理论知识和实践经验的操作人员。

(3)闸门启闭前应检查油泵油位是否在正常位置,动力是否正常;检查上游是否有船只或其他漂浮物,溢洪道和下游是否有人或牲畜。泄洪时,应事先通知沿河地区做好准备,确保安全泄洪。

(4)闸门和闸门槽以及门槛等均应密合,以防漏水。闭闸时应注意消除闸底上的碎石等障碍物,以免关闸不严或损伤止水设备。

(5)合上电源后,检查控制柜指示灯有无故障显示,无异常情况后按操作规程进行闸门启闭。

(6)开启多孔闸门时,应遵循对称启闭的原则,或由中间向两边对称开启,并保证同一开度;在闸门启闭过程中,应使闸门两侧止水保持湿润状态。

(7)当开启闸门接近最大开度及闸门接近闸底时,要特别注意控制,及时停车,以免闸门和启闭机损坏。

(8)应定期对系统各部分进行检修和养护,相关人员要做好设备和周边环境的清洁及溢洪闸的安全保卫工作,保持机械电气设备及闸门的良好状态。

(9)相关操作人员必须参加年度汛前和汛后对闸门启闭机、电气设备的维护工作;每年汛前、汛后应做较为彻底的检查、修理,并做好维修记录;汛期加强水库溢洪闸闭启操作系统的巡查,发现问题及时上报、及时处理;确保闸门始终处于可操控的良好状态。

案例三　水闸病害处理工程实例

事件一

江苏省江都西闸,9孔闸,净宽90 m,设计流量和校核流量分别为504 m³/s、940 m³/s。闸区河床由容易被冲刷的极细砂组成。由于超载运行,过闸流量逐年加大到800～1 000 m³/s,因而引起河床严重冲刷。水闸上下游分别冲深6～7 m、2～3 m,近闸两岸坍塌,严重威胁水闸安全。

事件二

松花江哈尔滨老头湾河段,因修建江桥,江堤迎流顶冲,低水位以下护底柴排屡遭破坏,年年需要维修加固。

事件三

挡潮闸下游河道及出海口岸的岸坡、护坡的施工受到潮汛一天两次涨落的影响,潮汛来时流速往往较大,给护坡加固施工带来很大困难。

问题:对上述事件应用土工织物材料进行处理。

事件一处理

在水下沉放了6块软体排护底护岸。排体采用丙纶丝布,以聚氯乙烯绳网加筋,总面积2.4万多 m²,用混凝土预制块及聚丙烯袋装卵石压重。此法使用10多年来,排体稳定、覆盖良好,上游已落淤30～40 cm,岸坡及闸下游不再冲刷,工程效益显著。7年后曾抽样检查,性能指标基本无变化。

事件二处理

采用DS－450型土工织物做排体,沉放了1 600 m长的软体排。排体下面用φ8的钢筋网做支托,将排体用尼龙绳固定在钢筋网上,排体上面用块石压重。由于排体具有一定柔软性,能适应水下地形变化而使护岸排体紧贴堤坡岸脚,因而形成了一层良好的保护层。工程完工后,经受了多次洪水考验,堤岸完好无损。

事件三处理

采用土工织物模袋(如图 4-3 所示)混凝土这种新的护坡技术。它可以直接在水下施工,无须修筑围堰及施工排水;模袋混凝土灌注结束,就能经受较大流速的冲刷。

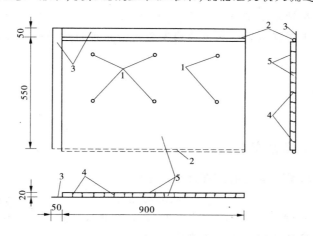

1—浇筑孔;2—穿管处;3—接缝反滤布;4—锦纶线拉索;5—土工织物模袋

图 4-3　土工织物模袋示意图　(单位:mm)

机织模袋是用透水不透浆的高强度锦纶纤维织成,织物厚度大,强度高。流动混凝土或水泥砂浆依靠压力在模袋内充胀成型,固化后形成高强度抗侵蚀的护坡。土壤和模袋之间不需另设反滤层。

案例四　黄河刘家峡水库溢洪道底板冲毁处理实例

黄河刘家峡水库溢洪道,全长 870 m,进口堰宽 42 m,最大泄量 3 900 m³/s,泄槽段宽 30 m,流速 25 ~ 35 m/s。溢洪道位于基岩上,底板混凝土厚度 0.4 ~ 1.5 m。溢洪道建成后,当渠内流量只有设计泄量的 50% 时,厚 1 m 多的混凝土底板即被冲坏,有的整个冲翻,有的底板被掀起后,翻滚到下游数十米处。分析损坏原因认为是施工时混凝土块体间不平整,横向接缝中未设止水,高速水流的巨大动水压力通过接缝窜入底板以下,加上排水系统不良,引起极大的浮托力,使底板掀起。采取的处理措施是重新浇筑底板,设止水,底板下设排水,底板与基岩间加设锚筋,并严格控制底板的平整度。

职业能力实训

实训一　基本知识训练

一、填空题

1. 工作闸门可以在_____情况下启闭,船闸的工作闸门应在_____情况下启闭,检修闸门一般在_____情况下启闭。

2. 衡量闸门及启闭机养护工作好坏的标准是_____、_____、_____、_____、_____、_____。

3. 气蚀是_____和_____的总称,水闸产生气蚀的部位一般在_____、_____、_____等部位。

4. 钢闸门的防腐蚀处理措施主要有_____、_____、_____。

5. 在高速水流下保证溢洪道底板结构安全的措施可归结为四个方面,即_____、_____、_____、_____。

二、名词解释

1. 气蚀

三、选择题(正确答案 1~3 个)

1. 处理水闸闸墩贯穿裂缝的最有效方法是(　　　)。

A. 灌浆　　　　　　　　　　B. 砂浆填缝

C. 预应力拉杆锚固　　　　　D. 环氧砂浆抹缝。

2. 钢闸门的防腐蚀处理措施主要有(　　　)。

A. 涂料保护　　　　　　　　B. 喷水泥浆保护

C. 喷镀保护　　　　　　　　D. 外加电流阴极保护

3. 在高速水流下,保证溢洪道底板结构安全的措施可归结为(　　　)。

A. 上截下排　　　　　　　　B. 有限控制

C. 上压下锚　　　　　　　　D. 封、排、压、光

四、简答题

1. 闸门和启闭机日常养护工作的主要内容有哪些?

2. 溢洪道常见的损坏现象有哪些? 分别应如何处理?

3. 加大溢洪道的泄洪能力可采取哪些措施?

实训二　职业活动训练

1. 组织学生参观水闸实物,熟悉其结构组成及运行管理。

2. 组织学生参观各种水闸的模型。

3. 组织学生参观溢洪道,理解其与水闸的关系。

4. 结合实例,组织学生对溢洪道的常见损坏现象进行分析讨论。

5. 组织学生观看录像片《黄河小浪底工程》。

项目五　输水建筑物的养护修理

【学习目标】

1. 能掌握坝下涵管常见病害的处理。
2. 能掌握隧洞常见病害的处理。
3. 能掌握渠道常见病害的处理。
4. 能具备灌排工程工、渠道维护工、土石维修工、混凝土维修工等基本知识。

任务一　坝下涵管的养护修理

一、坝下涵管的日常养护

(一)坝下涵管的工作条件

涵管是一种输水建筑物,其作用是输水灌溉、发电、城乡供水等。涵管按水流性状的不同,可分为无压涵管和有压涵管。无压涵管输水时,水流不完全充满,具有自由表面;有压涵管输水时,水流完全充满,无自由表面。输水涵管一般分为进口段、洞身和出口段三部分。进口段通常布置有拦污栅、闸门等,其形式有竖井式、塔式、斜坡式等几种。管身的形式是根据水流条件、地质条件及施工条件而定的。管身断面形状有圆形、矩形、马蹄形和城门形等。材料有钢管、铸铁管、混凝土、钢筋混凝土、砌石等。有压涵管管壁承受内水压力,要求管材必须具有足够的强度,因此用钢筋混凝土管、钢管、铸铁管较多。无压涵管可采用素混凝土或砌石管材。为防止不均匀沉陷和温度变化而造成管身断裂,一般沿管长每 15 ~ 20 m 设一伸缩缝。涵管的出口段因水流速度大、能量集中,一般设消能设备。

坝下涵管输水仅靠管壁隔水,因此管壁容易发生断裂,或者管壁与坝体土料接合不好,水流穿透管壁或沿管壁外产生渗流通道,引起渗流破坏。据资料统计,因坝下涵管的缺陷造成渗流破坏而导致大坝失事的约占土坝失事总数的 15%。

(二)坝下涵管的检查和养护

(1)涵管在输水期间,要经常注意观察和倾听洞内有无异样响声。如听到洞内有咕咕咚咚阵发性的响声或轰隆隆爆炸声,说明洞内有明满流交替现象,或者有的部位产生气蚀现象。涵管要尽量避免在明满流交替情况下工作,每次充水或放空过程应缓慢进行,切忌流量猛增或突减,以免洞内产生超压、负压、水锤等现象而引起破坏。

(2)坝下涵管运用期间,要经常检查涵管附近土坝上下游坝坡有无塌坑、裂缝、潮湿或漏水,尤其要注意观察涵洞出流有无浑水。发现以上情况,要查明原因,及时处理。

(3)涵管进口如有冲刷或气蚀损坏,应及时处理。

(4)涵管运用期间,要经常观察出口流态是否正常、水跃的位置有无变化、主流流向有无偏移、两侧有无旋涡等，以判断消能设备有无损坏。

（5）放水结束后，要对涵管进行全面检查，一旦发现有裂缝、漏水、气蚀等现象，要及时处理。

（6）涵管顶上禁止堆放重物或修建其他建筑物。

（7）涵管上下游漂浮物应经常清理，以防阻水、卡堵门槽及冲坏消能工。

（8）多泥沙输水的涵管，输水结束后，应及时清理淤积在管内的泥沙。

（9）北方地区，冬季要注意库面冰冻对涵管进水部分造成破坏。

二、坝下涵管常见病害及处理

（一）管身断裂及漏水

1. 管身断裂及漏水的原因

坝下涵管漏水现象是比较普遍的，严重者管身断裂，无法正常工作。产生管身断裂和漏水的常见原因如下：

（1）地基不均匀沉陷。许多涵管在修建过程中，需穿越条件不同的地基，如处理不当，在上部荷载的作用下，极易产生不均匀沉陷。管身在不均匀沉陷过程中产生拉应力，当拉应力超过管身材料的极限抗拉强度时，则洞身开裂。如山东卧虎山水库坝高 40.5 m，坝下为直径 2 m 的钢筋混凝土涵管，由于地基产生不均匀沉陷，多处管壁断裂，最大裂缝宽度为 7～8 mm。

（2）集中荷载处未做结构处理。坝下涵管局部范围有集中荷载，如闸门竖井处，管身和竖井之间不设伸缩缝，就会造成洞身断裂。

（3）结构强度不够。设计时，采用材料尺寸偏小、钢筋含量偏低、水泥强度等级不足等，均造成涵管结构强度不够，以致断裂。

（4）分缝距离过大或位置不当。涵管上部垂直土压力呈梯形分布，分缝应适应土压力的变化位置，同时考虑温度影响，在管身一定位置需设置伸缩缝。若伸缩缝设置不当同样能引起管身开裂。

（5）管内水流流态发生变化。坝下无压涵管设计时不考虑承受内水压力。若管内水流流态由无压流变成有压流，在内水压力作用下，也容易造成管身破坏。如山东省松山水库坝下涵管为浆砌块石无压矩形涵管，因闸门开启操作不当，管内产生有压流，造成条石盖板断裂。

（6）施工质量差。因施工质量差而导致坝下涵管断裂和漏水也是一个常见原因。

2. 管身断裂及漏水的处理

1）地基加固

由于基础不均匀沉陷而断裂的涵管，除管身结构强度需加强外，更重要的是加固地基。

对坝身不很高、断裂发生在管口附近的，可直接开挖坝身进行处理。对于软基，应先拆除破坏部分涵管，然后消除基础部分的软土，开挖到坚实土层，并均匀夯实，再用浆砌石或混凝土回填密实。对岩石基础软弱带的加固，主要是在岩石裂隙中进行回填灌浆或固结灌浆。

当断裂发生在涵管中部时,开挖坝体处理有困难。当洞径较大时,可在洞内钻孔进行灌浆处理。灌浆处理常采用水泥浆,断裂部位可用环氧砂浆封堵。

2)表面贴补

表面贴补主要用在处理涵管过水表面出现的蜂窝麻面及细小漏洞。目前主要用环氧树脂贴补。一般工序是:凿毛、洗净、封堵、贴补等。

3)结构补强

因结构强度不够,涵管产生裂缝或断裂时,可采用结构补强措施。

(1)灌浆。是目前混凝土或砌石工程堵漏补强常用的方法。对坝下涵管存在的裂缝、漏水等均可采用灌浆处理。

(2)加套管或内衬。当坝下涵管管径不容许缩小很多时,套管可采用钢管或铸铁管,内衬可采用钢板。

当管径断面缩小不影响涵管运用时,套管可采用钢筋混凝土管,内衬可采用浆砌石料、混凝土预制件或现浇混凝土。

加套管或内衬时,需先对原管壁进行凿毛、清洗,并在套管或内衬与原管壁之间进行回填灌浆处理。加套管或内衬必须是人工能在管内操作的情况。

(3)支撑或拉锚。石砌方涵的上部盖板如有断裂,可采用洞内支撑的方式加固,如图5-1所示。对于侧墙加固,还可采用横向支撑法。有条件的也可采用洞外拉锚的办法。这样处理可以避免缩小过水断面。

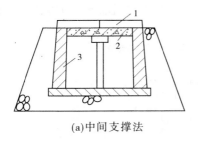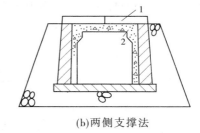

(a)中间支撑法　　　　　　　(b)两侧支撑法

1—断裂的盖板;2—支撑;3—方涵侧墙

图5-1　方涵支撑示意图

4)顶管法建新管

当涵管直径较小、断裂严重、漏水点多、维修困难时,可弃旧管建新管。建新管可采用顶管法。顶管法是采用大吨位油压千斤顶将预制好的涵管逐节顶进土体中的施工方法。

顶管法施工的程序为:测量放线→工作坑布置→安装后座及铺导轨→布置及安装机械设备→下管顶进→管的接缝处理→截水环处理→管外灌水泥浆→试压。

顶管法施工技术要求高,施工中定向定位困难。但它与开挖坝体沟埋法比较,具有节约投资、施工安全、工期短、需用劳动力少、对工程运用干扰较小等优点。

(二)水流状态不稳而引起的管身破坏及气蚀

1.水流状态不稳的原因

(1)操作管理不当。闸门开启不当,使涵管内明满流交替出现,产生气蚀破坏。

(2)设计不合理。设计采用的糙率和谢才系数与实际不完全吻合,洞内实际水深比计算值大,发生水面碰顶现象;在涵管闸门后未设通气孔或通气孔面积太小,使管内水流因流速高而掺气抬高水位,造成管内明满流交替出现;或因涵管进口曲率变化不平顺,产生气蚀;或因下游水位顶托而封闭管口,形成管内水流紊乱,产生气蚀。

(3)闸门门槽几何形状不符合水流状态、闸门后洞壁表面不平整,均可能造成气蚀破坏。

2.气蚀破坏的处理

关于坝下涵管气蚀破坏的处理可见本项目任务二相关内容。

(三)出口消力池的冲刷破坏

1.出口消力池冲刷破坏的原因

由于设计不合理,基础处理不好或运用条件的改变,消力池在运用时下游水位偏低,池内不能形成完全水跃,造成渠底冲刷及海漫基础淘刷。当此情况逐步向上游扩展时,会导致消力池本身结构的破坏。

2.出口消力池破坏的处理

(1)增建第二级消力池。原消力池深度与长度均不满足消能要求,同时下游水位很低,消力池出口尾坎后水面形成二次跌水,而加深消力池有困难时,可增建第二级消力池。

(2)增加海漫长度与抗冲能力。当修建消力池的消能效果差,水流在海漫末端仍形成冲坑,甚至造成海漫的断裂破坏时,可加长海漫。另外,可选用柔性材料做海漫,如柔性连接混凝土块(见图 5-2)和铅石笼块石等。柔性材料海漫可以随河床地形的冲深而变化,待冲刷坑稳定后仍有保护河床的作用;另外,还可以增加阻滞水流的阻力,降低流速,调整出口水流流速分布。

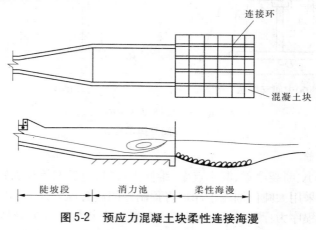

图 5-2　预应力混凝土块柔性连接海漫

任务二　隧洞的养护修理

一、隧洞的日常养护

(一)隧洞的工作条件

隧洞是一种输水建筑物,其作用是输水灌溉、发电、城乡供水等。隧洞是在岩石中开凿出来的,在节理发育及比较破碎的岩石中开凿隧洞,一般要用混凝土或钢筋混凝土衬砌,以防冲刷和坍塌。

隧洞按其输水时水流性状不同,可分为无压隧洞和有压隧洞。无压隧洞输水时,水流不完全充满,具有自由表面;有压隧洞输水时,水流完全充满,无自由表面。输水隧洞一般分为进口段、洞身和出口段三部分。进口段通常布置有拦污栅、闸门等,其形式有竖井式、塔式、斜坡式等几种。洞身的形式根据水流条件、地质条件及施工条件而定。有压隧洞断面一般采用圆形或马蹄形,无压隧洞断面常用的有圆形、城门形、马蹄形等。出口段因水流速度大、能量集中,一般设消能设备。

(二)隧洞的检查和养护

(1)隧洞在输水期间,要经常注意观察和倾听洞内有无异样响声。如听到洞内有咕咕咚咚阵发性的响声或轰隆隆爆炸声,说明洞内有明满流交替现象,或者有的部位产生气蚀现象。隧洞要尽量避免在明满流交替情况下工作,每次充水或放空过程应缓慢进行,切忌流量猛增或突减,以免洞内产生超压、负压、水锤等现象而引起破坏。

(2)隧洞进口如有冲刷或气蚀损坏,应及时处理。

(3)隧洞运用期间,要经常观察出口流态是否正常、水跃的位置有无变化、主流流向有无偏移、两侧有无旋涡等,以判断消能设备有无损坏。

(4)放水结束后,要对隧洞进行全面检查,一旦发现有裂缝、漏水、气蚀等现象,要及时处理。

(5)岩层厚度小于3倍洞径的隧洞顶部,禁止堆放重物或修建其他建筑物。

(6)隧洞上下游漂浮物应经常清理,以防阻水、卡堵门槽及冲坏消能工。

(7)多泥沙输水的隧洞,输水结束后,应及时清理淤积在洞内管内的泥沙。

(8)北方地区,冬季要注意库面冰冻对隧洞进水部分造成破坏。

二、隧洞常见病害及处理

(一)隧洞洞身衬砌断裂破坏及漏水

1.隧洞洞身衬砌断裂破坏的原因

(1)岩石变形或不均匀沉陷。不利的地质构造、过大的岩体应力、岩石的膨胀和过高的地下水压,均容易造成岩体变形,从而引起隧洞混凝土或钢筋混凝土衬砌断裂。此外,由于隧洞通过不均匀的地质地基,在上部荷载作用下,产生不均匀沉陷,同样能造成衬砌断裂。

(2)施工质量差。隧洞的施工质量问题反映在多个方面,如建筑材料质量问题;衬砌后回填灌浆或固结灌浆时,衬砌周围未能充填密实;配料不当,振捣不实等,都容易造成衬砌断裂和漏水。

(3)水锤作用。一些隧洞的破坏事故证明,有些压力隧洞即使设有调压井,由于水锤作用,产生的谐振波也可以越过调压井而使洞内产生压力波破坏衬砌。

(4)其他原因。如衬砌受山岩压力超过设计值,由于运用管理不当等均能造成衬砌断裂漏水。

2. 隧洞断裂及漏水的处理

隧洞断裂和漏水的处理方法有贴补、灌浆、喷锚支护、内衬等。灌浆、贴补、内衬方法在本项目任务一已经介绍,这里着重介绍喷锚支护。

喷锚支护指喷射混凝土和锚杆支护的方法。它与现场浇筑的混凝土衬砌相比,具有与周围岩体黏结好、能提高围岩整体性和稳定性、承载能力强、抗振性能好、施工速度快、成本低等优点。可用于隧洞无衬砌段加固或衬砌损坏的补强。

喷锚支护可分为喷纯混凝土支护、喷混凝土加锚杆联合支护和钢筋网喷混凝土与锚杆联合支护等类型。在坚硬或中等质量的岩层中,当隧洞跨度较小且总体是稳定的,仅有局部裂缝交割的危岩可能塌落时,可采用喷纯混凝土支护。有些隧洞即使周围的岩体比较破碎甚至是不稳定的,但只要喷射的混凝土能保证岩体的稳定,也可采用喷纯混凝土支护。

对裂隙发育的火成岩、变质岩等围岩,可选用喷混凝土加锚杆联合支护,这时主要靠锚杆抵抗大块危岩的塌落,混凝土仅承受锚杆间岩层的质量。对松软、破碎和断裂的岩层,可采用钢筋网喷混凝土与锚杆联合支护。

1)喷纯混凝土

喷纯混凝土是一种快速、高效、不用模板,把运输、浇筑、捣固联结在一起的一种新型混凝土施工工艺。在喷混凝土的材料中,可用32.5(R)~42.5(R)号普通硅酸盐水泥,其细度模数为2.5~2.7、粒径为0.35~5 mm的纯净河砂,骨料用小于20 mm的一级配混凝土。常用的配合比水泥∶砂∶石子为1∶2∶2,喷顶拱时可用较高的砂率配合比为1∶2.5∶2,水灰比为0.4~0.45。施工时,先将干料经一般拌和机拌和后,送于双罐式混凝土喷射机,由压缩空气将干料压经直径为50 mm的高压橡胶管,在喷枪处与水混合后喷射出去。喷射时,喷枪口离喷射面0.8~1.0 m的距离,并尽量保持与被喷面垂直的角度。仰喷时,每层厚度为5~7 cm,平喷时为8~15 cm,若厚度较大,当用速凝剂时,间隔10~30 min再喷一层,一直达到规定层厚为止。

2)喷混凝土加锚杆联合支护

灌浆锚杆法是在洞顶有可能坍塌的岩块上钻孔,孔深入塌落拱以上一定深度,用水泥砂浆对插入至孔底的锚杆进行固结,从而对塌落拱以内的岩块起到悬吊作用。灌浆锚杆能将不稳定的松碎岩块团结成整体,在成层的岩层中,锚杆能把数层薄的岩层组合起来,因此在岩层中插入灌浆锚杆后再喷混凝土支护隧洞洞壁效果相当好。灌浆锚杆的承载能力和锚杆本身的强度、砂浆与锚杆的黏结强度、砂浆与钻孔岩石的黏结度以及锚固深度有关。锚杆常采用3#或5#螺纹钢筋,直径一般为16~20 mm。通常将锚杆尾部劈岔,塞上楔块,插入钻孔,用锤打击,使楔块插入劈岔部位嵌紧在钻孔中,如图5-3所示。

锚杆长度取决于洞室的开挖尺寸,当岩石抗压强度为9.8~2.45 MPa,隧洞跨度平均为5 m时,锚杆长度为

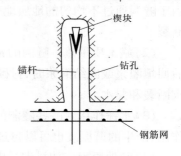

图5-3 锚杆加钢筋网示意图

$$L \geq \frac{B}{3} \tag{5-1}$$

式中：L 为锚杆长度，m；B 为隧洞开挖跨度，m。

锚杆的间距 a，按一般的经验公式确定，即

$$\frac{L}{a} \geq 2 \tag{5-2}$$

灌浆锚杆施工之前，应将锚杆布置区的松动危岩彻底清除掉，并根据岩石节理裂隙或断层情况选择孔位，砂浆锚杆的施工有以下两种方法。

（1）先灌后锚。其施工程序为：选孔位→钻孔→杆体除锈、检查并洗孔→拌和砂浆→注浆→插杆。

注意钻孔时，钻孔方向应垂直岩石节理面，钻孔孔径应根据锚杆直径和施工方法而定，一般孔径为 32～38 mm。

拌和砂浆时，砂子的粒径最大不超过 3 mm。砂浆配合比要准确，拌和要均匀，当灰砂比为 1:（1.0～1.2）时，水灰比最好为 0.4～0.45。

（2）先锚后灌。一般是先把锚杆和排气管插入钻孔内，将孔口封闭，然后用灌浆罐灌浆。锚杆的孔径应稍大，一般为 44～50 mm。当砂浆灰砂比为 1:（1.0～1.2）时，水灰比最好为 0.3～0.35。太大罐内砂浆难以全部吹出，太小易堵塞管路。有关灌浆顺序及操作方法与先灌后锚基本一致。

3）钢筋网喷混凝土与锚杆联合支护

这种方法是在喷射混凝土层中设置钢筋网（或钢丝网），如图 5-3 所示。施工时，先钻孔埋设锚杆，然后在锚杆的露出部分绑扎钢筋网（或钢丝网），最后喷射混凝土。这种联合支护对防止收缩裂缝、增加喷射混凝土的整体性、提高支护承载能力，具有良好的作用。

（二）气蚀破坏

1. 隧洞产生气蚀的原因

（1）洞体局部体形不合流线。由于体形不合流线，造成水流流线与边界分离，产生气蚀。

（2）闸门后洞壁有突出棱角，表面不平整。

（3）闸门槽形状不好和闸门底缘不平顺。当工作水头和流速很大时，水流通过闸门后，脉动加剧，易产生气蚀。

（4）管理运用不当。在放水过程中，闸门开启高度与气蚀的产生有非常密切的关系。试验表明，平板闸门的闸门相对开度在 0.1～0.2 时，闸门振动剧烈。对弧形闸门，当闸门相对开度为 0.3～0.6 时，气蚀现象特别强烈。因此，在闸门操作程序中应避免这些开度。另外，闸门开启不当，隧洞内容易出现明满流交替现象，造成门槽及底板的气蚀。试验表明，在明满流交替时，脉动压力振幅为一般情况下的 4～6 倍。山东黄前水库输水洞在闸门后 1 m 为一降落陡坎，使闸门遭受周期性冲击，引起振动，并导致陡坎处水流脱壁，造成气蚀破坏。

2. 气蚀的处理

隧洞的气蚀，开始时往往不易被人们重视，认为剥蚀程度轻，不会影响安全。但如果

不注意修复或改善水流条件,则会发展到很严重的
程度。气蚀的产生,水流的流速和边界条件是两个
重要的因素。国内外研究成果显示,气蚀强度与流
速的 5 ~ 7 次方成正比。目前,常用的防治气蚀措施
主要有以下几个方面。

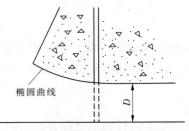

图 5-4   进口段椭圆曲线示意图

(1)改善边界条件。当隧洞的进口形状不恰当
时,极易产生气蚀现象。试验表明,渐变的进口形状
最好做成椭圆曲线,如图 5-4 所示。

常用的矩形进口椭圆曲线方程为

$$\frac{x^2}{D^2} + \frac{y^2}{(0.31D)^2} = 1 \tag{5-3}$$

式中:x 为水平坐标;y 为竖直坐标;D 为输水洞洞径。

(2)控制闸门开度和设置通气孔。闸门不同的开度,不仅使闸门底缘及底坎产生气
蚀,而且对闸门振动的振幅和频率均有影响。据山东省的统计分析,当闸门相对开度为
0.2 或 0.8 ~ 0.9 时,大型输水闸门有 50% 发生过振动,重者拉杆断裂或焊缝开裂。同时
还发现,当闸门开度小时,闸门振动为上下方向;当闸门开度大时,为水平方向。经分析,
当开度小时,闸门门底止水后易形成负压区,闸门底部易出现气蚀;当开度大时,闸门后易
产生明满流交替,同样易造成输水隧洞气蚀。

闸门不同开度,对通气量的要求也不同。已建水库输水洞的通气孔尺寸是否满足要
求,可用康培尔公式验算:

$$Q_a = Q \times 0.04 \left(\frac{v}{\sqrt{gh}} - 1\right)^{0.85} \tag{5-4}$$

式中:Q_a 为通气量,m^3/s;Q 为输水洞闸门开度为 80% 时的流量,m^3/s;v 为收缩断面的平
均流速,m/s;h 为收缩断面的水深,m。

有了需要的通气量,通常采用气流速度为 30 ~ 50 m/s,可估算出通气孔的面积大小
或管径。如气流速度以 40 m/s 计,则式(5-4)可改为求通气孔面积 A 的公式,即

$$A = Q \times 0.001 \left(\frac{v}{\sqrt{gh}} - 1\right)^{0.85} \tag{5-5}$$

式中:A 为通气孔的面积,m^2。

一般用开度为 80% 的流量和水深来计算通气孔的面积。

(3)采用抗气蚀材料修复破坏部位。隧洞表面粗糙及材料强度差是引起气蚀破坏的
原因之一。对于已产生气蚀破坏的部分,可用环氧砂浆进行修补,环氧砂浆的抗磨能力高
于普通混凝土 30 倍。研究资料表明,混凝土强度等级愈高,抗气蚀性能愈好。

近年来,国内外都进行了在普通混凝土中掺入硅粉以提高普通混凝土的抗气蚀强度
的研究。研究表明,普通混凝土中掺入硅粉后,其抗气蚀强度可提高 14 倍。硅粉的主要
成分为氧化硅,颗粒极小,比水泥颗粒小 100 倍,由于硅粉微粒的充填作用及火山灰活性
反应,可大大提高混凝土的各种性能。对隧洞剥蚀严重的部位可考虑采用钢板衬砌等方
法修理。

目前,钢纤维混凝土以其所具有的优越的吸收能量特性、抗冲击、抗爆破性能,在建筑物抗气蚀材料中占有了一席之地。通常情况下,在混凝土中掺入2%的钢纤维,其抗拉强度为素混凝土的1.5~1.7倍,抗弯强度为素混凝土的1.6~1.8倍。钢纤维混凝土的抗拉强度、抗弯强度与钢纤维的长径比(L/d)成正比,一般钢纤维长径比为60~100,直径为0.2~0.6 mm。

(4)采用通气减蚀措施。将空气直接输入可能产生气蚀的部位,可有效地防止建筑物气蚀破坏。国外研究成果指出:当水中掺气的气水比为1.5%~2.5%时,气蚀破坏大为减弱;当水中掺气的气水比达7%~8%时,可以消除气蚀。通气减蚀的主要原因是,通气能减小或消除负压区,增加空穴中气体空穴所占的比重,掺气后对孔穴溃灭起缓冲作用,减小了空穴破坏力。

(5)加强施工质量的控制。一方面要控制混凝土材料的强度,使其达到设计要求;另一方面要保证混凝土表面具有较高的平整度。

(三)磨损破坏

1.隧洞磨损破坏的原因

隧洞磨损是常见的问题。隧洞衬砌的磨损主要是由河水中泥沙引起的,而悬移质泥沙和推移质泥沙对建筑物表面磨损的方式不同。实践表明,悬移质泥沙,当v大于20~35 m/s,平均含沙量大于30 kg/m³时,或当v大于15~20 m/s,平均含沙量大于80~100 kg/m³时,泄水建筑物经过几个汛期,C28左右混凝土表面,会受到严重的冲磨破坏。

我国的多泥沙河流,高速含沙水流对隧洞的磨损是亟待解决的问题。水流中推移质泥沙和悬移质泥沙对隧洞均有磨损,但又有所不同。

悬移质泥沙磨损破坏过程缓慢,高速含沙水流通过隧洞边壁摩擦,产生边壁剥离。推移质泥沙以滑动、滚动的方式在建筑物表面运行,除摩擦作用外,还有冲击作用。所以,推移质主要是冲击、碰撞作用对隧洞表面的破坏。

2.磨损的处理

在高速水流的输、泄水建筑物中,对不同的流速及含沙量、含沙类型,应采用不同的抗冲耐磨材料。常用的抗冲耐磨材料主要有以下几种:

(1)铸石板。比石英具有更高的抗磨损强度和抗悬移质微切削破坏性能。三门峡水库3号排沙底孔使用辉绿岩铸石板镶面,表现出较高的抗冲耐磨性能。

(2)铸石砂浆和铸石混凝土。高强度的铸石砂浆和铸石混凝土,在高速含沙水流中,具有很强的抗冲耐磨特性。葛洲坝二江泄水闸即使用了高强度等级的铸石砂浆,其抗冲磨强度也不亚于环氧砂浆。

(3)耐磨骨料的高强度混凝土。除用铸石外,选用耐冲磨性能好的岩石,如以石英石、铁矿石等为骨料,配制高强度的混凝土或砂浆,也具有良好的抗悬移质冲磨的性能。经验表明,当流速$v<15$ m/s,平均含沙量$\bar{s}<40$ kg/m³时,用耐磨骨料配制成C30以上的混凝土,磨损甚微。

(4)聚合物砂浆及聚合物混凝土。聚合物黏结强度比水泥黏结强度高,在相同骨料情况下,聚合物混凝土抗悬移质和推移质冲磨强度都较高。但应注意,采用聚合物时,也应采用好的骨料,这样才能达到应有的效果。但因聚合物造价比较高,不太适合于大面积使用。

（5）钢材。因其抗冲击韧性好,故抗推移质冲磨性能好。但因钢材价格高,施工工艺要求高,一般用于冲磨严重和难以维修的部位。

任务三　渠道的养护修理

一、渠道的控制运用

(一)渠道正常运用的要求

(1)渠道输水能力符合设计要求。

(2)渠道断面流速分布均匀。

(3)渠道断面坡降与设计一致。

(4)渠道渗漏损失量不超过设计要求。

(5)控制和调节设施齐全。

(6)边坡和渠床应稳定。

(二)渠道控制运用的一般原则

1.水位控制

为确保安全输水,避免漫堤、决口事故,一般情况下,渠道水位应控制在设计水位以下。特殊情况下,水位也不应超过加大水位。

2.流量控制

渠道流量应以设计流量为准,当有特殊用水要求时,可用加大流量,但过水时间不宜太长,以免造成威胁。渠道设计流量与渠道加大流量的关系为

$$Q_加 = (1 + k)Q \tag{5-6}$$

式中:$Q_加$为加大流量,m^3/s;$Q_设$为设计流量,m^3/s;k为流量加大系数,见表5-1。

表5-1　流量加大系数 k 值表

设计流量(m^3/s)	<1	1~5	5~10	10~30	>30
k 值	0.30~0.50	0.25~0.30	0.20~0.25	0.15~0.20	0.10~0.15

3.流速控制

渠道中的水流流速过大或过小,将会发生冲刷或淤积,影响正常输水。所以在运用中,必须控制流速。渠道流速应控制在以下范围:

$$v_{不淤} < v < v_{不冲} \tag{5-7}$$

式中:$v_{不淤}$为不淤流速,m/s;$v_{不冲}$为不冲流速,m/s。

水在渠道中流动时,具有一定能量,这种能量随着水流速度的增大而加大。当流速增大到一定程度时,渠床上的土粒就会随水流移动。渠床土粒将要移动而尚未移动时的水流速度称为渠道的不冲流速。渠道的不冲流速可根据渠床土质、水力和泥沙等条件通过试验确定,也可根据经验确定,见表5-2。

表 5-2　渠道不冲流速表　　　　　　　（单位:m/s）

渠床土质和衬砌条件		不冲流速
土壤类别	轻壤土	0.60 ~ 0.80
	中壤土	0.65 ~ 0.85
	重壤土	0.70 ~ 0.90
	黏壤土	0.75 ~ 0.95
衬砌类型	混凝土衬砌	5.0 ~ 8.0
	块石衬砌	2.5 ~ 5.0
	卵石衬砌	2.0 ~ 4.5

　　流动着的水流都具有一定的挟沙能力,它随着流速的减小而减小。当流速减小到一定程度时,一部分泥沙就会在渠道中沉积下来。泥沙将要沉积而尚未沉积时的水流速度称为渠道不淤流速。渠道的不淤流速可按下式计算:

$$v = CR^{1/2} \tag{5-8}$$

式中:C 为不淤流速系数,参考表 5-3;R 为水力半径,m。

表 5-3　不淤流速系数 C 值表

渠道泥沙	粗沙	中沙	细沙	极细沙
C 值	0.65 ~ 0.77	0.58 ~ 0.64	0.41 ~ 0.54	0.37 ~ 0.41

二、渠道的日常养护

渠道的日常养护,主要应做到以下几方面:

(1)经常清理渠道内的垃圾、淤积物和杂草等,保持渠道正常行水。

(2)渠道两旁山坡上的截流沟或引水沟,要经常清理,避免淤塞,损害部分要及时修理,尽量减少山洪或客水入渠,以免造成渠堤漫溢决口或冲刷。

(3)不得任意在渠道内或岸边放牧、挖土或开口。

(4)禁止向渠道内倾倒垃圾、工业废渣及其他腐烂杂物,以保持渠水清洁,防止污染。有条件的,可定期进行水质检查,如发现污染应及时采取措施。

(5)禁止在渠道内毒鱼、炸鱼。

(6)不得在渠堤内外坡随意种植庄稼,填方渠道外坡附近不得任意打井、修塘、建房。

(7)渠道放水、停水,应逐渐增减,尽量避免猛增猛减。

(8)对渠道局部冲刷破坏、防渗设施损坏等情况,应及时修复,防止继续扩大恶化。

(9)通航渠道,机动船只行速不应过大,不准使用尖头撑篙,渠道上不准抛锚。

三、渠系建筑物的日常养护

渠道上的主要建筑物有渡槽、倒虹吸管、涵洞、跌水、陡坡、桥梁、特设量水设备等。其一般养护要求有以下几个方面:

（1）对主要建筑物应建立检查养护制度及操作规程，随时进行检查，并认真加以记录，如发现问题，应认真分析原因，及时处理。

（2）在配水枢纽的边墙、闸门上及大渡槽、大倒虹吸的入口处，必须标出最高水位，放水时严禁超过最高水位。

（3）禁止在建筑物附近进行爆破，200 m以内不准用炸药炸岩石。

（4）禁止在建筑物上堆放超过设计荷载的重物，禁止在建筑物周围取土、挖坑等。

（5）经常检查建筑物有无沉陷、裂缝、漏水、变形、冲刷、淤积等现象，发现问题应及时采取措施进行修理。

（6）建筑物附近根据管理需要，应划定管理范围，任何单位和个人不得侵占。

（7）建筑物的有关照明、通信及有关保护设施应保证完好无损。

渠系建筑物除以上一般日常养护外，不同建筑物由于其工作条件和环境不同，还有其具体的养护要求。

（一）渡槽

（1）水流应均匀平稳，过水时不冲刷进口及出口部分，与渠道衔接处要经常检查，发现问题应及时处理。

（2）渡槽放水后应立即排干，禁止下游壅水或停水后在槽内积水。

（3）放水时，要防止柴草、树木、冰块等漂浮物壅塞。

（4）渡槽跨越溪沟时，要经常清理阻挡在支墩上的漂浮物，减轻支墩的外加荷载，同时要注意做好河岸及沟底护砌工程，防止洪水淘刷槽墩基础。

（5）渡槽旁边无人行道设备时，应禁止在渡槽内穿行。

（二）倒虹吸管

（1）进出水流状态保持平稳，不冲刷淤塞，倒虹吸管两端必须设拦污栅，并要及时清理。

（2）倒虹吸管停水后，应关闭进出口闸门，防止杂物进入管内或发生人身事故。

（3）管道及沉沙、排沙设施，应经常清理。

（4）直径较大的裸露式倒虹吸管，在低温季节要妥善保护，以防止发生冻裂、冻胀破坏。

（5）与道路相交的倒虹吸管，严禁超重车辆通过，以免压坏管身。

（三）涵洞

（1）保证涵洞进口无泥沙淤积，发现泥沙淤积应及时清理。

（2）保证涵洞出口无冲刷淘空等破坏，并注意进出口处其他连接建筑物是否发生不均匀沉陷、裂缝等。

（3）按明流设计的涵洞严禁有压运行或明满流交替运行。启闭闸门要缓慢进行，以免洞身内产生负压、水击现象。

（4）路基下涵洞顶部严禁超载车辆通过或采取必要措施，以防止涵洞的断裂。

（5）能够进入的涵洞要定期入内检查，查看有无混凝土剥蚀、裂缝漏水和伸缩缝脱节等病害发生。发现病害，应及时分析原因并修补处理。

（四）跌水和陡坡

（1）要防止水流对跌水和陡坡本身及下游护坦的冲刷,特别注意防止跌坎的崩塌与陡坡的滑塌、鼓起等现象。

（2）冬季停水期和用水前对下游消力设施应进行详细检查,发现损坏应予以修理。

（3）冬季停水后应清除池内积水,防止结冰、冻裂。应及时清理池内乱石、碎砖、树枝等杂物。

（4）严禁在跌水口上游设闸壅水。

（五）桥梁

（1）桥梁旁边应设置标志,标明其载重能力和行车速度,禁止超负荷的车辆通行。

（2）钢筋混凝土或砌石桥梁,应定期进行桥面养护或填土修路工作,要防止桥面因裸露而损坏。

（3）对桥梁周围及桥孔的柴草、碎渣、冰块等应及时清除,防止阻塞壅水。

（4）对桥孔上下游护底应经常检查,如有淘空、砌石松动等现象应及时修理。

（六）特设量水设备

特设量水设备包括量水槽、量水堰、量水喷嘴等,在管理养护中应注意以下几点:

（1）经常检查水标尺的位置与高程,如有错位、变动,应及时修复。水标尺刻划不清的,要描画清楚,以便于准确的观测。

（2）要经常检查量水设备上下游冲刷或淤积情况,如有淤积或冲刷,要及时处理,尽量恢复原水流状态,以保持量测精度。

（3）配有观测井的量水设备,要定期清理观测井内杂物,并经常疏通观测井与渠道水的连通管道,使量水设备经常处于完好状态。

四、渠道常见病害的防治

渠道的病害形式多种多样,主要有冲刷、淤积、渗漏、洪毁、沉陷、滑坡、裂缝、蚁害及风沙埋没等,渠道渗漏、沉陷、裂缝、蚁害等病害处理可参见有关学习内容,以下就严重影响渠道输水或危及渠道安全的常见病害及处理加以介绍。

（一）渠道冲刷及处理

1.冲刷产生的原因

渠道冲刷主要发生在狭窄处、转弯段以及陡坡段,这些渠段水流不平顺且流速较大,往往造成渠道的冲刷。具体原因主要是设计不合理、施工质量差和管理运用不善等。

2.冲刷的处理

渠道冲刷问题应根据冲刷产生的原因,采取相应措施进行处理。

（1）因渠道设计问题,造成渠道流速超过渠道不冲流速,导致渠道冲刷时,可采取建跌水、陡坡、砌石护坡护底等办法,调整渠道纵坡,减缓流速,达到不冲的目的。

（2）渠道土质不好,施工质量差,引起大范围的冲刷时,可采取夯实渠床或渠道衬砌措施,以防止冲刷。

（3）渠道弯曲过急、水流不顺,造成凹岸冲刷时,根治办法是:如地形条件许可,可裁弯取直,加大弯曲半径,使水流平缓顺直,或在冲刷段用浆砌石或混凝土衬砌。

（4）渠道管理运用不善，流量猛增猛减，水流淘刷或其他漂浮物撞击渠坡时，可从加强管理入手，避免流量猛增猛减，消除漂浮物。

（二）渠道淤积及处理

1. 淤积产生的原因

渠道淤积主要是由于坡水入渠挟带大量泥沙所致的。此外，有些灌区水源含沙量大，取水口防沙效果不好，也会造成泥沙淤积。

2. 淤积的处理

1）防淤

（1）在渠道设置防沙、排沙设施，减少进入渠中的泥沙。

（2）改变引水时间，即在河水含沙量小时，加大引水量；在河水含沙量大时，把引水量减小到最低限度，甚至停止引水。

（3）防止客水挟沙入渠。如遇大雨、发生山洪，应严防洪水进入渠道，淤积渠床。

（4）用石料或混凝土衬砌渠道。通过衬砌渠道，减小渠床糙率，加大渠道流速，从而增大挟沙能力，减少淤积。

2）清淤

渠道产生淤积后，渠道过水断面减小，输水能力降低。因此，为了保证渠道能按计划进行输水，必须进行清淤。渠道清淤的方法，有水力清淤、人工清淤、机械清淤等。

（1）水力清淤。在水源比较充足的地区，可在每年秋冬非用水季节，利用河流、水库或泉源含沙量很低的清水，按设计流量引入渠道，有计划有步骤地分段用现有排沙闸、泄水闸等工程泄水拉沙，先上游后下游，逐段进行，最后一段泥沙从渠尾排入河道中。在淤积严重的渠段，可辅以人工用铁锹、铁耙等工具搅动，加强水流挟沙能力。有的渠道也常利用防洪、岁修断流时机，泄水拉沙，效果也较好。

（2）人工清淤。是我国目前运用最普遍的清淤方法。在渠道停水后组织人力用铁锹等工具挖除渠道淤沙。一般一年进行 1~2 次，北方地区在秋收后至土地冻结前进行一次，春季解冻后再进行一次；南方地区多与岁修结合起来进行清淤。人工清淤时应注意不要损坏渠道边坡。

（3）机械清淤。使用机械清淤能节省大量的劳力，提高清淤效率。主要应具备以下条件：沿渠要有通行机械的道路；渠道植树应考虑机械清淤的要求；泥沙堆积段比较集中，要具备处理措施等。

机械清淤，主要是用吸泥船、挖土机、开挖机、推土机、塔式铲运装置等机械来清除渠道中的淤沙。

（三）渠道滑坡及处理

1. 滑坡产生的原因

渠道产生滑坡的原因很复杂，归纳起来可分为内因和外因两个方面。

1）产生滑坡的内因

（1）材料抗剪强度低。如由软弱岩石及覆盖土所组成的斜坡，在雨季或浸水后，抗剪强度明显降低，而引起滑坡。

（2）岩层层面、节理、裂隙切割。顺坡切割面，极易破坏岩层的完整性，遇水软化后，其上部的岩土层会失去抗滑稳定性。

（3）地下水作用。地下水位较高时,渠道将产生渗透压力、侵蚀、渗漏等,降低边坡抗滑能力而导致滑坡。

（4）新老接合不良。渠道的新老接合面、岩土接合面等,往往是薄弱环节,处理不当,易造成漏水而导致崩塌滑坡。

2）产生滑坡的外因

（1）边坡选择过陡。当地质条件较差时,边坡过陡,易引起滑坡现象。

（2）施工方法不当。如不合理的爆破开挖,先抽槽后扩坡,在坡脚大量取土,随意堆放弃土等,均会增加滑坡的可能性。

（3）排水条件差。若排水系统排水能力不足或失效,就会引起渠道抗滑能力降低而产生滑坡。

2.滑坡的处理

生产实际中处理滑坡措施较多,一般有排水、减载、反压、支挡、换填、改暗涵,还可加对撑、倒虹吸、渡槽和改线等。

1）砌体支挡

渠道滑坡地段,如受地形限制,单纯采用削坡方量较大时,则可在坡脚及边坡砌筑各种形式的挡土墙支挡,用于增加边坡抗滑能力。

挡土墙的形式较多,如重力式、连拱式、倾斜式及自上而下分级式挡土墙等,如图5-5所示。施工时应注意边削坡边砌筑,防止继续滑坡。

2）换填好土

渠道通过软弱风化岩面或淤泥等地质条件较差地带,产生滑坡的渠段,除削坡减载外,可考虑换填好土,重新夯实,改善土的物理力学性质,以达到稳定边坡的目的。一般应边挖边填,回填土多用黏土、壤土或壤土夹碎石等。

3）明渠改暗涵或加支撑

当过陡的边坡改为缓坡有困难时,可根据具体情况,分别采用暗涵、钢筋混凝土板加支撑或挡土墙等办法处理,如图5-6所示。

4）渠道改线

一般中小型渠道,在选线时地质勘探不细或根本未勘探,致使渠段筑在地质条件很差,甚至在大滑坡或崩塌体上,渠道稳定性无保证,一旦雨水入渗整个渠段会发生位移、沉陷。采用上述措施难以解决时,应考虑改线。

（四）渠道防洪

1.洪毁产生的原因

山丘区、洼地灌区,由于渠系规划,渠道所通过的地段,打乱了原有的天然水系,截断了许多沟谷,沿渠线路将形成许多的小块积雨面积,遇有汛期,这些小块的集雨范围内会形成暴雨洪水,如果不及时处理,将造成山洪灾害,影响渠道的正常运用,甚至造成渠系工程的破坏。

2.防洪措施

要做好渠道防洪,应着重解决以下问题:

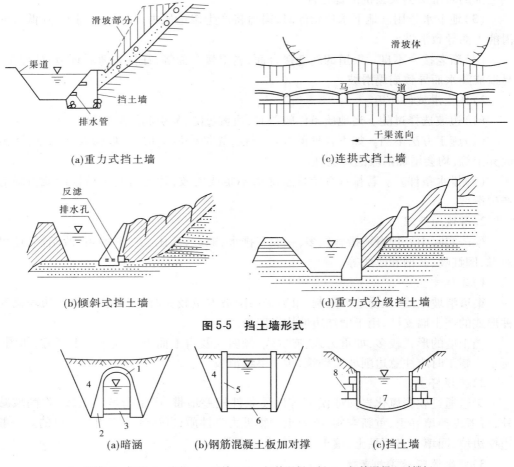

(a)重力式挡土墙

(c)连拱式挡土墙

(b)倾斜式挡土墙

(d)重力式分级挡土墙

图 5-5 挡土墙形式

(a)暗涵

(b)钢筋混凝土板加对撑

(c)挡土墙

1—顶拱;2—侧墙;3—底板;4—回填土;5—钢筋混凝土板;6—钢筋混凝土对撑杆;
7—混凝土反拱底板;8—预制混凝土块或砌石

图 5-6 渠道滑坡处理示意图

（1）复核渠道的防洪标准,对超标准洪水应严格控制入渠。

（2）在渠道与河沟相交时,应设置排洪建筑物。傍山渠道应设拦洪、排洪沟槽,将坡面的雨水、洪水就近引入天然河沟。

（3）加强渠道上的排洪、泄洪工程管理,保持排泄畅通。

当渠道被洪水冲毁后,应及时进行修复。

（五）渠道防风沙

在气候干旱、风沙很大的地区,渠道常会遭到风沙埋没,影响渠道正常工作。风沙的移动强度取决于风力、风向和植被对固沙的作用等,一般 3～4 m/s 的风速,就可使 0.25 mm 的沙粒移动。防止风沙埋渠的根本措施是营造防风固沙林带进行固沙。陕西榆林地区一般在渠旁 50 m 宽范围内,垂直主风向,营造林带,交叉种植乔木与灌木,起到了较好的防风固沙作用。此外,如当地有充足的水源条件,可引水冲沙拉沙,用水拉平渠道两旁的沙丘,也可减少风沙危害。

任务四　渠道的防渗

一、渠道防渗的作用

　　渠道防渗是提高水的利用率、节约灌溉用水、充分利用水资源、提高灌溉效率的有效措施。据调查,由于缺少渠道防渗措施,我国目前渠系水利用系数普遍较低,大中型灌区在0.5以下。渠道输水损失大,不仅造成了水量的浪费,而且减少了灌溉面积,抬高了地下水位,导致盐碱化及渍害的发生,严重影响了农业生产。为了减少渠道输水损失,近年来各地广泛采取了渠道防渗措施,取得了明显效果。如陕西省泾惠渠采用四级渠道防渗后,渠系水利用系数由0.59提高到0.85。采取渠道防渗措施,不仅能提高渠系水的利用系数,达到节约用水的目的,而且可节省灌区管理运行费用,扩大灌溉面积,降低地下水位,防止土壤盐碱化以及防止渠道冲刷、淤积及坍塌等。因此,要加强渠道防渗工作。

二、渠道防渗工程技术措施

　　渠道防渗工程技术措施很多,一般包括改变渠床土壤透水性能和在渠床上加做防渗层两种方法。按使用材料可分为黏土防渗、灰土防渗、砌石护面防渗、混凝土衬砌防渗、塑料薄膜防渗和沥青材料防渗等。现将各类防渗措施的具体施工方法和技术要求,简述如下。

(一)黏土防渗

1.土料夯实防渗

　　用人工或机械对渠底和内坡进行夯压,增加渠床土壤密实度,减弱土壤透水性。它具有造价低、适应面广、施工简便和防渗效果好等优点,主要适用于黏性土渠道。陕西省水利科学研究所的试验表明,如仅将渠底黄土夯实(影响深度30~40 cm),每千米渠道渗漏损失可由原来的2.42%减少到1.6%,减少渗漏量34%。如全断面夯实(底30 cm、坡50 cm),则渗漏量由原来的每千米3.3%减少为0.13%,减少渗漏量约96%。

　　施工时,先将渠道清淤除草,然后翻松土壤,分层夯实,一般渠床夯实防渗厚度为:温暖地区0.3~0.5 m,寒冷地区0.5 m以上。夯实时,应严格控制土壤含水量使之接近最优含水率,这样才能获得最大的干容重和最小的透水性。

2.黏土护面防渗

　　黏土护面防渗适用于渗透性较大的渠道,具有适用范围广、能就地取材、造价低、施工简便、防渗效果较好等优点。

　　黏土防渗层厚度一般为15~30 cm,施工时,先按防渗层厚度整修渠床,铺筑前,应将黏土粉碎、过筛、加水湿润,控制含水量为18%~20%。铺筑时,应先将渠床洒水湿润,再将黏土铺在渠底,并按规定的厚度摊平,其上洒一层1~2 cm厚的干黏土,待达到最优含水量时,即行夯实,干容重控制在1.5~1.7 t/m³。对渠坡则采用逐层夯实的方法铺筑,如用人工夯实,每层厚度不大于10 cm。

(二)灰土防渗

灰土防渗具有防渗效果较好、造价低、投资少、技术简单、能就地取材等优点。在我国南方温暖地区的中小型渠道应用较多。

1. 灰土护面防渗

灰土护面按所用材料分为二合土和三合土两种。二合土是石灰和土料,二者的配合比一般为3:7或4:6;三合土为石灰、黏土和砂子,它的配合比为1:1:2、1:1:5、1:2:3等。灰土护面防渗的主要缺点是抗冻性能差,因此在北方地区使用时需加保护层,衬砌厚度一般为20~40 cm,压实后二合土的干容重要求不小于1.45 t/m³,三合土的干容重要求不小于1.65 t/m³。

灰土铺筑前,应先严格按配合比进行配料,然后将配料拌和均匀,并闷料3~5 d,使其熟化。铺料前要求处理渠道基面,削土厚度等于灰土衬砌厚度。为增强渠基土与防渗层间的接合,可用锄头等工具将基土表面锤打成陷窝。铺筑时,宜采用先渠坡后渠底的顺序施工,应从上游向下游铺筑。当防渗层厚度大于15 cm时,应分层铺筑夯实。新施工的灰土应防风、防晒、防冻,以免裂缝或脱壳,影响质量。灰土护面防渗,可减少渗漏量85%~90%,使用年限可达5~25年。

2. 水泥土护面防渗

水泥土是一种性能较好而且比较廉价的新型防渗材料。早在20世纪40年代,国外就开始将其用于渠道防渗,自70年代以来,我国水利部门对水泥土材料进行了积极的研究和试用,使水泥土材料在河道护岸、海堤护坡、渠道防渗、农田暗排灌等大小水利工程上得到了较快发展。水泥土防渗可减少渠道渗透量70%~85%。山东贺庄灌区支渠采用预制块水泥土衬砌,经测定,渠道渗漏量减少77%~84%。

水泥土主要由土料、水泥和水等原料按一定比例配合而成。无冻融作用的地区水泥土的配合比为1:9~1:7,有冻融作用的地区配合比为1:6~1:5。水灰比,对于沙壤土为0.75~1.00,对于重壤土为1.1~1.45。土料黏粒含量宜为8%~12%,沙粒含量宜为50%~80%,有机质含量不宜超过2%,酸碱度(pH值)应为4~10。一般水工混凝土使用的水泥均可拌制水泥土,常用的水泥为22.5(R)~32.5(R)。

现场浇筑水泥土时,应先洒水湿润渠基,安设伸缩缝模板,然后按先渠坡后渠底的施工顺序铺筑。水泥土料应摊铺均匀,浇捣拍实。每个浇筑块,必须一次铺筑完成,每次拌和料从加水到铺完应在2 h内。为防止温度应力影响,一般情况下,纵向每隔4~5 m、横向每隔3~5 m,设一条伸缩缝,缝中填入聚氯乙烯胶泥。

水泥土预制块的生产、铺筑与现场铺筑水泥土的施工要求相同。

(三)砌石护面防渗

砌石护面防渗是一种较好的措施,具有防渗效果好,抗冲耐磨能力强,防腐、耐久性好,能就地取材,施工方便等优点。它适用于石料来源丰富的地区。石料可分为卵石、块石和条石等。砌筑方法有干砌石挂淤、干砌石勾缝和浆砌块石三种。

1. 干砌石挂淤

按采用的石料可分为干砌卵石或干砌块石,目前较多地采用干砌卵石挂淤形式。干砌石的防渗效果,一方面是由于能加大流速,减小断面,从而减小湿周长度;另一方面随着运用过程的自然挂淤减少缝隙而提高防渗能力,渗漏率可减小到每千米 0.38% ~ 0.5%。对于砂砾地基或沙漠地带的坡度大而渗透严重的渠道,的确是一种经济的抗冲防渗措施,其断面形式如图 5-7 所示。

干砌卵石的砌筑方法至关重要,务使卵石之间靠紧,只许有三角缝,不许有四角眼。

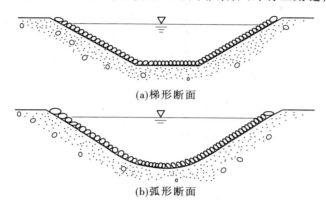

(a)梯形断面

(b)弧形断面

图 5-7　干砌卵石挂淤示意图

2. 干砌石勾缝

干砌石勾缝是在干砌块石护面基础上,用 30 号水泥石灰砂浆或最大粒径不大于 1.5 cm 的细骨料混凝土填塞缝隙,表面用不低于 M5 水泥砂浆勾缝,以提高防渗效能。特别适用于采用石板防渗的情况。施工时,石板间预留 1 ~ 2 cm 缝隙,以便填筑砂浆,既节约砂浆又整齐美观,防渗效果可达 80% ~ 90%,相当于浆砌块石的防渗效果。

3. 浆砌块石

浆砌块石是目前较为广泛采用的一种防渗形式,它不仅防渗效果好,而且抗冲耐磨,坚固持久。防渗层厚度视所用石料而定,一般为 20 ~ 30 cm,砌筑砂浆可用 M5 水泥黏土(或石灰)砂浆,M7.5 号水泥砂浆勾缝。常见的断面为梯形,只有在气候严寒易受冻胀的情况下,或陡峻山坡上的渠道,方采用挡土墙式的近似矩形断面,见图 5-8。

为适应温度的变化,每隔 20 ~ 50 m 应留一条伸缩缝。缝宽 2 ~ 3 cm,以沥青∶水泥∶砂按质量比为1∶1∶4的掺合料作为止水材料填缝。

(四)混凝土衬砌防渗

混凝土衬砌防渗渠道是目前广泛采用的一种渠道防渗措施,它的优点是:防渗效果好、耐久性好、强度高、过水断面小、适应性广泛、管理方便。一般可减少渗漏损失量 85% ~ 95%,使用年限 30 ~ 50 年。

混凝土衬砌方法有现场浇筑和预制装配两种。现场浇筑的优点是衬砌接缝少,与渠床结合好;预制装配的优点是受气候的影响小,混凝土质量容易保证,并能减少施工与渠道进水的矛盾。衬砌常用的混凝土强度等级为 C8 ~ C13。衬砌厚度一般南方为 5 ~ 10 cm,北方为 10 ~ 15 cm。

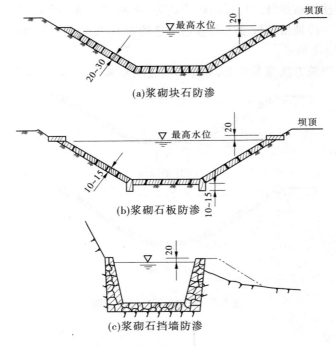

(a)浆砌块石防渗

(b)浆砌石板防渗

(c)浆砌石挡墙防渗

图5-8　浆砌块石防渗示意图　（单位:cm）

混凝土衬砌渠道的断面形式常为梯形,其优点是便于施工。其内边坡系数可根据《渠道防渗工程技术规范》(SL 18—2004)确定。其结构形式主要有矩形板、楔形板、肋梁板和槽形板等四种。为防止混凝土板因受温度变化、不均匀沉陷等因素影响引起裂缝,施工时均需设纵向、横向伸缩缝,缝宽一般为 $1 \sim 1.5$ cm,横向伸缩缝的间距见表5-4,伸缩缝常用沥青砂浆和聚乙烯胶泥填入。

表5-4　混凝土衬砌横向伸缩缝间距

衬砌厚度 t （cm）	横缝间距 L （m）	L/t
$5 \sim 7$	$2.5 \sim 3.5$	50
$8 \sim 9$	$3.5 \sim 4.0$	45
>10	$4.0 \sim 5.0$	40

近年来,混凝土 U 形渠道以其水力条件好、经济合理、防渗效果好等优点,得到了较快发展。U 形渠道衬砌可采用专门的衬砌机械施工,施工速度快且省工、省料。

（五）塑料薄膜防渗

随着塑料工业的发展,塑料薄膜作为新型防渗材料在渠道防渗中得到越来越广泛的应用。目前,通用的塑料薄膜为聚氯乙烯和聚乙烯。它具有防渗效果好、适应性强、抗冻抗热性能好、质量轻、施工简便等优点,目前多用于中小型渠道防渗。塑料薄膜防渗可减少渗漏量90% ~95%,使用年限为10 ~20 年。

塑料薄膜防渗断面形式一般为梯形,边坡宜缓些,根据各地运用情况,边坡系数可按

表5-5 选用。

表5-5　塑料薄膜防渗渠的边坡系数表

土类	水深(m)			
	1.0	1.5	2.0	2.5
细粉沙土	2.0	2.25	2.5	3.0
沙壤土	1.75	2.0	2.25	2.5
壤土	1.5	1.75	2.0	2.25
黏土	1.25	1.5	1.75	2.0

为了增加塑料薄膜的使用寿命,薄膜上面覆盖一定厚度的土层保护。根据保护的部位,渠底和渠坡可选用不同厚度的保护层,一般要求渠底保护层厚 30~50 cm,渠坡保护层厚 40~60 cm。

塑料薄膜施工时,需先开挖基槽,基槽可采用梯形、复式梯形、锯齿形等形式,如图5-9所示。梯形基槽断面的边坡为1:0.5~1:1.5,适用于小型渠道。锯齿形基槽断面的边坡为1:1~1:2.0,适用于大型渠道。

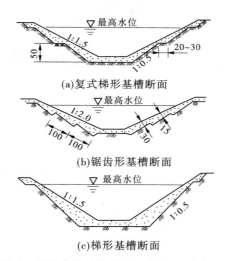

(a)复式梯形基槽断面
(b)锯齿形基槽断面
(c)梯形基槽断面
图5-9　塑料薄膜基槽断面示意图　（单位:cm）

薄膜铺设前,先将其裁成 30~50 m 或 100 m。然后用热合机将其焊接成设计要求的尺寸。铺设时洒水湿润表土,使薄膜贴在基土上,不能拉得太紧,铺好后即填筑保护层,保护层可采用一次或分次填筑,人工夯实时,一次回填土料厚度为 20 cm 左右。

（六）沥青材料防渗

沥青防渗材料主要有沥青玻璃布油毡、沥青砂浆、沥青混凝土等。沥青材料防渗具有防渗效果好、耐久性好、投资少、对地基变形适应性好等优点,可减少渗漏量90%~95%,使用年限10~25年。

1. 沥青玻璃布油毡防渗

沥青玻璃布油毡衬砌前应先修筑好渠床,后铺砌油毡。铺砌时,由渠道一边沿水流方向展开拉直,油毡之间搭接宽度为 5 cm,并用热沥青玛琦脂黏结。为了保证黏结质量,可用木板条均匀压平粘牢。最后覆盖土料保护层,保护层的厚度与塑料薄膜防渗基本相同。

2. 沥青混凝土防渗

用沥青做胶结材料,与石料、砂子、矿粉等加热拌和,铺在渠床上,压实压平,中小型渠道一般护面厚度为 4~5 cm,大型渠道为 10~15 cm。一般渠道防渗用沥青混凝土,常用的沥青含量为 6%~9%,骨料配合比范围大致是:石料 35%~50%,砂 30%~45%,矿粉 10%~15%。

3. 沥青砂浆防渗

沥青与砂配合比为 1:4,拌匀后加温至 160~180 ℃,即在渠道现场摊铺、压平,厚 2 cm,上盖保护土层。

渠道防渗工程技术措施很多,在选择防渗工程措施时,应注意以下原则:防渗效果好,有一定的耐久性;因地制宜,就地取材,施工简易,造价低廉;能提高渠道的输水能力及抗冲能力,保持渠道稳定;便于管理养护,维修费用低。

项目案例

案例一　坝下涵管病害处理工程实例

事件一

山东省日照水库,1959 年建成,最大坝高为 26.5 m,坝下为廊道式钢筋混凝土圆管,基础为风化片麻岩,裂隙严重,中间有一道冲沟,曾用低强度等级水泥砂浆块石处理。自 1960 年发现管壁裂缝后越来越严重,漏水也日益严重,影响涵洞正常运用,并威胁到大坝安全,如图 5-10(a)所示。

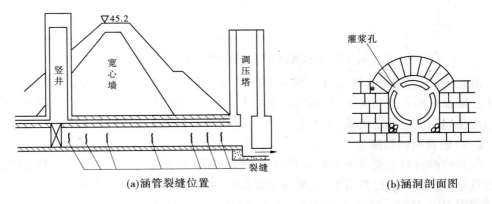

(a)涵管裂缝位置　　　　　　　　　　　　(b)涵洞剖面图

图 5-10　日照水库涵洞裂缝位置及涵洞剖面图　(单位:m)

事件二

河北省钓鱼台水库,由于运用期间产生明满流交替的半有压流态,因此运用初期,浆砌块石洞壁漏水,漏水点有 29 处。2 年后,在 92 m 长的洞壁上漏水点发展到 59 处。

事件三

广东省马踏石水库土坝下埋设高 1.2 m、宽 0.6 m 的浆砌石涵洞,顶拱用砖砌筑。在运用期间断裂漏水,先后有 13 处被漏水淘空。

事件一处理

1975 年 1 月采取了灌浆处理,并用环氧砂浆作了封堵处理,如图 5-10(b)所示。处理后,至今运用正常。

事件二处理

根据这种情况,进行了水泥灌浆处理。全洞共钻孔 120 个,浆孔布设在洞壁两侧,每侧两排,上下错开呈梅花形。上排离洞底 0.7~0.8 m,孔深 0.7~0.9 m;下排离洞底 0.1 m,孔深 1~1.2 m,如图 5-11 所示。灌浆压力为 10~20 N/cm²,后因库水位上升,因而升压灌浆,最大灌浆压力达 28 N/cm²,浆液水灰比 4:1,以后逐渐加稠到 0.8:1,为了加快水泥浆的凝固,在浆液中加入水量 2% 的速凝剂,经灌浆处理,基本止住了漏水,效果很好。

事件三处理

采用内套钢丝网水泥管处理,管壁厚 3 cm,在工地分段浇筑后进行安装,安装后在新老管间进行灌浆处理,效果很好,如图 5-12 所示。

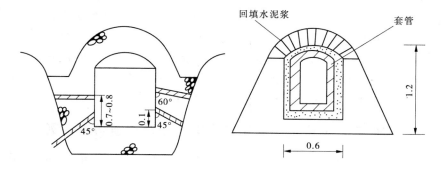

图 5-11　钓鱼台水库涵洞灌浆孔剖面图　（单位:m）　　**图 5-12　马踏石水库涵管处理图**　（单位:m）

案例二　我国南水北调工程的隧洞简介

南水北调工程的隧洞主要包括东线穿黄隧洞、中线穿黄隧洞、西线巴颜喀拉山隧洞等。下面重点介绍东线穿黄隧洞和中线穿黄隧洞。

一、南水北调东线穿黄隧洞工程

南水北调东线穿黄隧洞工程是穿越黄河工程的重中之重,1986 年开始勘探试验洞建设,2007 年 12 月底正式开工建设,2010 年 3 月 25 日穿黄隧洞全线贯通并转入衬砌施工,衬砌施工最后一仓混凝土于 2011 年 10 月 29 日凌晨 2 时 40 分浇筑完成,标志着穿黄隧洞主体工程顺利完工。

穿黄隧洞工程位于山东省泰安市东平县和聊城市东阿县境内,在黄河主河槽隐伏山梁下穿过,最大埋深达 70 m,开挖洞径 8.9 ~ 9.5 m,洞长 585.38 m,隧洞为有压圆形隧洞,采用钢筋混凝土衬砌,内径 7.5 m,设计流量 100 m³/s。隧洞围岩主要为厚层、中厚层灰岩,隧洞开挖揭露断层 14 条,工程地质条件复杂。参建单位和广大建设者克服了涌水、渗水和岩石坍塌等种种困难,在确保工程质量和安全前提下,顺利完成主体工程建设任务,为南水北调东线一期的按期通水创造了有利条件。

整个穿黄工程由东平湖湖内疏浚、出湖闸、南干渠、埋管进口检修闸、滩地埋管、穿黄隧洞、出口闸、穿引黄渠埋涵及连接明渠等建筑物组成。

南水北调东线一期将于 2013 年建成通水,穿黄工程是南水北调东线的关键控制性项目,工程建成后将实现调引长江水至鲁北地区,同时具备向河北省、天津市应急供水的条件。

二、南水北调中线穿黄隧洞工程

南水北调中线穿黄隧洞工程是人类历史上最宏大的穿越大河的水利工程。穿黄工程位于河南省郑州市黄河上游约 30 km 处,线路总长 19.30 km,主体工程由南岸渠道、北岸渠道、南岸退水洞、进口建筑物、穿黄隧洞、出口建筑物、北岸防护堤、北岸新老蟒河交叉工程,以及孤柏嘴控导工程等组成。其中,最引人瞩目的也是难度最大的穿黄隧洞,单洞长 4 250 m,包括过河隧洞和邙山隧洞,其中过河隧洞段长 3 450 m,邙山隧洞段长 800 m,隧洞采用双层衬砌,外衬为预制钢筋混凝土管片,内径 7.9 m,内衬为现浇预应力钢筋混凝土,成洞内径为 7.0 m。隧洞为双洞平行布置,中心线间距为 28 m,各采用 1 台泥水平衡盾构机自黄河北岸竖井始发向南岸掘进施工。穿黄隧洞最大埋深 35 m,最小埋深 23 m。

穿黄隧洞工程于 2005 年 9 月 27 日开工,2010 年 9 月 27 日全线贯通,历时整 5 年。穿行在隧洞之中,令人惊叹于人类改造自然的不朽功勋。

案例三　河南省林州市红旗渠建设及渠道防渗实例

红旗渠位于河南省林州市(原林县),林州市处于河南、山西、河北三省交界处,历史上严重干旱缺水。为了改变因缺水造成的穷困,林县人民从 1960 年 2 月开始修建红旗渠(原称"引漳入林"工程),工程于 1969 年 7 月竣工。红旗渠是全国重点文物保护单位,被世人称为"人工天河",在国际上被誉为"世界第八大奇迹"。

红旗渠以浊漳河为源。渠首位于山西省平顺县石城镇侯壁断下。总干渠长 70.6 km,渠底宽 8 m,渠墙高 4.3 m,纵坡为 1/8 000,设计加大流量 23 m³/s,全部开凿在峰峦叠嶂的太行山腰,工程艰险。

红旗渠总干渠从分水岭分为三条干渠。第一条干渠向西南,经姚村镇、城郊乡到合涧镇与英雄渠汇合,长 39.7 km,渠底宽 6.5 m,渠墙高 3.5 m,纵坡 1/5 000,设计加大流量 14 m³/s,灌溉面积 35.2 万亩;第二条干渠向东南,经姚村镇、河顺镇到横水镇马店村,全长 47.6 km,渠底宽 3.5 m,渠墙高 2.5 m,纵坡 1/2 000,设计加大流量 7.7 m³/s,灌溉面积 11.6 万亩;第三条干渠向东到东岗乡东芦寨村,全长 10.9 km,渠底宽 2.5 m,渠墙高 2.2 m,纵坡 1/3 000,设计加大流量 3.3 m³/s,灌溉面积 4.6 万亩。

红旗渠灌区共有干渠、分干渠 10 条,总长 304.1 km;支渠 51 条,总长 524.1 km;斗渠 290 条,总长 697.3 km;农渠 4 281 条,总长 2 488 km;沿渠兴建小型一、二类水库 48 座,塘堰 346 座,共有兴利库容 2 381 万 m³,各种建筑物 12 408 座,其中凿通隧洞 211 个,总长 53.7 km,架渡槽 151 个,总长 12.5 km,还建了水电站和提水站。红旗渠灌区已成为"引、蓄、提、灌、排、电、景"成龙配套的大型体系。

红旗渠工程总投工 5 611 万个,共完成土石砌方 2 225 万 m³。总投资 12 504 万元,其中国家投资 4 625 万元,占 37%,社队投资 7 878 万元,占 63%。

红旗渠的建成,彻底改善了林州人民靠天等雨的恶劣生存环境,解决了 56.7 万人和 37 万头家畜吃水问题,54 万亩耕地得到灌溉,粮食亩产由红旗渠未修建的 100 kg 增加到 1991 年的 476.3 kg,被林州人民称为"生命渠"、"幸福渠"。

为了提高灌区渠系水有效利用系数,林州市先后三次对红旗渠进行了技术改造,共投资 1 800 万元,使红旗渠水有效利用系数由原来的 0.3 提高到 0.45 以上。

职业能力实训

实训一　基本知识训练

一、填空题

1. 隧洞气蚀的处理措施有 _____、_____、_____、_____、_____。

2. 为防止渠道水流冲刷和泥沙淤积,渠道流速应控制在 _____。

3. 渠道病害主要有 _____、_____、_____、_____、_____ 等。

二、名词解释

1. 不冲流速
2. 不淤流速

三、选择题(正确答案 1~3 个)

1. 下列属于坝下涵管断裂漏水的加固及修复措施的有(　　)。
A. 喷混凝土加锚杆联合支护　　　　B. 内衬或加套管
C. 喷混凝土、锚杆和钢筋网联合支护　　D. 顶管法建新管

2.渠道控制运用的一般原则是( )。

A.流量控制   B.流速控制

C.泥沙控制   D.水位控制

3.为防止渠道水流冲刷和泥沙淤积,渠道流速应控制在( )。

A.$v > v_{淤}$ B.$v < v_{冲}$

C.$v_{不淤} < v < v_{不冲}$ D.$v_{不冲} < v < v_{不淤}$

四、简答题

1.坝下涵管常见病害有哪些? 分别如何处理?

2.隧洞常见病害有哪些? 分别如何处理?

3.渠道常见病害有哪些? 分别如何处理?

4.渠道防渗常用的工程技术措施主要有哪些? 简要回答各种措施的优点。

实训二 职业活动训练

1.组织学生到水库实地了解涵管的工作条件及运行情况。

2.组织学生对隧洞破坏实例进行分析,提出各自的处理措施。

3.组织学生实地参观渠道工程的组成及运行情况。

4.组织学生观看系列录像片《红旗渠》、《江都水利枢纽》、《南水北调工程》。

项目六 堤坝防汛抢险

【学习目标】
1. 能理解我国的防洪减灾体系。
2. 能掌握水库、堤坝的防汛抢险技术。
3. 能具备河道修防工、防治工、土石维修工、混凝土维修工等基本知识。

任务一 我国的防洪减灾体系

堤防在我国有着悠久的历史,新中国成立后共建成堤防20多万km,对防御洪水灾害,保障人民生命财产的安全,发挥了巨大作用。随着我国人口的增加,社会经济各方面事业的迅速发展,社会财富的日益增多,在防洪工程取得巨大效益的同时,洪水灾害的经济损失不断增加,对社会环境影响越来越深远,建立安全可靠的防洪减灾体系,进一步提高防洪能力,减少洪灾损失,遏制洪水灾害对社会环境的影响已是当代社会的一项重大任务,建立具有中国特色的科学的防洪减灾体系是一个值得深入研究的问题。

一、防洪工程体系

防洪是指人类在与洪水灾害作斗争的过程中,为防止或减轻洪灾损失,确保人民生命财产安全,取得生态环境良性建设和经济社会可持续发展所采取的一切手段和措施。防洪措施就是为了防御洪水、减免洪水灾害而采取的一系列措施,包括防洪工程措施和防洪非工程措施。

防洪工程措施是指通过采取工程手段控制调节洪水,以达到防洪减灾的目地,主要包括堤防工程、蓄滞洪工程、水库工程、河道整治工程等,就其性质而论,可概括为"拦、蓄、分、泄"四方面。

(一)堤防工程

堤防工程是沿河、渠、湖、海岸或行洪区、分洪区、围垦区的边缘修筑的挡水建筑物,它是人类在与洪水作斗争的实践中最早使用且至今仍被广泛采用的一种重要的防洪工程。修筑堤防的目的是防止河水、湖水、海潮的漫溢及泛滥造成的灾害,保护居民和工农业生产。

根据堤防的筑堤位置,堤防分为河(江)堤、湖堤、海堤、渠堤、库堤等。在江河两岸修筑堤防,可以束缚洪水,将洪水限制在行洪道内,使同等流量的水深增加,行洪流速增大,有利于泄洪排沙,使水流顺流入海,防止漫溢成灾。在湖泊周围修建堤防,可以控制汛期洪水水位,限制淹没面积,同时增加湖泊蓄水调洪能力,减轻江河防洪负担。在沿海滩地筑堤,可以阻挡风浪及抗御海潮对低洼地区的袭击,增加陆地面积。在沿渠两侧筑堤,可以减少沟渠占地面积,增加输水能力。在水库周围修建堤防,可以减少水库蓄水时淹没面积,降低淹没损失。

堤防工程要根据其防护对象的防洪标准确定工程级别,要满足相关技术要求。堤防工程要求堤线平顺,河堤还要适应河势流向,避免急弯和局部突出,尽可能少占耕地,少迁村庄。堤线尽量选在地势较高、土质较好的地段,以减少筑堤的工程量。堤距是江河两岸堤线之间的距离。堤距与堤顶高程密切相关,在同一设计流量下,堤距窄,水位将抬高,堤顶就要高些;堤距宽,水位低,则堤顶高程可定得低些。堤距既要使洪水河槽有足够宽度的行洪断面,通过设计洪峰流量,又要保证堤防安全。堤防的横断面一般为梯形或复式梯形。堤顶宽度主要考虑防洪抢险、物料堆存和交通运输要求。堤防边坡设计根据洪水持续时间,要进行渗透性、稳定性等分析计算,在地震区还要考虑抗震要求。

堤防是江河防洪工程体系中的主力军,不论大水小水,年年都要运行,因此堤防的负担重、压力大。按长江水利委员会相关资料估计,长江中下游河道防洪水位抬高 1 m,泄洪能力可以提高 7 000 m³/s 左右,汛期 3 个月就可以增加泄量 500 亿 m³,相当于 1980 年防洪规划安排分滞洪总量的 70%。又据《中国水利报》统计,'98 大洪水截至 1998 年 8 月 10 日,全国防洪效益约达 7 000 亿元,其中大堤占 85% 以上,可见堤防工程效益不可低估。

需要注意的是,修筑堤防也可能带来一些负面影响。如河宽束窄后,水流归槽,河道槽蓄能力下降,河段同频率的洪水位抬高;筑堤后还可能引起河床逐年淤积使水位抬高,以致堤防需要经常加高,而堤防的持续加高又意味着风险的加大。例如,当前荆江大堤临背河高差达到 16 m,黄河曹岗河段大堤临背河高差为 12～13 m。这些情况在堤防工程规划设计和除险加固时必须认真对待。

(二)蓄滞洪工程

通常所谓的蓄滞洪区,系指河道周边辟为临时贮存洪水的湖泊、洼地或扩大行洪、泄洪的区域,相应的工程措施称为蓄滞洪工程,是各类分(蓄、行、滞)洪工程的总称,也是现阶段江河防洪工程体系的重要组成部分。

蓄滞洪区的作用是调蓄洪量,削减河道洪峰流量,降低河道洪水位,确保重点防护区的防洪安全。江河防洪的实践证明,蓄滞洪区是一种行之有效的工程防洪措施。例如:1954 年长江大水,三次运用荆江分洪区,分洪 122.6 亿 m³,降低沙市水位 0.96 m;1983 年 10 月,汉江大水,下游邓家湖、小江湖及杜家台分洪区相继分洪,确保了汉江下游干堤及武汉市的安全。再如,淮河干流行洪区,行洪流量占淮河干流总泄洪能力的 20%～40%,1954 年,14 处行洪区加上临王段、正南洼地等处,共滞蓄水量 109 亿 m³,扣除内水量,滞蓄淮河洪水量约 85.5 亿 m³,防洪效果显著。

我国蓄滞洪区的特点及其存在的问题,概括起来主要有:①蓄滞洪区地处江河中下游,大多数系在湖泊、洼地基础上建设形成,具有蓄洪垦殖双重目的,防洪、生产需兼顾。②工程设施相对简陋,管理粗放,防洪标准不高,有的行蓄洪区标准低,启用频繁,生产、生活基地不稳固,经济发展速度和当地群众生活质量低于其他地区。③区内人口增长快、密度大。如荆江分洪区,1954 年区内人口 17 万人,到 2002 年年底达到 55 万人。我国四大主要江河的蓄滞洪区,平均人口密度 410～530 人/km²,个别的,如淮河濛洼蓄洪区高达

724 人/km²。因此,分洪时人员迁转难度大。④随着社会经济的发展,区内财富逐年增加,分洪损失愈来愈大,而补偿机制不健全。有的蓄滞洪区,不但有肥沃的农田,而且有繁荣的城镇。有的蓄滞洪区是商品粮基地,有的分布有大型工矿、企业和油田。因此,一些蓄滞洪区在决策运用时往往举棋不定,总希望力求保住不用。⑤区内安全建设缓慢,安全设施容量有限。目前,长江、黄河、淮河、海河蓄滞洪区安全设施只能低标准满足区内1/4~1/3人口的临时避险,分洪前有大量人员、财物需要转移。⑥工程建设不完善,排水设施不配套。大部分蓄滞洪区没有进、退水闸,分洪较难适时、适量,退水无法控制,不能满足分洪运用和快速恢复生产的需要。

(三)水库工程

水库是在河道、山谷、低洼地及地下透水层修建挡水坝或堤堰、隔水墙,形成蓄集水的人工湖,是主要的蓄洪工程。在防洪中主要作用是拦蓄洪水,削减洪峰,控制天然径流,改变其原有的时空分布状况,减少下游防洪负担。水库除具有防洪功能外,还具有其他功能,可以集中落差用以发电,可以调节径流用于灌溉农田、城镇供水、水产养殖,也可以改善航道以及水环境等。

水库枢纽工程一般由拦河主坝、副坝、溢洪道、放水洞以及水力发电厂、船闸筏道、拦鱼设备等各类建筑物组成。水库的主要优点是:修建技术难度不大,调度运用灵活,便于凑泄错峰,无愧为下游河道的安全"保险阀"。水库的防洪效益巨大,截至 2010 年年末,我国已建水库 87 873 多座,总库容 7 162 亿 m³。其中,大型水库 552 座,库容 5 594 亿 m³。这些水库在历年防洪中发挥了重要作用。

修建水库工程存在的主要问题是投资大、需要迁移人口、淹没土地以及对生态环境的影响等。此外,水库还存在其他负面影响,如水库削峰消化洪水过程,同时拉长了下游持续高水位的历时,从而增加了堤防防守的时间;蓄洪必拦沙,库尾常因泥沙淤积而影响通航,或因淤积翘尾巴而抬高上游河道洪水位,从而对防洪不利;下游则因水库蓄水拦沙和下泄水沙条件的改变,而引起河床冲刷带来的河势变化问题。在多沙河流上修建水库,尤其应重视泥沙淤积给上、下游带来的一系列问题,既要防止库区因泥沙淤积产生的不利影响;又要注意在集中排沙期间,小水带大沙,可能引起下游河道的逐年淤积萎缩。黄河下游自 20 世纪 80 年代以后,平均流量逐渐减小,河床日趋萎缩,与上游水库滞蓄洪水不无关系。因此,在水库规划及管理运行中,应高度重视这些问题,力争做到既调水又调沙,科学调度运用水库。

(四)河道整治工程

河道整治是按照河道演变规律,因势利导,调整、稳定河道主流位置,改善水流、泥沙运动和河床冲淤部位,扩大过水断面等,以适应防洪、航运、供水、排水等国民经济部门要求的工程措施。

河道整治的目的是确保设计洪水流量能安全畅泄,以控制河势、稳定河槽。河道整治的主要手段有修建控导工程、裁弯工程、展宽工程、疏浚工程、护岸工程和堵汊工程等。

(1)控导工程。修建河道整治建筑物,调整水流,规顺河道,防止岸滩坍蚀,控制河势,以利于行洪、泄洪,如修建丁坝、顺坝、锁坝、护岸、潜坝、鱼嘴等,还有的利用环流建筑物。

（2）裁弯工程。对过分弯曲的河道，裁弯取直，可以缩短河道流程，增大河流比降与流速，提高河道的泄洪能力。

（3）展宽工程。对于堤距过窄或少数卡口河段，通过退堤展宽河道，可以消除卡口，降低束窄段的壅水高度，提高局部河段的泄量以及平衡上下游河段的泄洪能力。

（4）疏浚工程。通过爆破、机械开挖或人工开挖降低河床高程，改善流态，扩大断面，增加泄洪能力。

上述防洪工程措施各有特点与优势，但也各自存在一定的局限性。堤防工程相对简易，造价不高，但堤线长，需年年防守，防汛任务重，管理、岁修工作量大。随着河床的淤积抬高和防洪标准的提高，堤防需经常培厚加高，防洪风险和防汛压力越来越大。因而，堤防工程只宜对付设计标准的常遇洪水，对于超标准洪水，有赖于水库或分蓄洪工程。

设置蓄滞洪区是有效解决超标准洪水的减灾措施，一旦启用，可以快速降低河道洪水位，减轻河道堤防的防洪压力。蓄滞洪区既要为江河防洪服务，又要适应区内居民生存与发展的需要，因此不可轻易运用，更不宜频繁使用。

水库防洪操作灵活，调控方便，效益可观。上游有库，下游无忧。但水库的位置及其规模受地形、地质、淹没迁移和工程造价等因素限制，有较大局限性。对于综合利用水库，因防洪库容有限，仍有大量洪水排往下游，需依靠河道和堤防排泄。此外，水库坝址至防护区的区间洪水，水库自身无能力防御。

河道整治有利于洪水排泄，但整治建筑物如丁坝，可能激起局部水流紊乱，不利于岸坡稳定。因此，希望通过河道整治途径解决上游来水量与安全泄量不协调的矛盾是有限度的，必要时还需依靠分洪、蓄洪来解决。

各类工程防洪措施，各有利弊。建立完善可靠的防洪工程体系就要通过扬长避短，优化组合，既独立又协作，注重发挥江河防洪工程体系的整体作用。

现阶段我国主要江河的洪水治理方针，一般是"拦、蓄、分、泄，综合治理"。如黄河的"上拦下排、两岸分滞"、松花江的"蓄泄兼施，堤库结合"、长江的"蓄泄兼筹，以泄为主"及"江湖两利，左右岸兼顾，上、中、下游协调"等。一个流（区）域，要通过在上游地区的干、支流上修建水库拦蓄洪水，并配合采取水土保持措施控制泥沙入河，在中、下游修筑堤防和进行河道整治，充分发挥河道的排泄能力，并利用河道两岸的蓄滞洪区分滞超额洪量，以减轻洪水压力与危害。具体规划时，不同河流、不同地区应根据其自然地理条件、水文泥沙特性、洪水洪灾特征、社会经济发展需要和防洪任务等有所侧重。

二、信息网络体系

在现代技术条件下，信息网络体系是实现水安全以及水资源调度的基本保障。

（一）信息网络体系建设目标

（1）建成信息源布局合理的高效、可靠、先进、实用的水信息采集系统，全面、快速、准确、及时地为各级防汛抗旱指挥部门提供信息服务。各类信息源流向合理，信息采集、发送、传输、预处理各环节的设施设备先进。显著提高收集水情信息的速度和质量、扩充信息种类、增加信息量的效果。

（2）能确保通信畅通，使防汛指挥命令能迅速下达，重要汛情及时上报。指挥防洪抢

险的通信可靠且机动灵活,并为电视电话会议、传真和异地会商提供通信手段。能及时向可能遭受洪水侵袭地区和重点蓄滞洪区的各部门与居民发布洪水警报,并收集反馈信息。

（3）根据国家及各省、地市防汛抗旱指挥部门的需要,以系统工程、信息工程、专家系统等开发技术为手段,建立能为防洪的重要工作环节提供决策支持的系统,形成覆盖各级防办、厅直属防洪工程管理单位、水文局之间的计算机网络体系,能使各级防汛部门和各级抗旱部门的工作效率、质量、效益和水平有显著提高。

（二）水信息网络体系的组成与功能

水信息网络体系包括信息采集系统、通信系统、计算机网络系统和决策支持系统四大系统,各系统的功能简述如下。

1. 信息采集系统

完成所有水情、旱情、灾情、工情信息的采集和向分中心、中心的信息传输。所有水情测点在 20 min 内能将信息采集并传输至相应的汇集中心。

2. 通信系统

完成下级防汛单位向上级单位的通信,并为组建计算机广域网提供信道,保证国家、省防办、市（地）防办、厅直属防洪工程管理单位、省驻市（地）水文局的通信畅通。

3. 计算机网络系统

形成覆盖全区域地市级以上防汛抗旱单位的计算机网络系统,实现快速传输各类防汛抗旱信息。情信息能在 10 min 内从各分中心全部传输到国家防办,同时为水利系统实现办公自动化提供计算机应用网络。

4. 决策支持系统

具有对防汛抗旱各类信息进行自动接收、处理并存入不同数据库和进行防汛形势分析、洪水预报、洪水调度方案制订、灾情评估等功能。决策支持系统包含下述 5 个子系统。

1）洪水预报子系统

通过信息采集系统提供的气象、水文以及遥测数据,进行产汇流和洪水演进计算,为洪水调度提供数据支持。洪水预测子系统的功能要求是:根据综合数据库提供的实时水情、雨情、工情信息和降雨预报过程,对流域主要河道和主要站点、水库洪水进行预报预测。结合专家经验和洪水预报结果进行综合分析及多方会商,提出洪水预测结论。

2）防汛预警子系统

构建基于快速反应理念的信息查询与防汛预警子系统,对实时工程信息、险情信息、预案、抢险物资、车辆等作出快速反应,并及时进行动作的回应及预警,从而保证防汛指挥的实时性。

3）洪水调度子系统

洪水调度是在洪水预报的基础上,针对突发洪水事件编制应急预案,并通过水情、雨情、工情以及防洪预案会商,来选择防洪调度方案,从而对突发洪水事件作出科学、快速的决策。

4）指挥子系统

指挥子系统是指建立在远程监控基础上的会商指挥调度系统。通过远程监视系统或应急通信图像传输,会商室的指挥人员可以有身临其境的感觉。通过可视化的指挥调度,会商室的指挥人员与现场人员进行快速信息交互,使指挥人员和专家可以快速准确掌握水情、工情、灾情、险情发生的技术指标数据和现场形势,适时作出决策,更好地发挥指挥调度和会商决策的作用。

　　5)抢险子系统

　　抢险子系统能提供实时工程信息、险情信息、预案、抢险物资、车辆等的查询与显示,能够基于 GIS 系统显示抢险任务的执行情况。

　　(三)水信息网络体系建设原则

　　水信息网络体系建设是一项规模庞大、结构复杂、功能强、涉及面广、建设周期长的系统工程。为确保达到预期目标,在系统设计建设中应遵循如下原则:

　　(1)遵循"统一领导、统一规划、统一标准、同步实施"的原则。

　　(2)遵循"统筹兼顾、公专结合"的原则,充分利用邮电公用系统以及电力、农业、气象等部门的通信网和信息源及本系统内现有设备和资源。

　　(3)在确保防汛抗旱需要的前提下兼顾其他水利管理信息系统的需要。

　　(4)坚持实用性、可靠性、先进性、标准性、开放性、实时性的原则。

　　①实用性。首先要考虑系统的实用性和可操作性,根据实际需要设计系统的规模,还要充分利用现有的设备资源。

　　②可靠性。在汛期的恶劣条件下,在地理位置偏僻的地方,在各种突发事件状态下确保系统能正常运行,实现汛情上传,汛令下达。

　　③先进性。在满足实用性基础上,采用的技术起点要高,尽量选用最先进的软件、硬件及通信设施,采用先进的管理方法、先进的决策支持方法。

　　④标准性。省防汛指挥系统覆盖全省各级防汛抗旱部门,由许多子系统组成,应按统一标准集成为一个整体。

　　⑤开放性。按开放式系统的要求选择设备,组建系统,以利于调整和扩展。

　　⑥实时性。满足汛期各级防办实时调用信息。

　　(5)系统必须强调结构化、模块化、标准化,做到界面清晰,接口标准,连接畅通,使系统既有完整性,又有灵活性,最终实现系统的有效集成。

　　(6)在统一规划设计的前提下,分步实施、急用先办、边建设边受益。

　　(四)国家防汛抗旱指挥系统

　　国家防汛抗旱指挥系统是全国水利信息化规划的重要组成部分。1998 年长江大水之后,为适应防汛抗旱工作的迫切需要,水利部开始实施国家防汛抗旱指挥系统工程建设。

　　国家防汛抗旱指挥系统一期工程历经多年,于 2011 年 1 月完成竣工验收。一期工程建成了连接水利部、流域机构、省(自治区、直辖市)、地级市三级水利部门的水利信息网络和覆盖水利部与 12 个直属单位、7 个流域机构、31 个省(自治区、直辖市)、新疆生产建设兵团水利局、4 个重点工程局的异地会商视频会议系统;在 5 个流域、19 个省(自治区、直辖市)建设了 125 个水情分中心,完成了 1 884 个中央报汛站的技术改造,提高了防汛抗旱实时监测和预测预警的技术水平,提升了水情信息采集和传输的自动化程度,实现了中央报汛站水雨情信息 30 min 内到达国家防总的预期目标;开发的防汛会商、洪水预报和实时水雨情发布等应用系统为国家防总和各级防汛部门的调度决策提供了科学、高效的技术手段,有力提升了防汛抗旱整体水平和实际效能。河南省开发了省、市、县三级防汛联动指挥的决策支持系统,实现了全省 5 025 个小流域的洪水过程动态模拟,为山洪灾害易发区预测预警和应急响应提供了科学方法和决策支持。广东省三防指挥系统(防汛、防旱、防风),技术先进,实用高效,荣获 2011 年中国地理信息优秀工程金奖。

国家防汛抗旱指挥系统二期工程的主要建设任务是全面完成信息采集系统建设,包括一期工程未安排建设的约 40% 的水情信息采集系统建设,以及工情和旱情信息采集系统的全面建设;完善防汛抗旱业务应用系统,重点开发旱情分析及会商系统、洪水预报系统、洪水调度系统、灾情评估系统、洪水仿真系统和社会经济等数据库的建设;在一期工程建设的计算机骨干网的基础上,建设省级以下区域网和局域网,延伸网络覆盖范围,进一步完善网络功能等。

(五)决策支持系统关键技术

1.洪水预测关键技术

1)洪水实时预报修正技术

实时预报修正就是不断地根据实际观测值和模型预报值产生的预报误差信息,运用现代科学技术及时地修正与校核原有模型参数或预报值,使预报误差尽可能减小。预报分两步进行:一是根据历史的实测输入与实测输出率定模型参数,把当前的模型输出作为过去实测输入和实测输出的函数;二是把当前的模型输出与当前的实测值之差异作为反馈信息来计算模型的未来输出。

2)洪水智能预报技术

人工神经网络是对人脑若干基本特征通过数学方法进行的抽象与模拟,是一种旨在模仿人脑结构及其功能的非线性信息处理系统,具有并行的结构与处理功能、非线性处理能力、较强的鲁棒性与容错性和自组织学习的能力等显著特点,这些特点决定其具有对模糊信息或复杂的非线性关系进行识别与处理的能力。水文水环境系统是与自然资源、生态环境和社会活动紧密相关的、极其复杂的系统,洪水活动作为该系统的一个子系统,还与天气系统具有极强的非线性相关关系。利用人工神经网络所具有的对模糊信息或复杂的非线性关系进行识别与处理能力,将这种人工智能算法用于洪水预报是最近几年预报领域的一种新途径。

2.决策支持系统开发组件技术

软件组件是支持软件复用的核心技术,也是近年来迅速发展并受到高度重视的一个学科分支,是迄今为止最优秀的软件复用方法。软件组件是指应用系统中可以明确辨识的有机构成成分,它具有相对独立性、互换性和功能性的特征,即软件组件不依存于某一个系统,它可以被相同的组件所替换,并且具有实际的功能意义。可复用的组件是具有独立的功能和可复用价值的组件,在决策支持系统中,采用软件技术具有高效、便捷、灵活、继承等优点,应用潜力巨大。

3.电子沙盘及虚拟仿真技术

电子沙盘及虚拟仿真技术应用于决策支持系统,可以极大地促进决策的功效。通过三维建模,构造各种实体的三维形体,再通过添加材质、纹理、光照等效果,渲染出具有视觉真实感的三维模型,然后应用计算机图形学的方法,将三维模型在计算机屏幕上显示出来。为了适应大信息量情况,在系统中运用数据库技术,将各类信息储存于后台数据库中,以备查询分析之用。同时,该系统不同于一般的动画技术,可以通过鼠标和键盘的操作,任意漫游、定位、查询、模拟,具有良好的交互性。

三、应急反应体系

我国是一个洪涝灾害严重的国家,每年洪涝灾害都造成大量的财产损失。因此,建立健全防洪应急反应体系十分必要。

(一)防洪管理体制

按照《中华人民共和国防洪法》的规定,各级政府负责领导本区域防洪工作,水行政主管部门负责防洪的组织、协调、监督、指导等日常工作,其他相关部门按照各自的职责,负责有关的防洪工作。

我国现行防洪管理体制主要由两部分构成,即防洪工程体系建设、运行与维护管理和防汛应急管理。实际工作中,前者也涉及汛期合理的调度运用,后者担负着大量与防汛有关的日常管理事务。防汛应急管理体系构架如图6-1所示。

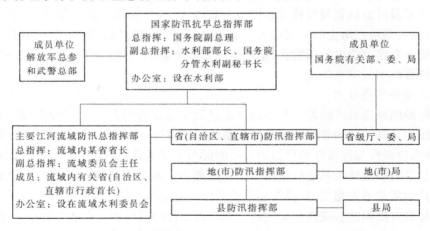

图6-1　防汛应急管理体系构架

(二)防汛组织机构及职责

建立和健全各级防汛组织并明确其职责,是取得防洪胜利的关键。从新中国成立初期的1950年,中央政府就成立了防汛总指挥部,省、市、县各级政府都有完整的防汛指挥组织体系。

1. 国务院设立国家防汛抗旱总指挥部

国家防汛抗旱总指挥部统一指挥全国的防汛工作,制定有关防汛的方针、政策、法令和法规,根据气象和水情进行防汛动员,对大江大河的洪水进行统一调度,监督各大江河防御大洪水方案的执行。国家防汛抗旱总指挥部办公室为其办事机构,设在水利部,负责管理全国防汛的日常工作。

2. 省(自治区、直辖市)、地、县设立防汛指挥部

办事机构设在相应的水利行政主管部门,总指挥为当地行政领导。各级防汛指挥机

构,汛前负责制订防汛计划,汛期则掌握水情、雨情,做好预报工作,组织和监督巡堤查险及抢险,汛后总结经验教训。

3.各大江河流域机构防汛指挥部

按中央防汛指挥部授权,指挥调度属中央防总调度的工作,代替中央防总执行规定的调度方案。如黄河流域设黄河防汛总指挥部,由河南省省长任总指挥,山东省、陕西省、山西省主要负责人和黄河水利委员会主任任副总指挥。

4.社会协助

防汛是全民大事,积极动员、组织和依靠广大群众与自然灾害作斗争,除上述主管防汛机构外,气象、邮电、电力、交通、财贸、公安和驻军的主要领导要参加防汛指挥部工作,积极配合、协同作战。

(三)预案制订

全国大江大河,包括中小河流,都应该制订防洪预案,包括预报、测报、防洪的调度、抢险的组织、料物的供应等方面,都要做出周密、完善的安排。应急预案的制订包括以下方面:

(1)编制目的、编制依据、工作原则、适用范围等。

(2)工程概况。包括流域概况、工程基本情况、水文情况、工程安全监测、汛期调度运用计划、历史灾害及抢险情况。

(3)突发事件危害性分析。包括重大工程险情分析,大坝、堤防溃决分析,影响范围内有关情况。

(4)险情监测与报告。包括险情监测和巡查、险情上报与通报等。

(5)险情抢护。包括抢险调度、抢险措施、应急转移。

(6)应急保障。包括组织保障、队伍保障、物资保障、通信保障、其他保障。

(7)应急预案的启动与结束。包括启动与结束条件、决策机构与程序。

任务二　堤坝防汛

防汛,是在汛期掌握水情变化和建筑物状况,做好调动和加强建筑物及其下游的安全防范工作。通常所说的汛期,主要是指伏汛和秋汛,也被称为伏秋大汛。南方各省4～5月即进入汛期,中部地区5～6月进入汛期,北部地区要到6～7月才进入汛期。一般汛期在10月下旬结束。

防汛工作内容包括:建立防汛领导机构,组织防汛队伍;储备防汛物资,检查加固工程,搞好洪水调度,进行水情联系,做好巡堤查水和安排群众迁移等工作。以上各项工作根据其性质,可归纳为防汛准备工作和巡堤查险工作两部分。

一、防汛准备工作

防汛工作具有长期性、群众性、科学性、艰巨性和战斗性的特点,因此防汛准备工作应贯彻"安全第一、常备不懈,以防为主、全力抢险"的方针,立足于防大汛、抢大险的精神去准备。

防汛准备工作是在防汛机构领导下,按照防御设计标准的洪水去做好各项准备工作。具体内容除要加强日常工程管理和维修、清除阻水障碍外,在汛前还要着重做好以下几个方面的工作。

(一)成立防汛机构和组织防汛队伍

在当地政府的统一领导下,成立由地方水利工程管理单位和有关部门的领导、技术人员参加的防汛指挥机构,并组织防汛队伍。防汛队伍除按洪水的大小,组织一、二、三线防汛队伍外,还应特别抓好防汛基干队伍、抢险队伍和预备队伍的组织工作。

(1)防汛基干队伍是防汛的基本骨干力量,主要担任巡视堤坝、查险、抢险和堵决等任务。

(2)抢险队伍是防汛的机动战斗力量,主要任务是抢险。在所辖范围内,无论何处出现险情,均应及时赶赴现场进行抢险。抢险队伍应配备一定的工具和料物。

(3)预备队伍是防汛的后备力量,主要任务是在出现紧急情况时,参加防守和抢险。

以上三个队伍,应根据当地情况和洪水情况组织建立。一般要求人员精壮,切忌应付公事。

(二)做好防汛器材物资的准备

防汛的工具料物具有品种多、用量大、用时急的特点,因此在汛前应有充分的准备。一般常用的防汛器材有土、砂、石料、铅丝、木材、麻袋、苇席、篷布、绳缆、水泥以及挖掘和运输工具等。器材的存放地点必须安全可靠,运输方便。

防汛期间必须特别重视照明问题,由于汛期暴风雨的侵袭,线路和道路都容易中断,所以工程应有备用电源和照明设备。

通信联络是防汛抢险工作中的重要环节,对保证指挥防汛取得胜利有着十分重要的意义。应根据工程的具体条件,设置电话或电台通信网和对讲机等,及时掌握雨情、水情、险情。通信网络要畅通无阻,并需考虑到暴风雨等特殊情况时的信息传递。

(三)掌握水情及工程状况

对水库和堤防的防汛,特别要注意掌握水位和降雨量两项水情动态,根据本地区水文气象资料进行分析研究,制订洪水预报方案。汛期根据水文站网报汛资料,及时估算洪水将出现的时间和水位,合理调度,做好控制运用工作。

汛前对水库和堤防工程要进行全面的安全检查,发现问题应及早采取措施,尤其是泄洪设施,要保证闸门的灵活启闭和行洪出路畅通无阻。汛期,防汛人员要密切注意工程的变化,遇有问题随时研究处理。

(四)群众迁移和安置准备

滞洪区和滩区的群众在洪水到来无安全保证时,应在洪水到来之前作好迁移、安置准备工作。迁移、安置准备工作是一项重要而又复杂的工作,其主要内容包括以下三个方面:

(1)思想工作。要向滞洪区和滩区的群众宣传"舍小家救大家"的顾全大局的思想,克服侥幸心理,也要做好接收单位和群众的思想工作,主动承担接收任务。

(2)组织安排。一是要使迁移户和接收户挂钩见面;二是要安排好迁移次序,使迁移、安置工作有条不紊。

（3）安排迁移交通工具和救生器材。

（五）制订防守方案

对于汛期可能出现的各类洪水,均应制订相应的防守方案。在汛期除出现超标准的洪水外,常将汛期洪水分为若干个等级,分别采用若干个防守措施,以便防守时既能保证安全,又不至于造成过大的浪费。如堤防工程中一般采用三级水位作为三个防守等级。

（1）设防水位。是洪水上涨至堤脚时的水位。此时标志堤防开始承受洪水的威胁,需要开始布置一定的人员进行巡查防守,并根据水情预报进一步做好防汛组织工作,以防御更大洪水。

（2）警戒水位。是设防水位和设计防洪水位之间的某一水位。此时堤防下部受洪水淹没,可能会出现一些险情,需要提高警惕,加强戒备,密切注意河势工情和水情变化,并进一步检查、落实各项防守工作以迎接更大的洪水。

（3）保证水位。是洪水上升到设计防洪水位时的水位。此时堤防受到洪水的严峻考验,各种险情都可能发生,防汛形势十分紧张,需要组织广大群众全力以赴战胜洪水,确保安全。

以上三种不同水位的具体防守措施,均应在入汛之前制订出来,以免临时措手不及。

二、巡堤查险工作

巡堤查险是指进入汛期后,由于堤防及修建在堤防上的穿堤建筑物都有随时出现渗漏、裂缝、滑坡等险情的可能,必须日夜巡视,一旦发现险情需及时抢护。这是进入汛期后一项极为重要的工作,其任务、制度和方法的要点如下。

（一）连续巡查且临背并重

在达到设防水位以后,巡堤查险工作应连续进行,不得间断,可根据工情和水情间隔一定时间派出巡查小组连续巡查,以便保证及时发现险情,及时抢护,做到治早、治小。

巡堤查险时,对堤防的临水坡、背水坡和堤顶要一样重视。巡查临水坡时要不断用探水杆探查,借助波浪起伏的间歇查看堤坡有无裂缝、塌陷、滑坡、洞穴等险情,也要注意水面有无旋涡等异常现象。在风大流急、顺堤行洪和水位骤降时,要特别注意岸坡有无崩塌现象。背水坡的巡查往往易被忽视,尤应注意。在背水坡巡查时要注意有无散浸、管涌、流土、裂缝、滑坡等险情。对背河堤脚外 50～100 m 地面的积水坑塘也要注意巡查,检查有无管涌、流土等现象,并注意观测渗漏的发展情况。堤顶巡查主要观察有无裂缝及穿堤建筑物的土石接合部有无异常情况。

（二）严格遵守巡堤查险制度

为了使巡堤查险顺利进行,保证防汛安全,须制定严格的制度。一般有以下的工作制度:

（1）巡查制度。巡查人员必须听从指挥,坚守阵地,严格按照巡堤查险的方法及注意事项进行巡查。

（2）交接班制度。交接班应紧密衔接,上一班人员必须向下一班人员交代水情、工程情况、工具物料情况,以及需要注意和尚待查清的问题。必要时可共同巡查一次。

（3）值班制度。各级防汛指挥人员必须轮流值班,坚守岗位,随时了解辖区有关情况,作好记录,及时向上级汇报和向下级传递情况。

(4)汇报制度。交接班时,班(组)长要向负责防守的值班干部汇报巡查情况。值班干部如无特殊情况亦要逐日向上级主管部门汇报巡查情况。如有特殊情况要随时汇报。

(5)请假制度。上堤防守人员要严格遵守防汛纪律,不得擅自离开防守现场,必须离开时需请假,并在获得同意后安排好接班人员方可离开。

(6)奖惩制度。防汛人员上堤后要经常进行检查评比。对工作认真、完成任务好的要表扬,做出显著贡献的要给予奖励;对不负责任的要批评教育;对玩忽职守造成损失的,要追究责任,严肃处理。

(三)巡查方法

每组巡查人员一般为 5～7 人。出发巡查时,应按迎水坡水面线、堤顶、背水坡、堤腰、堤脚成横排分布前进,严禁出现空白点。根据各地经验,要注意"五时",做好"五到",掌握好"三清"、"三快"。

1."五时"

(1)黎明时。此时查险人员困乏,精力不集中。

(2)吃饭换班时。交接制度不严格,巡查易间断。

(3)天黑时。巡查人员看不清,且注意力集中在行走道路上,险情难以发现。

(4)刮风下雨时。注意力难集中,险情往往为风雨所掩盖。

(5)大河落水时。此时紧张心情缓解,思想易麻痹。

2."五到"

(1)眼到。即用眼观察堤顶、堤坡、堤脚有无险象,同时还要观察近堤水面有无旋涡等异常水流现象。

(2)手到。即用手检查。检查隐蔽部位,在水下要用探水杆探测,在临水坡修有埽工时还要用手检查木桩、绳缆等的松紧程度,必要时加以调整。

(3)耳到。用耳探听附近有无隐蔽漏洞的水流声,或滩岸崩塌落水等异常声响。夜深人静时伏地静听,有助于发现隐患。

(4)脚到。即借助于脚走(必要时应赤脚走)的实际感觉来判断险情。主要用水温来鉴别是雨水或是渗漏水,一般渗漏水温度低于雨水的温度;注意堤土松软程度,若土层软化踩不着硬底,或者外层较硬而里面软,可能有渗漏的险情;对迎水坡防浪梢排,用脚踩可判断下面是否有淘空现象,对水下堤坡有无塌坑或崩陷现象,也可凭脚踩来判断。

(5)工具料物随人到。指巡堤查险人员在巡查时,要随身携带必要的工具和少量料物,以便遇到险情及时处理。

3."三清"

(1)在巡堤查险时发现险情,要辨别真伪以及出险原因,以便根据险情特点进行抢护。

(2)险情要报清。汇报险情时,要说清出险时间、地点、现象等,以便及时组织有关力量进行抢护。

(3)报警信号要记清。在发现险情后,切勿慌乱,应按规定发出信号,以便抢险人员及时赶往出险地点。

4.“三快”

（1）发现险情要快。巡堤查险时要及时发现险情，争取把险情消灭在萌芽状态。

（2）报告险情要快。发现险情，无论大小都要尽快向上级报告，以便上级掌握出险情况，迅速采取有力的抢护措施。

（3）抢护快。凡发现险情，均应立即组织力量及时抢护，以免小险发展成大险，增加抢险的难度和危险。

任务三　堤坝抢险

抢险，是在建筑物出现险情时，为避免工程失事而进行的紧急抢护工作。堤坝险情的抢护措施，应根据具体情况而定，本任务主要介绍堤坝在度汛中的常见险情及抢护方法。

一、漫顶的抢护

（一）出现漫顶的原因

土质堤坝是散粒体结构，洪水漫顶极易引起溃坝事故。出现洪水漫顶的主要原因如下：

（1）上游发生特大洪水，或分洪未达到预期效果，来水超过堤坝设计标准，水位高于堤坝顶。

（2）在设计时，对波浪计算的成果与实际不符，致使在最高水位时漫顶。

（3）施工中堤坝顶未达到设计高程，或由于地基软弱，填土夯压不实，以致产生过大的沉陷量，使堤坝顶低于设计值。

（4）水库溢洪道、泄洪洞尺寸偏小或有堵塞。

（5）河道内有阻水障碍物，洪水宣泄不畅，水位壅高，或因淤积严重过水断面减小，相应抬高水位。

（6）地震、潮汐或库岸滑坡，产生巨大涌浪而导致漫顶。

（二）抢护原则及方法

洪水漫顶的抢护原则是增大泄洪能力控制水位、加高堤坝增加挡水高度及减小上游来水量削减洪峰。

1.加大泄洪能力，控制水位

加大泄洪能力是防止洪水漫顶，保证堤坝安全的措施之一。对于圩堤，要加强河道管理，事先清除河道阻水障碍物，增加河道泄洪能力。对于水库，则应加大泄洪建筑物的泄洪能力，限制库水位的升高。对于有副坝和天然垭口的水库枢纽，当主坝危在旦夕，采用其他抢险措施已不能保住主坝时，也有破副坝和天然垭口来降低库水位的，但它将给下游人民生命财产带来一定损失。同时，库水位的骤然下降可能使主坝上游坡产生滑坡，且修复的工程量可能较大，必须特别慎重。

2.减小来水流量

上游采用分洪截流措施，减小来水流量。要对大型水库或重要江河堤防的安全进行保护，因为这些部位的破坏将引起重要城镇、工矿企业和人民生命财产的重大损失。因

此,需在上游选择合适位置建库或设置分洪区进行拦洪和分洪,以减小下泄洪峰流量,保证下游堤坝的安全。例如,为确保武汉三镇的防洪安全,在长江中游沙市附近开辟了荆江分洪区,在汉江中游兴建了杜家台分洪工程。当武汉市的长江水位可能超过现有堤防承受能力时,启用荆江分洪工程,可削减下泄洪峰流量 10 800 m³/s,保证武汉三镇的安全。黄河下游开辟的北金堤滞洪区和东平湖分洪区,其目的是保护济南市及下游沿河城市和厂矿企业的防洪安全。

3. 抢筑子堤,增加挡水高度

如泄水设施全部开放而水位仍迅速上涨,根据上游水情和预报,有可能出现洪水漫顶危险时,应及时抢筑子堤,增加堤坝挡水高程。填筑子堤,要全段同时进行,分层夯实。为使子堤与原堤接合良好,填筑前应预先清除堤坝顶的杂草、杂物,刨松表土,并在子堤中线处开一条深宽各为 0.3 m 的接合槽。子堤迎水坡脚一般距上游堤(坝)肩 0.5～1.0 m,或更小,子堤的取土地点一般应在堤(坝)脚 20 m 以外,以不影响工程安全和防汛交通为宜。

子堤型式由物料条件、原堤(坝)顶的宽窄及风浪大小来选择,一般有以下几种:

(1)土料子堤。采用土料分层填筑夯实而成。子堤一般顶宽不小于 0.6 m,上下游坡度不小于 1:1,如图 6-2(a)所示。土料子堤具有就地取材、方法简便、成本低以及汛后可以加高培厚成为正式堤(坝)身而不需拆除的优点。但它有体积较大,抵御风浪冲刷能力弱,下雨天土壤含水量过大,难以修筑坚实等缺点。土料子堤适用于堤(坝)顶较宽、取土容易、洪峰持续时间不长和风浪较小的情况。

(2)土袋子堤。由草袋、塑料袋、麻袋等装土填筑,并在土袋背面填土分层夯实而成,如图 6-2(b)所示。填筑时,袋口应向背水侧,最好用草绳、塑料绳或麻绳将袋口缝合,并互相紧靠错缝,袋口装土不宜过满,袋层间稍填土料,尤其是塑料编织袋,以便填筑紧密。土袋子堤体积较小而坚固,能抵御风浪冲刷,但成本高,汛后必须拆除。土袋子堤适用于堤坝顶较窄和风浪较大的情况。

(3)单层木板(或埽捆)子堤。在缺乏土料、风浪较大、堤(坝)顶较窄、洪水即将漫顶的紧急情况下,可先打一排木桩,桩长 1.5～2.0 m,入土 0.5～1.0 m,桩距 1.0 m,再在木桩后用钉子或铅丝将单层木板或预制埽捆(长 2～3 m、直径 0.3 m)固定于木桩上,如图 6-2(c)所示。在木板或埽捆后面填土分层夯实筑成子堤。

(4)双层木板(或埽捆)子堤。在当地土料缺乏、堤坝顶窄和风浪大的情况下,可在堤(坝)顶两侧打木桩,然后在木桩内壁各钉木板或埽捆,中间填土夯实而成,如图 6-2(d)所示。这种子堤在坝顶占的面积小,比较坚固。但费木料、成本高、抢筑速度较慢。

(5)利用防浪墙抢筑子堤。当坝顶设有防浪墙时,可在防浪墙的背水面堆土夯实,或用土袋铺砌而成子堤。当洪水位有可能高于防浪墙顶时,可在防浪墙顶以上堆砌土袋,并使土袋相互挤紧密实,如图 6-2(e)所示。

二、散浸的抢护

(一)险情及出险原因

在汛期高水位情况下,下游坡及附近地面,土壤潮湿或有水流渗出的现象,称为散浸。散浸如不及时处理,有可能发展为管涌、滑坡,甚至发生漏洞等险情。出现散浸的主要原

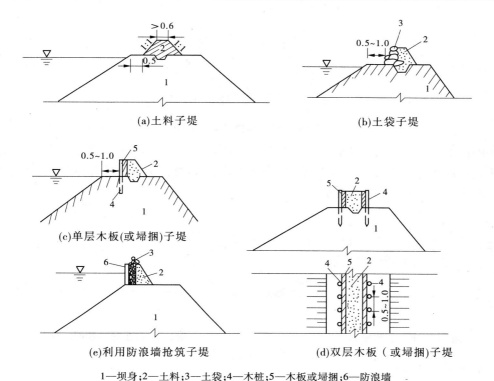

(a)土料子堤

(b)土袋子堤

(c)单层木板(或埽捆)子堤

(d)双层木板（或埽捆)子堤

(e)利用防浪墙抢筑子堤

1—坝身;2—土料;3—土袋;4—木桩;5—木板或埽捆;6—防浪墙

图6-2 抢筑子堤示意图 （单位:m)

因如下：

（1）堤（坝）身修筑质量不好。

（2）堤（坝）身单薄,断面不足,浸润线可能在下游坡出逸。

（3）堤身土质多砂,透水性大,迎水坡面无透水性小的黏土截渗层。

（4）堤（坝）浸水时间长,堤（坝）身土壤饱和。

（二）抢护原则及抢修方法

散浸的抢护原则是"临河截渗,背河导渗"。切忌背河使用黏土压渗,因为渗水在堤身内不能逸出,势必导致浸润线抬高和浸润范围扩大,使险情恶化。下面讲述一般的抢护方法。

1.临河帮戗

临河帮戗的作用在于增加防渗层,降低浸润线,防止背河出险。凡临河水深不大,附近有黏性土壤,且取土较易的散浸堤段可采用这种措施。前戗顶宽3~5 m,长度超出散浸段两端5 m,戗顶高出水面约1 m。临河帮戗断面如图6-3所示。

2.修筑压渗台

堤坝身断面不足,背坡较陡,当渗水严重有滑坡可能时,可修筑柴土后戗,既能排出渗水,又能稳定坝坡,加大堤坝身断面,增强抗洪能力。具体方法是挖除散浸部位的烂泥草皮,清好底盘,将芦柴铺在底盘上,柴梢向外,柴头向内,厚约0.2 m,上铺稻草或其他草类（厚0.1 m）,再填土(厚1.5 m),做到层土层夯,然后如上做法,铺放芦柴、稻草并填土,直

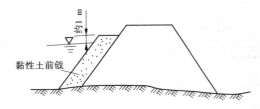

图 6-3　临河帮戗断面示意图

至阴湿面以上。柴土后戗断面如图 6-4 所示。柴土后戗在汛后必须拆除。在砂土丰富的地区,也可用砂土代替柴土修做后戗,称为砂土后戗,也称为透水压渗台,其作用同柴土后戗。砂土后戗断面如图 6-5 所示。

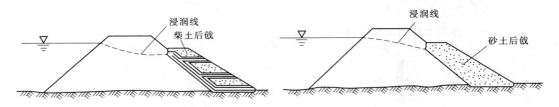

图 6-4　柴土后戗断面示意图　　　　　　　　图 6-5　砂土后戗断面示意图

3. 抢挖导渗沟

当临河水位继续上涨,背河大面积严重渗透,且继续发展可能滑坡时,可开沟导渗。从背水坡自散浸的顶点或略高于顶点的部位起到堤坝脚外止,沿堤坝坡每隔 6 ~ 10 m 开挖横沟导渗,在沟内填砂石,将渗水集中在沟内并顺利排走。开挖导渗沟能有效地降低浸润线,使堤坝坡土壤恢复干燥,有利于堤坝身的稳定。砂石缺乏而芦柴较多的地方,可采用芦柴沟导渗来抢护散浸险情。即在直径 0.2 m 的芦柴外面包一层厚约 0.1 m 的稻草或麦秸等细梢料,捆成与沟等长,放入背水坡开挖成的宽 0.4 m、深 0.5 m 的沟内,使稻草紧贴坝土,其上用土袋压紧,下端柴梢露出坝脚外。

4. 修筑反滤层导渗

在局部渗水严重、坝身土壤稀软、开沟困难的地段,可直接用反滤材料砂石或梢料在渗水堤坡上修筑反滤层,其断面及构造如图 6-6(a)所示。

在缺少砂石料的地区,可采用芦柴反滤层,即在散浸部位的坡面上先铺一层厚 0.1 m 的稻草或其他草类,再铺一层厚约 0.3 m 的芦柴,其上压一层土袋(或块石)使稻草紧贴土料,如图 6-6(b)所示。

三、漏洞的抢护

(一)险情及出险原因

背河堤坡或堤脚附近如果发生流水洞,流出浑水,也有时是先流清水,逐渐由清变浑,这就是严重的险情——漏洞。如果出现漏洞险情,不及时抢护往往很快就会导致堤坝的溃决。出现漏洞险情的主要原因如下:

(1)堤(坝)身质量差,渗流集中,贯穿了堤(坝)身。

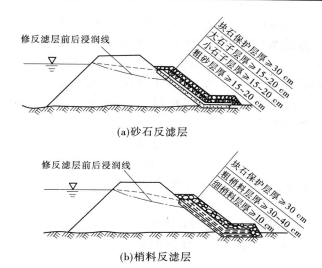

(a)砂石反滤层

(b)梢料反滤层

图6-6　砂石、梢料反滤层示意图

（2）堤坝内存在隐患（如裂缝、洞穴、树根等），一旦水位涨高，渗水就会在隐患处流出。

（3）散浸、管涌处理不及时，逐渐演变成为漏洞。

（二）抢护原则及抢修方法

漏洞的抢堵原则是"临河堵截断流，背河反滤导渗，临背并举"。

1. 漏洞的探测

临河堵塞必须首先探寻漏洞的进水口，常用探寻进水口的方法如下：

（1）观察水流。漏洞较大时，其进口附近的水面常出现旋涡，若旋涡不明显，可在比较平静的水面上撒些碎麦秸、锯末、谷糠等，若发生旋转或集中一处，进水口可能就在其下面。有时也可在漏水洞迎水侧的适当位置，将有色液体倒入水中，并观察漏洞出口的渗水，如有相同颜色的水逸出，即可断定漏洞进口的大致位置。当风浪较大、水流较急时不宜采用此法。

（2）探漏杆探测。探漏杆是一种简单的探测漏洞的工具，杆身是长 1 ~ 2 m 的麻杆，用白铁皮两块（各剪开一半）相互垂直交接，嵌于麻杆末端并扎牢，麻杆上端插两根羽毛，如图 6-7 所示。制成后先在水中试验，以能直立水中，上端以露出水面 10 ~ 15 cm 为宜。探漏时在探漏杆顶部系上绳子，绳的另一端持于手中，将探漏杆抛入水中，任其漂浮。若遇漏洞，就会在旋流影响下吸至洞口并不断旋转，此法受风浪影响较小，深水处也适用。

（3）潜水探漏。当漏洞进水口处水深较大，水面看不见旋涡，或为了进一步摸清险情，确定漏洞离水面的深度和进口的大小，可由水性好的人或专业潜水人员潜入水中探摸。使用此法应注意安全，必须事先系好绳索，避免潜水人员被水吸入洞内。

2. 堵塞漏洞进口

（1）软楔堵塞。当漏洞进口较小，且洞口周围土质较硬时，可用网兜制成软楔，也可用其他软料如棉衣、棉被、麻袋、草捆等将洞口填塞严实，然后用土袋压实并浇土闭气，如图 6-8 所示。

当洞口较大时,可以用数个软楔(如草捆等)塞入洞口,然后应用土袋压实,再将透水性较小的散土顺坡推下,铺于封堵处,以提高防渗效果。

(2)铁锅、门板堵洞。在洞口不大、周围土质较硬时,可用大于洞口的铁锅(或门板)扎住洞口(锅底朝下,锅壁贴住洞缘),然后用软草、棉絮塞紧缝隙,上压土袋。

(3)软帘覆盖。如果洞口土质已软化,或进水口较多,可用篷布或用芦席叠合,一端卷入圆形重物,另一端固定在水面以上的堤坡上,顺堤坡滚下,随滚随压土袋,用土袋压实并浇土闭气。

(4)临河月堤。当漏洞较多,范围较大且集中在一片时,如河水不太深,可在一定范围内用土袋修作月堤进行堵塞,然后浇土闭气。

1—薄铁皮;2—麻杆;3—羽毛
图 6-7　探漏杆示意图

堵塞进水口是漏洞抢护的有效方法,有条件的应首先采用。应当指出,抢堵时切忌在洞口乱抛块石土袋,以免架空,增加堵漏难度。不允许在进口附近打桩,也不允许在漏洞出口处用此法封堵,否则将使险情扩大,甚至造成堤坝溃决的后果。

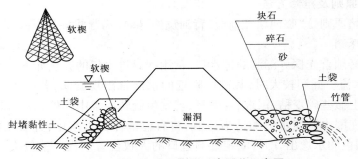

图 6-8　临河堵漏洞背河反滤围井示意图

3. 背河滤水围井减压

(1)滤水围井。为了防止漏洞扩大,在探测漏洞进口位置的同时,应根据条件在漏洞出口处做滤水围井,以稳定险情。滤水围井是用土袋把出口围住,内径应比漏洞出口大些。围井自下而上分层铺设粗砂、碎石、块石,每层 $0.2 \sim 0.3$ m,组成反滤层。渗漏严重的漏洞,铺设反滤料的厚度还可以增加,以使漏水不带走土粒,如图 6-8 所示。漏洞较小的可用无底水桶作围井,内填反滤材料。砂石料缺乏的地区,可用草、炉渣、碎砖等做反滤层。最后在围井上部安设竹管将清水引出。此法适用于进口因水急洞低无法封堵、进口位置难以找到的浑水漏洞,或作为进口封堵不住仍漏浑水时的抢护措施。有的围井不铺反滤层,利用井内水柱来减少漏洞出口处的流速,这样围井需做得较高,但因井内水深过大易破坏围井周围土层,造成新的险情,故仅适用于进出口水位差不大的情况。

(2)水戗减压。当漏洞过大,有发生溃决危险,或漏洞较多,不可能一一修作反滤围井时,可以在背河抢修月堤,并在其间充水为水戗,借助水压力减小或平衡临河水压力减缓漏洞威胁。

四、管涌的抢护

(一)险情及出险原因

在堤坝背水坡脚附近,或堤脚以外的洼坑、水沟、稻田中出现孔眼冒砂翻水的现象称之为管涌,又称泡泉。由于冒砂处往往形成"砂环",故又称"土沸"或"砂沸"。管涌孔径小的如蚁穴,大的数十厘米,少则出现一二个,多时可出现管涌群。管涌的发展是导致堤坝溃决的常见原因。出现管涌险情的主要原因如下:

(1)堤坝为砂质地基,施工时清基不彻底,未能截断堤坝下的渗流,渗水经地基而在背河逸出。

(2)堤坝基础表层为黏性土,深层为透水地基,由于天然因素或人为因素破坏了上游天然铺盖,而下游取土过近过深,引起渗透坡降过大,发生渗透破坏,形成管涌。

(二)抢护原则及抢修方法

由于管涌发生在深水的砂层,汛期很难在迎水面进行处理,一般只能在背水面采取制止漏水带砂而留有渗水出路的措施稳住险情。它的抢护原则是"反滤导渗,制止涌水带出泥沙"。其具体抢险方法如下。

1.反滤围井

当堤坝背面发生数目不多、面积不大的严重管涌时,可用抢筑围井的方法。先在涌泉的出口处做一个不很高的围井,以减小渗水的压力及流速,然后在围井上部安设管子将水引出。如出险处水势较猛,先填粗砂会被冲走,可先以碎石或小块石消杀水势,然后按级配填筑反滤层。若发现井壁渗水,可距井壁 0.5～1.0 m 位置再围一圈土袋,中间填土夯实。

2.减压围井

管涌的范围较大,多处泡泉,临背水位差较小时,可以在管涌的周围形成一个水池,利用池内水位升高,减小内外水头差,以改善险情。围井的修筑方法可视管涌的范围、当地的材料而定。用土袋筑成的围井称土袋围井,用铁筒直接做成的围井称为铁筒围井,也可用土料或土袋筑成月堤的形式。减压围井的布置如图 6-9 所示。

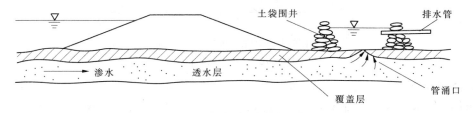

图 6-9　减压围井的布置示意图

3.反滤铺盖

在出现较多管涌且连成一片的情况下可修筑反滤铺盖。采用此法可以降低渗压,制止泥沙流失。管涌发生在堤坝后面的坑塘时,可在管涌的范围内抛铺一层厚 15～30 cm 的粗砂,然后铺压碎石、小片石,形成反滤。在砂石缺乏地区可用柳枝扎柴排,厚 15～30 cm,上铺草垫,厚 5～10 cm,再压以土袋或块石,使柴排沉入水内管涌位置。在抢筑反滤铺盖时,不能为了方便而随意降低坑塘内积水位。

4. 压渗台

用透水性土料修筑的压渗台可以平衡渗压,延长渗径,并能导渗滤水,阻止土粒流失,使管涌险情趋于稳定。此法适用于管涌较多、范围较大、反滤料不足而砂土料源丰富的情况。

五、风浪淘刷的抢护

(一)险情及出险原因

汛期涨水以后,堤前水深增大,堤坡受风浪进退的连续冲击和淘刷而出现浪坎、坍塌、滑坡等现象,称为风浪险情。风浪险情如不及时控制,将引起堤防的严重坍塌而至溃决。出现风浪险情的主要原因如下:

(1)无块石护坡的堤段断面单薄,筑堤土质不好,施工碾压不密实以及基础不良等,或者是块石护坡施工质量不好。

(2)堤前水深大、堤距宽、吹程大、风速强以及风向指向堤防等。

(二)抢护原则及抢修方法

风浪的抢险原则是"破浪固堤"。一般是利用漂浮物来削减风浪冲力,用防浪护坡工程在堤坡受冲刷的范围内进行保护,其具体抢护方法有如下几种。

1. 柴排护坡防浪

在风浪较小时,可用柳、苇、梢料捆扎成直径为 10 cm 的柴把,然后扎成 2 m 宽、3 m 长的防浪排铺在堤坡上,并压上石块等重物,将其一端系在堤顶小桩上,随水的涨落拉下或放下,调整柴排上下的位置,如图6-10所示。

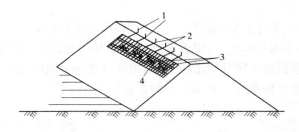

1—木桩;2—铅丝;3—大块石;4—柴把

图6-10　活动防浪排

2. 浮排防浪

将梢径为 5~15 cm 的圆木(或毛竹)用铅丝或绳子扎成排,圆木(或毛竹)的间距 0.5~1.0 m,排的宽度应等于或大于波浪长度,木排方向应与波浪传来的方向垂直。根据水面宽度和风浪的情况,同时可将一块或数块木排连接起来,放于堤坝防浪位置水面,并用绳子系牢,固定于堤坝顶的木桩上。

3. 桩柳防浪

在堤身受风浪冲击的范围内打桩铺柳,直至超出水面 1 m 左右,也能起到固堤防浪的作用。

4.土袋护坡防浪

在堤防临水坡抗冲性差，当地又缺乏秸、柳、圆木等软料，且风浪袭击较严重的堤段，可用草袋或麻袋、塑料编织袋装土或砂石，放置在波浪上下波动的范围内，袋口用绳缝合，互相叠压成鱼鳞状。土袋能加固堤防，防止风浪冲击。

前三种措施都可以缓和流势，减缓流速，促淤防塌，起到破浪固堤的作用。

六、岸坡崩塌的抢护

崩塌是指堤坝临水坡在水流作用下发生的险情。崩塌是常见险情之一，如荆江河段崩岸险工共11段、长56 245 m，这些河段堤外无滩或滩地很窄，主流顶冲，深泓紧逼，每次汛期常发生此类危险险情。

（一）出险原因

因水流冲刷堤坝，浸泡后土体内部的摩擦力和黏结力抵抗不住土体的自重和其他外力，使土体失去平衡而坍塌。堤坝发生坍塌有以下几种情况：

（1）主溜或边溜的冲刷。如水流坐弯和转折处水流顶冲堤防，河流凹岸引起横向环流以及宽河道发生横河，水流直冲堤防等情况，均能造成堤防坍塌险情。

（2）堤坝基础为细粉砂土，不耐冲刷，常受溜势顶冲而被淘空；因地震使砂土地基液化，均可能造成严重坍塌。

（3）洪峰陡涨陡落，变幅大，水库大量泄水，水位急骤下降，堤坝坡失去稳定而崩塌。

（二）抢护原则和抢护方法

临水崩塌抢护原则是：缓流挑溜，护脚固坡，减载加帮。抢护的实质：一是增强堤坝的稳定性，如护脚固基、外削内帮等；二是增强堤坝的抗冲能力，如护岸护坡等。其具体抢护方法有如下几种。

1.外削内帮

堤坝高大，无外滩或滩地狭窄，可先将临河水上陡坡削缓，以减轻下层压力，降低崩塌速度，同时在内坡坡脚铺砂、石、梢料或土工布做排渗体，再在其上利用削坡土内帮，临水坡脚抛石防冲。

2.护脚防冲

堤防受水流冲刷，堤脚或堤坡已成陡坎，必须立即采取护脚固基措施。护脚工程按抗冲物体不同可分以下类型：

（1）抛石块、土（石）袋（草包、竹、柳、编织布）、柳树等。抛石使用最为广泛，其原因是它具有施工简单灵活，易备料，能适应河床变形。但要严格控制施工质量，其关键是控制移位和平面定位准确，水流紊乱的地方要另设定位船控制，力求分布均匀，达到设计要求。一般抛石加固应由远而近，但如崩岸强度大，岸坡陡峻，施工进度慢的守护段应改为由近到远，这样施工，既可固脚稳坡，又可避免抛石成堆压垮坡脚，见图6-11（a）。

水深流急之处，可用铅丝笼、竹笼、柳藤笼、草包、土工布袋装石抛护，图6-11（b）为铅丝石笼护脚示意图。

抛枕是一种行之有效的护脚措施。实践证明：砂质河床床砂粒径小，单纯抛石，床砂易被水流带走，不能有效地控制河岸崩塌。抛枕形状规则，大小一致，较能准确地抛护在

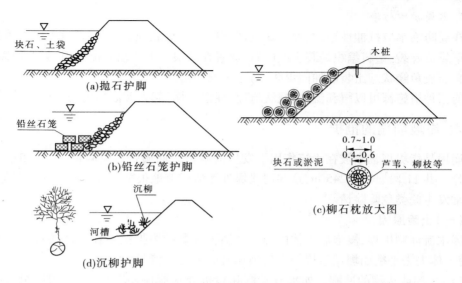

图6-11　护脚防冲示意图　（单位:m）

设计断面上,并具有整体性、柔韧性和适应性,能适应岸坡变化,抗冲性强,且能有效地起到掩护河床的作用。为了更好地掌握工程质量,要求定位准确,凡抛枕断面,不得预先抛石。图6-11(c)为黄河下游常用的柳石枕,图6-11(d)为沉柳护脚示意图。

（2）编织布软体排抢护。如江苏省长江嘶马段1974年开始用聚丙烯编织布、聚氯乙烯绳网构成软体排,用混凝土块或土工布石袋压沉于崩岸段,效果较好。海河水利委员会试用 PP12×10 或 PP14×14 编织滤布作成排体,用于崩塌抢护。

3.坝垛挑流

当堤外有一定宽度的河岸或滩唇且水深不大时,可在崩岸段抢筑短丁坝,丁坝方向与水流直交或略倾向下游,其作用是挑托主流外移。1986年8月辽宁省路夹段辽河大堤,主流在堤脚附近冲刷形成6 m深的冲刷坑两个,当即抢修土丁坝、石丁坝各一条,长10余m,挑开了主流,排除了险情。

4.退建

洪水顶冲大堤,堤防坍塌严重而抢护不及或抢护失效,就应当机立断组织退建。在弯道顶部退建要有充分宽度。退建堤防也要严格按标准修筑。

七、堤防决口的抢护

堤防决口的抢堵是防汛工作的重要组成部分。当堤防已经溃决时,应首先在口门两端抢堵裹头,防止口门继续扩大。若发生多处决口,堵口的顺序应按照"先堵下游,后堵上游,先堵小口,后堵大口"的原则进行抢护。对于较小的决口,可在汛期抢堵。但在汛期堵复有困难的决口,一般应在汛后水位较低或下次洪水到来之前的低水位时堵复。

（一）堵口的工程布置

堵口应就地取材,充分利用地形条件,根据具体情况进行堵口工程的布置。一般堵口工程归纳起来可分为主体工程(堵坝)、辅助工程(挑流坝)和引河等三大部分。有些河道不具备这种条件,则只有在原地堵决口。

1.堵坝

堵坝的位置应经过调查研究慎重决定。堵坝一般布置在决口附近,迫使主流仍回原河道。若有适当滩地,也可将堵坝修筑在滩地上。但也有堵坝位置因受地基、地形、河势的条件限制,被迫退后修筑遥堤(远离河槽的大堤)的。

2.挑流坝

挑流坝是把主流挑离决口的坝,如丁坝等。其布置方法如下:

(1)有引河的堵口,挑流坝应布置在堵口上游的同岸,如图6-12所示,可将主流挑向引河。

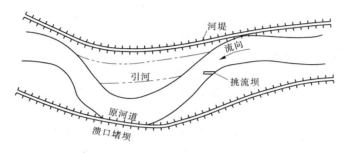

图6-12　引河分流示意图

(2)在无引河的情况下,挑流坝应布置在口门附近上游河弯处。一方面将主流挑离口门,减小口门流量;另一方面消杀水势,减小水流对堵口截流的顶冲作用,以利于堵口。

(3)挑流坝的长度要适当。过长增加工程量,对稳定也不利;过短挑开水流作用不大。如水流过急,流势较猛,一道挑流坝难挡水势,可修两道或两道以上的挑流坝,坝间距离一般约为上游挑流坝长度的2倍。

3.引河

引河的选线,要根据地形、地质、施工条件、工程量及经济条件等多种因素确定。引河进口应选在堵口上游附近,以减小堵口处的流量,降低堵口处的水位。出口位置应选在原河道受淤积影响小的深槽处。

(二)堵口的方法

1.按进占顺序分类

堵口的方法,按进占顺序可分为平堵法和立堵法两种。

1)平堵

平堵是从口门底部逐层垫高,使口门的水深、流量相应减小,因而对口门的冲刷减弱,直至口门被封闭为止,如图6-13(a)所示。其施工步骤如下:

(1)堵口轴线选定后,在选定轴线上先要架设施工便桥(可做成浮桥)。然后从便桥上运送堵口材料,向口门处层层抛铺,直至高出上游水位为止。

(2)临水面要求按反滤层铺筑,先碎石(或卵石)再砾石、粗砂,最后抛填土料,以截断渗流,也有用埽捆及抛土闭气填筑法的。平堵时口门的水深、流量和流速逐渐减小,因此冲刷较轻,但事先需架设施工便桥,一次性用材多且投资较大。平堵法适用于水头差较

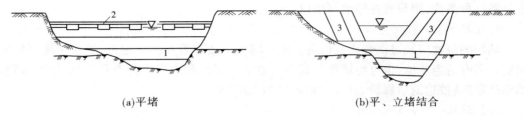

(a)平堵　　　　　　　　　(b)平、立堵结合

1—平堵进占体;2—浮桥;3—立堵进占体
图 6-13　平、立堵方法示意图

小、河床易于冲刷的情况。

2)立堵

立堵法是在溃口两端向中间进占,最后合龙闭气。立堵法施工方便,可就地取材,投资较少。但立堵进占到一定程度时,口门流速增大,将加剧对地基的冲刷,合龙比较困难。因此,也有采用平堵与立堵相结合的方式,如图 6-13(b)所示。先将溃口处深槽部位进行平堵,然后从溃口两端向中间进行立堵。在开始堵口时,一般流量较小,可用立堵快速进占。在缩小口门后,流量较大,再采用平堵的方式,减小施工难度。

在 1998 年的抗洪斗争中,借助人民解放军在工具和桥梁专业方面的经验,采用了"钢木框架结构,复合式防护技术"进行堵口合龙。这种方法是用 $\phi 40$ mm 左右的钢管间隔2.5 m 沿堤线固定成数个框架。钢管下端插入堤基 2 m 以上,上端高出水面 1～1.5 m 做护栏,将钢管以统一规格的连接器件组成框网结构,形成整体。在其顶部铺设跳板形成桥面,以便快速在框架内外由上而下、由里而外填塞料物袋,以形成石、钢、土多种材料构成的复合防护层。

2.按抢堵材料及施工特点分类

堵口的方法,按抢堵材料及施工特点,可分为以下几种形式:

(1)直接抛石。在溃口直接抛投石料,要求石块不宜太小,溃口水流速度越大,进占所用的石料也越大,同时抛石的速度也要相应加快。

(2)铅丝笼、竹笼装石或大块混凝土抛堵。当石料比较小时,可采用铅丝笼、竹笼装石的方法,连成较大的整体。可用事先准备好的大块混凝土抛投体进行合龙,对于龙口流速较大者,也可将几个抛投体连接在一起,同时抛投,以提高合龙效果。

(3)埽工进占。是我国传统的堵口方法,用柳枝、芦苇或其他树枝先扎成内包石料、直径 0.1～0.2 m 的柴把子,再根据需要将柴把子捆成尺寸适宜的埽捆。埽工进占适用于水深小于 3 m 的地区。由于水头大小不同,在工程布置上又可分为单坝进占和双坝进占。

①单坝进占。当水头差较小时,用埽捆做成宽约 2.0 m 的单坝,由口门两端向中间进占,坝后填土料,其坡度可采用 1:3～1:5。

②双坝进占。当水头差较大时,可用埽捆做两道坝,从口门两端同时向中间进占。两坝中间填土,宽 8～10 m,与坝后土料同时填筑。

无论是单坝进占还是双坝进占,坝后土料都应随坝同时填筑升高,防止埽捆被水流冲毁。最后合龙时可采用石枕、竹笼、铅丝笼,背水面以土袋或砂袋镇压。

(4)打桩进占。当堵口处水深为 1.5 m 左右时,可采用打桩进占合龙。具体做法是先在两端加裹头保护,然后沿坝轴线打一排桩,其桩距一般为 1~2 m,若水压力大,可加斜撑以抵抗上游水压力。计划合龙处可打三排桩,平均桩距 0.5 m,桩的入土深度为 2~3 m,用铅丝把打好的桩连接起来。接着在桩上游面层草层土或竖立埽捆,同时后面填土进占。进占到一定程度,可只留合龙口门,然后将石枕、土袋、竹笼等抗冲能力强的材料迅速放进口门合龙,最后按反滤要求闭气封堵。

(5)沉船堵口。当堵口处水深流急时,可采用沉船抢堵决口,在口门处将水泥船排成一字形,船的数量应根据决口大小而定。在船上装土,使土体质量超过船的承载力而下沉,然后在船的背水面抛土袋和土料,用以断流。根据九江市城防堤决口抢险的经验,沉船截流在封堵决口的施工中起到了关键作用。沉船截流可以大大减小通过决口处的过流流量,从而为全面封堵决口创造条件。

在实施沉船截流时,由于横向水流的作用,船只定位较为困难,必须防止沉船不到位的情况发生。同时船底部难与河滩底部紧密接合,在决口处高水位差的作用下,沉船底部流速仍很大,淘刷严重,必须迅即抛投大量料物,堵塞空隙。

堤防决口抢堵,是一项十分紧急的任务。事先要做好准备工作,如对口门附近河道地形、地质进行周密勘察分析,测量口门纵横断面及水力要素,组织施工、机械力量,备足材料等;堵口方法要因地制宜;抢堵速度要快,一气呵成;注意保证工程质量和工作人员的人身安全。

八、涵闸险情的抢护

涵闸及穿堤管道往往是防汛中的薄弱环节。由于设计考虑不周、施工质量差、管理运用不善等,汛期常出现水闸滑动、闸顶漫溢、闸门漏水、闸门不能开启、消能工冲刷破坏、穿堤管道出险等故障。通常采用的抢险方法简述如下。

(一)水闸滑动抢险

水闸下滑失稳的主要原因有:上游挡水位偏高,水平水压力增大;扬压力增大,减少了闸室的有效质量,从而减小了抗滑力;防渗、止水设施破坏或排水失效,导致渗径变短,造成地基土壤渗透破坏,降低地基抗滑力;发生地震等附加荷载。水闸滑动抢险的原则是:"减少滑动力、增大抗滑力,以稳固工程基础"。抢护方法如下。

1.闸上加载增加抗滑力

闸上加载增加抗滑力,即在闸墩、桥面等部位堆放块石、土袋或钢铁块等重物,加载量由稳定核算确定。加载时注意加载量不得超过地基承载力;加载部位应考虑构件加载后的安全和必要的交通通道;险情解除后应及时卸载。

2.下游堆重阻滑

在水闸可能出现的滑动面下端,堆放土袋、石块等重物,其堆放位置和数量可由抗滑稳定验算确定。

3.蓄水反压减小滑动力

在水闸下游一定范围内,用土袋或土筑成围堤,壅高水位,减小上下游水头差,以抵消部分水平推力,如图6-14所示。围堤高度根据壅水需要而定,断面尺寸应稳定、经济。若下游渠道上建有节制闸,且距离又较近,关闸壅高水位,也能起到同样的作用。

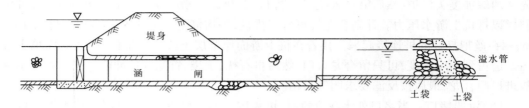

图 6-14　下游围堤蓄水反压示意图

（二）闸顶漫溢抢护

涵洞式水闸埋设于堤内,防漫溢措施与堤坝的防漫溢措施基本相同,这里介绍的是开敞式水闸防漫溢抢护措施。造成水闸漫溢的主要原因是设计挡洪标准偏低或河道淤积,致使洪水位超过闸门或胸墙顶部高程。抢护措施主要是在闸门顶部临时加高。

1. 无胸墙开敞式水闸漫溢抢护

当闸孔跨度不大时,可焊一个平面钢架,其网格不大于 0.3 m×0.3 m,用临时吊具或门机将钢架吊入门槽内,放在关闭的闸门顶上,靠在门槽下游侧,然后在钢架前部的闸门顶分层叠放土袋,迎水面用篷布或土工膜挡水,亦可用 2~4 cm 厚木板,拼紧靠在钢架上,在木板前放一排土袋压紧,以防漂浮,如图 6-15 所示。

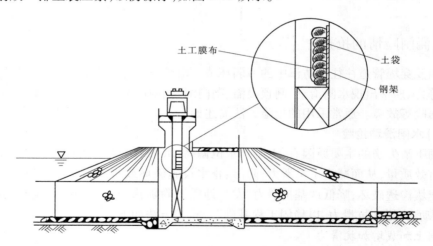

图 6-15　无胸墙开敞式水闸漫溢抢护示意图

2. 有胸墙开敞式水闸漫溢抢护

可以利用闸前的工作桥在胸墙顶部堆放土袋,迎水面要压篷布或土工膜布挡水,如图 6-16 所示。

上述两种情况下堆放的土袋,应与两侧大堤相衔接,共同抵挡洪水。注意闸顶漫溢的土袋高度不宜过大。若洪水位超过过大,可考虑抢筑闸前围堰,以确保水闸安全。

（三）闸门漏水抢护

如闸门止水橡皮损坏,可在损坏的部位用棉絮等堵塞。如闸门局部损坏漏水,可用木板外包棉絮进行堵塞。当闸门开启后不能关闭,或闸门损坏大量漏水时,应首先考虑利用检修闸门或放置叠梁挡水,若不具备这些条件,常采用以下办法封堵孔口。

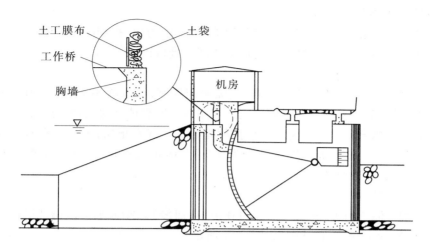

图6-16　有胸墙开敞式水闸漫溢抢护示意图

1. 篷布封堵

若孔口尺寸不大，水头较小，可用篷布封堵。其施工方法是：先将一块较新的篷布，用船拖至漏水进口以外，篷布底边下坠块石使其不致漂起；再在顶边系绳索，岸上徐徐收紧绳索，使篷布张开并逐渐移向漏水进口，直至封住孔口；然后把土袋、块石等沿篷布四周逐渐向中心堆放，直至整个孔口全部封堵完毕。切忌先堆放中心部分，而后向四周展开，这样会导致封堵失败。

2. 临时闸门封堵

当孔口尺寸较大、水头较高时，可按照涵闸孔口尺寸，用长圆木、角钢、混凝土电杆等杆件加工成框架结构，框架两边可支承在预备门槽内或闸墩上。然后在框架内竖直插放外裹棉絮的圆木，使其一根紧挨一根，直至全部孔口封堵完毕。如需闭浸止水，可在圆木外铺放止水土料。

3. 封堵涵管进口

对于小型水库，常采用斜拉式放水孔或分级斜卧管放水孔，当闸门板破裂或无法关闭时，可采用网孔不大于20 cm×20 cm的钢筋网盖住进水孔口，再抛以土袋或其他堵水物料止水。对于竖直面圆形孔，可用钢筋空球封堵。钢筋空球是用钢筋焊一空心圆球，其直径相当于孔口直径的2倍。待空球下沉盖住孔口后，再将麻包、草袋（装土70%）抛下沉堵。如需要闭浸止水，再在土袋堆体上抛撒黏土。对于竖直面圆形孔，也可用草袋装砂石料，外包厚20～30 cm的棉絮，用铅丝扎成圆球，并用绳索控制下沉，进行封堵。

（四）闸门不能开启的抢护

由于闸门启闭螺杆折断，无法开启时，可派潜水员下水探清闸门卡阻原因及螺杆折断位置，用钢丝绳系住原闸门吊耳，临时抢开闸门。

当采用多种方法仍不能开启闸门或开启不足，而又急需开闸泄洪时，可立即报请主管部门，采用炸门措施，强制泄洪。这种方法只能在万不得已时才采用，同时尽可能只炸开闸门，不损坏闸的主体部位，最大限度地减少损失。

（五）消能工冲刷破坏的抢护

涵闸和溢洪道下游的消能防冲工程,如消力池、消力槛、护坦、海漫等,在汛期过水时被冲刷破坏的险情是常见的现象,可根据具体情况进行抢护。

1. 断流抢护

条件允许时,应暂时关闭泄水闸孔,当无闸门控制,且水深不大时,可用土袋堵塞断流。然后在冲坏部位用速凝砂浆补砌块石,或用双层麻袋填补缺陷,也可用打短桩填充块石或埽捆防护。当流速较大,冲刷严重时,可先抛一层碎石垫层,再采用柳石枕或铅丝笼等进行临时防护。要求石笼（枕）的直径为 0.5～1.0 m,长度在 2 m 以上,铺放整齐,纵向与水流方向一致,并连成整体。

2. 筑潜坝缓冲

对被冲部位除进行抛石防护外,还可在护坦（海漫）末端或下游做柳枕潜坝或其他形式的潜坝,以增加水深,缓和冲刷,如图 6-17 所示。

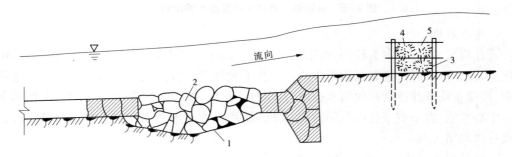

1—冲刷坑;2—抛石;3—木桩;4—柳捆;5—铁丝

图 6-17　柳捆壅水防冲示意图

（六）穿堤管道险情抢护

穿堤的各种管道,如虹吸管、泵站出水管、输油管、输气管等,一般多为铸铁管、钢管或钢筋混凝土管。易出现的问题是,管接头开裂、管身断裂或管壁锈蚀穿孔,造成漏水（油）,冲刷并淘空堤身,危及堤坝安全。引起的主要险情有接触面渗流、堤内洞穴、坍塌等,因此要及时抢护。

1. 临河堵漏

当漏洞发生在管道进口周围时,可用棉絮等堵塞。在静水或流速很小时,可在漏洞前用土袋抛筑月堤,抛填黏土封堵。

2. 压力灌浆截渗

在沿管壁周围集中渗流的范围内,可用压力灌浆方法堵塞管壁四周孔隙或空洞,浆液可用水泥黏土浆（水泥掺土重的 10%～15%）,一般先稀后浓,为加速凝结,提高阻渗效果,浆内可加适量的水玻璃或氯化钙等速凝剂。

3. 洞内补漏

对于内径大于 0.7 m 的管道,最好停水,派人进入管内,用沥青或桐油麻丝、快凝水泥砂浆或环氧砂浆,将管壁上的孔洞和接头裂缝紧密堵塞修补。

4.反滤导渗

如渗水已在背水堤坡或出水池周围逸出,要迅速抢修砂石反滤层导渗,或筑反滤围井导渗、压渗。涵闸下游基础渗水处理措施也是修砂石反滤层或围井导渗。

涵闸岸墙与堤坝连接处,极易形成漏水通道,危及堤坝安全。它的处理方法也是上述的临河堵漏、压力灌浆截渗和反滤导渗。

项目案例

案例一　水库、堤坝防汛工作制度实例

一、山东省日照水库防汛工作制度

(一)日照水库防汛值班制度

(1)防汛值班实行领导负责制、值班人员责任制。

(2)值班人员、值班司机要严格按照所排的值班表时间值班,不得擅自离守。确有事需请假的,至少应提前半天向局长汇报,由局长审批。

(3)值班人员需提前半小时到岗,办理交接班手续;值班司机按值班表时间,及时到岗到位,并要保持车况良好,确保值班领导和值班人员处理公务需要。

(4)值班人员要熟练掌握防汛值班室各种设备操作,熟悉水库工程基本情况和当前防汛工作动态。

(5)值班人员要及时调度雨情、汛情、工情、险情、灾情,及时向领导汇报,及时处理上级下达的文件、领导指示,并做好相关记录;接听电话、发送传真,要搞好记录。

(6)值班时间内,有需处理的文件、指示与汇报,值班人员应首先向值班领导汇报,由值班领导向局长汇报后做出相应决定后,再行处理;紧急时期,可根据当时实际情况,先行应急处理,再及时汇报。

(7)值班领导负责对值班人员职责进行安排(职责主要包括值班室值班、主体工程检查等)。遇大雨、风暴等灾害天气,所有值班人员须全部到岗待命。

(8)值班人员、值班司机在值班期间,因玩忽职守,出现责任事故,延误工作的,值班领导要向局长汇报,视情节轻重给予必要的处分,在防汛紧急时期,因责任原因,造成工作重大失误,要追究直接责任人和有关领导的责任,情节严重的追究刑事责任。

(9)值班人员要认真落实此制度,进一步提高对防汛值班重要性的认识,切实搞好水库防汛工作。

(二)日照水库防汛视频监控系统管理制度

日照水库防汛视频监控系统是山东省防汛视频监控系统的组成部分,前端球机分别布置在:溢洪闸左右两岸桥头堡、溢洪道、渔业队、主坝坝弯、老放水洞、宿舍楼顶、办公楼门卫、办公楼顶、小会议室,共10个摄像机。实现对水库大坝、溢洪闸、放水洞、管理局工作区和生活区的实时监控,实时监控水库的现场水情、灾情及治安状况,水库视频监控中心数据通过光纤宽带网络连接到省防办视频监控中心,实现对水库工程的远程监控。

为加强系统设施管理和水库工程的安全保卫,充分发挥监控系统的作用,确保监控系统、设备的正常运行,特制定本制度。

(1)视频监控室设在四楼机房,监控设备实行专人管理,其他人员不得进行操作,以确保设备安全。

(2)工作人员要有高度的责任心,熟悉系统操作程序,严格执行监控设备和系统操作规范,并定期进行相应的岗位培训和技术学习,加强学习相关的知识,了解系统的技术更新和操作规范。

(3)定时检查软件系统和监控设备运行是否正常,及时掌握各种监控信息,对监控中发现的异常情况及时处理和汇报,爱护和管理好各种装备与设施,严格执行操作规程;发现故障要立即查明原因并及时排除,如需专业人员维修或更换设备的,应立即联系施工单位进行现场检修,并做好系统的维修记录。

(4)工作人员要做好监控室的卫生保洁工作,保持室内干燥通风;定期对视频镜头的灰尘、蜘蛛网等进行清扫,保持视频图像的清晰。

(5)做好有关监控数据和资料等信息的保密工作,不得在网上散播视频监控录像;不得泄露系统的用户名、密码、地址等,防止未授权人员远程控制设备;未经领导批准不得允许他人查看监控录像和调阅相关资料。

(6)监控设备运行时确保朝向水库主体工程或重要部位,如进行其他点位的巡视后务必使摄像机归位到原来的位置,不得随意把摄像机停放在不重要的部位。

(7)用户登录系统后不得任意更改系统的设置参数,不得对录像资料进行随意删除,不得强制使球机进行不间断的连续旋转。

(8)不得随意断开前端设备电源和 UPS 电源,不可将其他用电设备接在 UPS 上,以免损坏设备。如需停电的,应事先通知工作人员采取相应措施。

(三)日照水库雨水情自动测报系统工作制度

日照水库雨水情自动测报系统包括雨水情自动采集系统和洪水预报系统,雨水情自动采集系统由水库中心站、中继站、雨量水位站和挑沟雨量站、街头雨量站、三庄雨量站、短波通信;中继站、遥测站工作电源采用太阳能电池板供电。洪水预报系统包括人工干预预报、洪水自动预报和洪水调度三部分。

为确保系统正常运行,规范和加强系统管理工作,特制定《日照水库雨水情自动测报系统工作制度》,内容如下:

(1)工作人员须准时上班,坚守岗位,不断加强业务理论学习,严格遵守各项规章制度和纪律。认真做好每天的"运行记录",及时记录并处理各种不正常情况。对有关设备的运行状态、报警及异常情况等都要做认真记录。保持机房和值班室的整洁,文明办公。

(2)对遥测水情数据应妥善保存,不可随意拷贝给其他单位。每年汛末应将数据库拷贝保存。不得随意清除前置机、后台机的数据,如万不得已,必须经分管领导同意并备案。

(3)每周应检查记录电池电压,电压正常值应保证在额定值的 ±15%,前置机电源电压应在阳光不强时量取(11~13.6 V),UPS 电池电压应在断掉市电的情况下量取(72~97 V)。UPS 长期不用时,每隔 15 d 应开机一天。

（4）所有仪器设备、工具、备品备件，应有专人保管，保管人员必须对工作认真负责。仪器设备和工具应登记造册，妥善保管，不得丢失。所有仪器应建立技术档案，仪器使用中发生故障应做记录和说明。所有仪器设备一律不准擅自外借并严禁私自带出机房。

（5）工作人员必须熟悉各设备的操作方法，了解仪器的性能，严格按操作规程及设备说明书的规定进行各种操作和处理。仪器设备长时间不用时要做好防潮、防尘处理工作，每隔两个月左右将仪器通一次电。仪器设备不用时，应关闭开关切断电源。装有电池的仪器在长时间不用时应取出机内电池，以防流液腐蚀设备。凡因保管不善或操作不当造成仪器丢失或设备损坏，由当事人负责。

（6）工作人员要严格按照《日照水库工程管理制度》进行该系统和各测站的巡查、维护管理工作。

（7）遇有设备故障，要首先向有关领导报告，并及时查明原因，及时加以排除。在未查明原因前，不允许盲目拆卸设备，检修时必须按有关规程和设备说明书规定进行。

（8）在进行一般故障的检修时，不应中断整个系统的工作。在需翻动雨量计翻斗时，应设法使端机不计数，万不得已时应在前置机上及时修正该站的雨量累计值。发现有危害整机设备及重要部件的故障时，必须采取紧急措施，确保其他设备、部件不受损害。

（9）检修完毕后，必须详细填写检修记录，并有分管领导的签字。检修记录应及时整编存档。

（10）系统工作人员应与各测站看管人员紧密协作，互相配合，经常向其讲解注意事项，搞好日常维护工作，保证遥测系统设备处于良好运行状态。

（11）如要对设备或系统整体布局作改进，必须提交书面报告，经上级主管部门批准后才能执行。

二、山东省南四湖湖东大堤防汛工作制度

（1）每年汛前做好以下工作：

①进行汛前工程检查观测，做好设备保养工作。

②制订各项汛期工作制度和汛期工作计划，落实各项防汛责任制。

③根据工情、水情变化情况，修订本工程防洪预案，对可能发生的险情，拟订应急抢险方案。

④检查和补充机电设备备品备件、防汛抢险器材和物资。

⑤检查通信、照明、备用电源、起重、运输设备等是否完好。

⑥清除管理范围内上下游河道的行洪障碍物，保证水流畅通。

⑦按批准的岁修、急办项目计划，完成度汛应急工程。

（2）在防汛期间做好以下工作：

①加强汛期岗位责任制的执行，各项工作应定岗落实到人。

②加强 24 h 防汛值班，确保通信畅通，密切注意水情、雨情、工情，及时掌握气象预报，特别是洪水预报，准确及时地执行上级主管部门的指令。

③严格执行请示汇报制度，按上级主管部门的要求和规定执行。

④防汛期间严格执行请假制度，未经批准不得擅自离开工作岗位。

⑤进一步加强工程的检查观测,随时掌握工程状况,发现问题及时处理。

⑥闸门开启后,应加强对工程和水流情况的巡视检查,行洪时,应有专人昼夜值班;泄水后,应对工程进行检查,发现问题及时上报并进行处理。

⑦对影响安全运行的险情,应及时组织抢修,并向上级主管部门汇报。

(3)汛后应做好以下工作:

①开展汛后工程检查观测,做好设备保养工作。

②检查机电设备备品备件、防汛抢险器材和物资消耗情况,编制物资补充计划。

③根据汛后检查发现的问题,编制下一年度工程养护修理计划。

④按批准的岁修、水毁项目计划,按期完成工程施工。

⑤及时进行防汛工作总结,制订下一年度工作计划。

案例二　黄河分洪工程实例

一、黄河北金堤滞洪区工程实例

黄河素有"铜头、铁尾、豆腐腰"之称,"铜头"是指中游河段,高山峡谷是束水的天然屏障。"铁尾"是指山东艾山口以下较稳定的河段,所剩均称"豆腐腰"。此段自孟津以下,河道渐宽,到兰考东坝头始复又渐下渐窄。东坝头以上堤距一般为 14~20 km,东坝头以下堤距缩至 1~5 km,到了艾山门以下平均河宽已不足 1 km,最窄处仅几百米。东坝头以下洪水不能顺畅下泄。1951 年,根据当时的河道实测断面排洪能力计算出的各河段河道所能承泄的安全泄量为:花园口站 20 000 m³/s,夹河滩站 18 700 m³/s,高村站 12 000 m³/s,艾山站 9 000 m³/s,而当时则是以防御陕州站(今三门峡)流量 18 000 m³/s 为目标。据史料记载计算,历史上超过这个设防标准的大洪水出现的机遇不足 50 年一遇,如以 1933 年陕州站 23 000 m³/s 洪水相应水位进行推演,长垣县石头庄以上堤防尚高于或平于此水位,而石头庄以下堤防高度低于洪水位,溢决威胁十分严峻。可以看出,由于艾山口泄量所限和超标准洪水的存在,单纯依靠陶岸堤防难以确保下游防洪安全。因此,必须在防御设施方面,为超出安全标准的洪水寻找安全出路。1951 年,经过有关专家的反复论证、比较,选定在长垣石头庄一带向堤外分洪,后经政务院批准,建立了北金堤滞洪区。

北金堤滞洪区淹没范围涉及河南省新乡市的长垣、安阳市的滑县东半部,濮阳市的濮阳县、范县、台前县临黄堤与北金堤之间全部以及山东省莘县、阳谷北金堤以南地区。全区西南至东北,上宽下窄,状如羊角,总面积 2 316 km²。区内有 67 个乡(镇),2 154 个村庄,169.2 万人,15.93 万 hm² 耕地,197.5 万间房屋。

北金堤滞洪区内经济主要以农业、手工业为主,主要分布有中原油田大部分油井,大中型化工企业,一座县城,工农业生产区域大,固定资产投资价值高,固定资产 278.84 亿元。

二、东平湖分洪工程实例

东平湖分洪工程位于黄河下游右岸,山东省梁山、东平、汶上、平阴县境内,是黄河下游防洪工程系统的组成部分,在黄河发生大洪水时,对削减陶城铺以下洪峰有重大作用。

东平湖为宋代梁山泊演变而来，由于黄河多次决口南徙，梁山泊逐渐淤积萎缩，为居民逐步垦殖。大汶河原经山东大清河流入渤海。1855年黄河改道夺大清河入渤海，大汶河（下游仍称大清河）遂入黄河。黄河河床逐年淤高，大清河入黄河口淤塞，以致积水成湖，形成黄河的自然滞洪区，民国年间始称东平湖。1958年，在位山修建拦河闸坝、进湖闸、出湖闸，并加高加固围堤成为东平湖水库。由于黄河河道淤积及湖周浸没等问题，于1962年改为滞洪工程，1963年改造为无坝分洪工程。

东平湖分洪工程包括分洪区、分洪闸、泄洪（退水）闸、围堤（含二级湖堤）4部分：①分洪区总面积627 km²。为减少分洪时的淹没损失，在原运河堤的基础上加修二级湖堤，划分为新湖与老湖分洪区，其中老湖区面积209 km²，新湖区面积418 km²。东平湖分洪工程在1958年建设时，按水库要求进行，设计水位46.0 m，总库容40亿 m³。改为分洪工程后，由于围堤加固尚未完成，近期运用水位为44.5 m，相应容积为30.4亿 m³，其中老湖区为21.6亿 m³。扣除底水以及考虑与汶河洪水遭遇，尚有16亿~18亿 m³ 的容积可用来调蓄黄河洪水。②分洪闸和泄洪闸。在临黄堤上建有石洼、林辛、十里铺、徐庄、耿山口等5座分洪闸，设计分洪流量为11 340 m³/s，由于闸上下游淤积，20世纪80年代有效分洪流量为8 500 m³/s。在大清河陈山口附近建有陈山口、清河门两座泄洪闸，设计泄洪流量2 500 m³/s，退水回黄河。由于黄河河道淤积抬高，湖区退水日益困难，围堤上还建有码头、流长河、司垓排水闸，退水经京杭运河梁济段入南四湖。③围堤。分洪区东北以泰山山脉为界，北为临黄大堤，再沿湖修堤与大清河相衔接，全长107.88 km，其中临黄大堤段长10.47 km，山口隔堤19.6 km。围堤一般高8~10 m，顶宽10 m，修有戗堤，临水坡有干砌石护坡防浪。二级湖堤为新湖区与老湖区之间隔堤，长26.7 km，堤高5~8 m，堤顶宽6 m，为防风浪，临水坡修有干砌石护坡。

目前，黄河下游防洪保护区涉及豫、鲁、皖、苏、冀等5省，范围12万 km²，尤其是东平湖以下的济南市、津浦铁路、胜利油田，以及两岸千百万人民群众的生命财产安全，都非常需要东平湖分洪工程的保护。东平湖对确保黄河下游防洪安全，地位十分重要。

案例三　堤坝防汛抢险实例

一、长江同马江堤永天圩桂营段散浸、滑坡抢险实例

（一）基本情况

永天圩全长13.5 km，位于安徽省宿松县，对岸为鄱阳湖出口。堤内有3个村，圩内耕地面积1 600亩，人口12 000人，是宿松县高产棉区。桂营段位于永天圩上游，长2 100 m，堤顶高程为21.40~22.50 m，堤顶宽10~15 m，并都建有房屋。内外坡比为1:1.5~1:1.2，堤高6.5 m左右，背水坡无平台，堤内外距堤8~15 m均是取土方塘，塘宽在40 m左右，塘底高程13.00 m。塘底砂层外露，抗洪能力极差。1998年6月24日，长江水位达21.24 m后，该圩堤散浸、滑坡、翻砂、涌水、漫溢等险象环生，经过军民80多个日日夜夜的奋力抢险，严防死守，创造了新中国成立以来永天圩在汇口水位21.60 m以上未溃破的奇迹，确保了永天圩内人民群众的生命财产安全。

（二）出险原因及抢险措施

永天圩堤属于民圩，堤身土质为黏土和砂壤土，为圩内群众分段逐年加高培厚形成，圩内群众居住房屋大都建在堤顶，所以在圩堤加高培厚和群众住房拆建过程中，清基和夯实都存在一些问题，特别是群众在拆老房建新房过程中，老房基未完全清除，回填又没有注意夯实，新建房屋太靠近迎水坡建造，给圩堤防洪留下隐患。

出险原因及抢险措施如下。

1. 堤后散浸

由于水位高，持续时间长，堤身质量差，致使该段圩堤普遍散浸严重。采取的工程措施是：间隔 8～15 m，开挖断面为 40 cm×50 cm 的导滤沟导渗。

2. 堤身湿软

筑堤土质为砂壤土，堤顶高差 6.5 m，有 430 m 长堤身特别湿软，难以承受汛期高水头水压力。汛期采取的工程措施是：堤身加筑土撑，土撑面宽 5 m，沟距 8 m，边坡用草袋装土砌筑。

3. 水位漫顶

永天圩堤堤顶高程为 21.40～22.50 m，低于 22.0 m 的堤段长 1 900 m。6 月 29 日，长江汇口水位达到 21.38 m 时，全段开始加筑子堤，子堤最后标准达到：顶部高程 23.00 m，面宽 1.0 m，内外边坡 1∶1，均用草袋和塑料袋装土砌筑。

4. 堤内滑坡

（1）出险过程及原因分析。7 月 27 日，长江汇口水位 22.09 m 时，部分子堤挡水深达 0.5～1.5 m。堤身塌方非常严重。至 7 月 29 日，共计塌方长 1 732 m，有 19 户居民房屋倒塌，特别是离同马大堤 150 m 处有 30 m 长塌方最为严重，堤顶宽只剩下 6 m，该处堤防标准最低，如果从此处溃堤、决口，将会一直延伸到同马大堤，直接威胁到同马大堤安全。险情先是在距背水堤肩线 1 m 左右发生裂缝，随后裂缝宽度逐渐加大，且土条开始下挫，最后发展到从堤顶到堤脚整体滑塌，内坡坡面渗透出水点明显抬高，开挖导渗沟根本不能控制险情发展。

究其原因主要有四个方面：①堤身单薄，堤坡太陡，又无平台撑砌；②水塘离堤脚太近，堤脚不稳固；③水位上涨太快，子堤挡水后，由于堤顶屋基深达 1.5～2 m，均系干砌石砌筑，形成渗水通道；④由于堤防逐年加高加宽，清基不彻底（或根本没有清基），也没有开挖接合槽，施工质量差，特别是上堤土质沙性重，透水性强，抬高了浸润线，增加了内坡渗透压力。

（2）抢险措施。根据险情产生的原因，采取了上截下导的抢险措施，即在迎水面开挖截水槽，用黏土分层填筑夯实，截断水源；堤身土方下滑后，在滑坡体上开挖导渗沟，导渗沟内用砂石料回填。堤坡用草袋装石子做透水支撑，透水支撑面宽 1.5 m，间距 3 m，高度一直砌至浸润线上 0.5 m，浸润线上削坡减载，由于堤顶墙基底距外水面有 2～2.5 m 高，因此必须有一定的人力和物资做保证。先备足土料，开挖槽基和填筑要做到速战速决。经过 300 余名解放军 24 h 连续作战，滑坡基本上得到了控制（见图 6-18）。

5. 堤基翻砂冒水

（1）出险经过及成因分析。7 月 1 日，长江汇口水位 21.53 m，桂营小学附近离堤脚

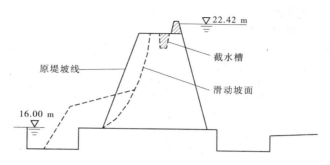

图6-18　截水槽剖面示意图

15 m 处水塘内发生重大管涌险情,水面连续翻水花,直径达 2 m。该处曾于 1996 年汛期汇口水位 21.00 m 时就发生了管涌破坏,当时采用了砂石料压渗,由于水位低,持续时间短,险情没有继续发展。本次险情发生后,立即派识水性者探测,发现管涌口径有 1.5 m 左右,原压砂石料已下沉 1 m 多,有许多细黑砂堆积。该塘系群众取土筑堤所筑,挖穿了壤土覆盖层,砂层外露;塘内仅覆盖一层松散腐殖滤积物,根据水力计算和模拟试验可知:砂土容许水力梯度一般为 3% ~5% ,而此时该塘底砂层承受的水力梯度为 7% ,若不及时控制,险情将继续发展,很快造成决堤危险。

(2)抢险措施。由于塘内水深 2 ~3 m,又基本上无覆盖层,围井很难按要求形成,为防止管涌转移,采取抬高塘内水位和扩大滤渗范围的抢护措施,滤渗直径 5 m,管涌中心先用石子铺平洞口,共投放粗砂 20 t,瓜片 30 t,石子 40 t,险情基本上得到了控制。至 8 月 8 日,照此方法,共处理了 11 处管涌破坏险情。

(三)减灾效益

永天圩抢险成功,减少淹没耕地 16 000 余亩,减少房屋冲毁 200 余间,减少沙化耕地面积 500 余亩,减少人员转移安置 12 000 多人,减轻了同马大堤的防汛负担,为国家和人民挽回经济损失 3 000 多万元。

(四)经验和教训

1. 经验

(1)巡堤查险采取专职队伍与群众联防相结合,使险情能及时发现。

(2)群众抢险队伍与中国人民解放军防汛部队相结合。人民解放军是防汛抢险的重要力量,他们纪律严明,作风过硬,能打硬仗,在永天圩最危急的时候,起到了决定性的作用。

(3)人员转移与全力抢险相结合,为防万一,当水位上涨到一定高程时,老弱病及低洼处的群众必须转移到安全地带,以解除投身于防洪抢险人员的后顾之忧。

(4)工程人员熟悉堤身、堤基状况,根据实际情况提出抢险措施是夺取抗洪胜利的重要因素。

(5)做好后勤保障,防汛抢险器材要能及时到位。

2. 教训

(1)加强堤防日常管理。要成立专职管理机构,统一管理,禁止在堤脚取土,对建房要实施统一规划、管理、施工,圩堤顶建房要向同马大堤内搬迁。堤顶建房不但增加了险情,而且给防汛抢险造成困难。

（2）堤防建设要保证质量。

（3）加强除险加固工程建设。堤脚水塘必须回填,堤内外坡不得大于1:3,堤内坡要做平台,堤顶要加高,以提高整个堤防的抗洪能力。

（4）被保护区内村庄要储备一定数量的防汛抢险器材,间隔500～800 m要修筑一条上堤碎石路面。

二、和县长江江堤郑蒲管涌抢险实例

（一）基本情况

安徽省和县长江江堤郑蒲堤段,于1998年8月15日9时许,巡堤群众发现一处龙塘（新川泵站进水池）水面异常,经观察,初步断定是翻砂鼓水。经潜水队员下水摸探,查明有5个涌水孔的管涌群,手感有水流。龙塘水深约5 m,水位7.5 m。其中:1号管涌口离大堤脚70 m,上口直径0.8,下口直径0.5 m,孔深2.5 m,且在洞口形成直径1 m、厚40 cm的沙环;2号管涌口离堤脚80 m,上口尺寸0.7 m×0.3 m,呈不规则椭圆形,孔深2.5 m,管涌群已形成宽30 cm、长2 m的水槽。

（二）出险原因及可能造成的危害

经分析出险原因有两方面:一是地质因素,该段滩地地表覆盖层薄,堤基下部为极细沙层,抗渗能力差;二是汛情因素,由于高水位浸泡达50 d,大堤内外水头差达4 m左右,堤基细沙在高水头差的作用下不断被水流带走,形成管涌。若抢险不及时,造成长江大堤溃口,将直接淹没郑蒲圩6.2万亩耕地,同时危及和县江堤的保护范围。

（三）抢险措施

15日20时,专家组迅速拿出抢险方案,一是立即用砂石填压管涌口做反滤,并扩大导渗作业面;二是封堵龙塘四周的三闸一桥,加高加固2 km长的堤埂至11.5 m高,使之形成一个很大的养水盆;三是安装抽水机,从龙塘尾部排水沟向养水盆内充水,减小长江与龙塘水位差,并保持内外水头差在1 m左右。

在加高加固内堤、埂的同时,16日凌晨1时,第一台水泵安装完毕并开始充水,由于圩内排水沟水量不足,已安装好的另外5台水泵无法工作。专家组又提出改在长江外侧架机,抽引江水,同时凿开穿堤涵闸,引江水入圩。16日15时,穿堤涵闸被凿开;17日凌晨14时,18台机组全部开机抽水。

同时,砂石导滤也在紧张进行。由于管涌流速太大,经潜水员摸探,先抛的砂石被水冲走。后改由先抛块石,再依次抛砂石、石子、块石,使管涌处水流得到明显控制。

到8月18日12时,龙塘水位达到10 m（抬高2.5 m）,关闭了抽水机,封堵了穿堤涵闸,郑蒲管涌群险情基本得到控制。以后每天派潜水队员摸探,随时掌握险情变化。数天后,砂石略有下陷,又补抛了块石和石子。

（四）经验教训及抢险消耗

郑蒲管涌群抢险成功的经验;一是领导得力;二是充分尊重专家意见,论证后立即付诸实施;三是抢险队伍调集及时;四是防汛材料充足。但由于当地缺少粗砂,因此导渗级配不合理,效果不太好。据初步统计,本次抢险出动民工5 000多人,解放军指战员武警官兵 1 120 人,加高加固龙塘堤埂土方 6 000 多 m³,使用纺织袋 3.3 万条,草包 1.7 万条,砂石料 250 t。

三、淮河史灌河堤防崩塌抢险实例

(一)基本情况

史灌河位于河南省固始县,是淮河南岸的最大支流,也是淮河洪水主要来源之一。史灌河左、右堤防均筑在以细砂为主的地基上,砂土填筑,稳定性差,渗水严重。左岸 17 km 以上,右岸 34.5 km 以上已筑有堤防,按 10 年一遇防洪标准,顶宽 5 m,一般堤高 5~6 m,内外边坡 1:3。史灌河上游处于暴雨中心地带,山洪暴发势猛流急,常出现河岸崩塌及散浸、管涌、流土等重大险情。

1991 年汛期,从 6 月 29 日至 7 月 10 日,流域内连降暴雨、大暴雨,蒋集水文站最大流量达 3 600 m³/s,超过 10 年一遇流量(3 580 m³/s);相应水位达到 33.26 m,超过 10 年一遇水位(33.24 m)。在持续高水位下,防汛形势非常严峻。左岸里河梢、孟小桥、范台等出现重大崩塌岸(坡)险工 4 处,右岸柴营、北圩、任台、秦楼、李祠堂、陈台、瓦房营、新台、李小庄、高台、埂湾上下等出现重大崩岸坡险工 18 处,共 8.251 km。此外,陈台、李庄户、庙门口分别出现 3 处长 200 m、150 m、400 m 的流土群;汪营、栎元、瓦坊、殷庙、学地、杨营、秦前楼、刘营、白台、腰台、孙小台、舟滩及左岸的马元、竹大庄、车台等 19 处出现散浸,共长 8.95 km。

(二)出险原因

史灌河 1991 年汛期出现重大险情的主要原因如下:

(1)史灌河为游荡型沙质河床,在强水流和河床的相互作用下,水流紊乱,沿程弯多、滩高、槽深,当岸坡陡到一定程度时,即出现岸坡崩塌。

(2)史灌河堤防的堤基多以中细沙为主,稳定性差,在高水头的作用下,会出现堤基渗水、管涌、流土等严重险情。

(3)1986 年对史灌河堤防按 10 年一遇防洪标准进行培修加固,施工时未能按设计标准实施,大部分堤身单薄,部分堤段填土质量仍然很差。

(4)史灌河左岸堤防长 17 km,被群众占堤居住 9 km;右岸堤防长 34.5 km,被居民挤占 29.7 km。由于居民在内外堤脚乱取沙土,乱栽树,乱设粪坑厕所,致使堤脚内外坑槽满布,严重破坏堤防内外覆盖层,缩短了渗径。

(三)可能造成的危害

史灌河流经固始县腹心地带,两岸耕地面积 40 余万亩(包括史灌两河中游及泉河下游),占全县耕地面积的 35% 左右,一旦史灌河失事,将危及固始县整个经济发展。

(四)抢险措施及效果

在固始县县委、县政府组织下,动员干部群众,针对不同险情采取不同措施,及时排除险情,保护了堤防安全。在抢护岸(坡)崩塌险情中采取将土袋用麻绳编连成软排体沉入河底的方法,以覆盖崩塌面,遏止岸坡继续崩塌,取得很好效果。如 1991 年 7 月 4 日,抢护柴营堤崩塌险工就是采取这种措施(柴营险段是由于水流顶冲导致崩塌)。抢险措施具体如下:

（1）根据水深和崩塌面的大小，备足备好木桩、绳索和编织袋，木桩长 1.5 m，小头直径 5 cm 左右，砍尖备用。捆袋主绳直径 2.5～3 cm，并保证有足够的抗拉强度，长度根据需要而定。捆袋子绳直径 0.5～1 cm，长 1.8 m，也要有足够的强度。

（2）以乡组织基本抢险队伍骨干，根据需要分若干个抢险小组，每组装袋 6 人，运袋 6 人，捆扎拴编袋 4 人，牵拉松放主绳 2 人。

（3）以堤顶作为操作平台，木桩打在操作面内侧，入土深 1.2 m，稍向内倾，一块排体长 1.4 m，以两袋对口顺连为宜，宽自塌面底到塌面顶以上 1 m 为度。

（4）捆扎拴编一块排体，主绳上下各 2 根，下主绳先平摊于操作面上，两绳距 0.7 m 左右，下端拴连土袋，上端用活扣拴在堤顶木桩上，便于松动，使排体下沉。上主绳由 2 人操作，同下主绳结合拴捆土袋，务求上下袋挤紧捆牢，不留空隙，避免流水淘刷塌面。捆编袋 2 人面对面操作，先将子绳同下主绳连接平摊，将绳两袋口相对挤紧，拿起捆袋子绳，同上主绳有机结合后，互递子绳相对用力，捆袋至紧，而后踩扁。依此类推，边排边松动下主绳下放，露出水面 1 m 左右，防止洪水上涨和风浪淘刷岸（坡）顶，一块排体制成护盖后，将上下主绳合并拴在桩上。各排接头处，沉放时也力求贴靠紧密以免散头，详见图 6-19、图 6-20。

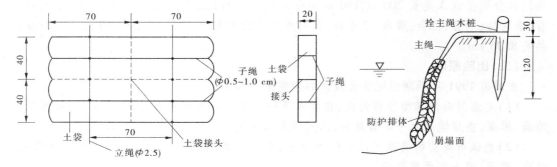

图 6-19　编织袋捆扎示意图　（单位:cm）　　　图 6-20　排体与木桩锚固　（单位:cm）

柴营险工崩塌最严重的为长 56 m 的险段。该险段滩面以下冲深 6 m，滩面以上水深 4 m，洪水位 34.0 m。组织劳力 300 人（包括捻绳等辅助劳力）编成 15 个组，捆编排体 40 块，用编织袋 4 200 条，装土约 130 m³，麻绳 600 余 kg，历时 6 h 完成了该险段抢护任务，保证了大堤的安全。

此种抢护的优点是所使用的抢险料物由群众筹集，勿需远运，省时省力；缺点是制作难度大，历时较长。如果当时备有土工布，用土工布制作排体抢护用时肯定要短些。

抢护管涌、流土险情采用以反滤导渗制止涌流带走土沙，遏止险情进一步发展，保证大堤安全。

如李庄户险段，堤顶宽 5 m，堤高 6 m，边坡 1:3，临河堤脚下到河槽滩宽 10～12 m，滩面以下槽深 5～6 m，滩面以上水深 4.5～5.0 m，滩面高程 27～27.5 m，堤质为沙性土。7 月 4～8 日，在 200 m 险段内，出现了 4 处大的管涌险情，第一处在背水堤脚以外 15 m 处，第二处为 18 m，第三处为 17 m，第四处为 22 m。自上游至下游几乎是均匀排列，管涌孔径约 10 cm，抢护方法是清除管涌口周围杂物后，在管涌出口处用土袋筑围井，以麦草做反滤料,井壁底厚1.0 m,顶0.4 m,高1.0 m,在距地面0.6 m高处留排水孔一处,孔径5 cm,井径1.2 m,井内均匀铺麦草,后洪水过后扒开检查,效果尚佳。麦草反滤围井详见图6-21。

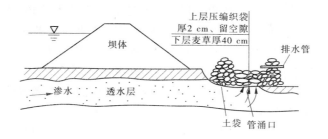

图6-21　麦草反滤围井示意图

庙门口和陈台险段,堤顶宽包括群众庄台在内共8~12 m,局部达15~20 m,外加3~4 m沿堤交通道路,堤高7 m,边坡1:3,背河坡脚下地面高程26.0 m,外河主槽靠近堤脚,槽深4~5 m。当6月14~16日史灌河第一次洪峰出现时,该两段险工处洪水位庙门口为31.0 m,陈台为30.5 m。庙门口出现3处管涌,陈台段出现4处管涌,涌孔直径3~5 cm,涌水挟带有中细砂和少量的土颗粒。险情发生后,采取就地取材,用土袋筑围井、麦草作反滤料的措施阻止了险情的发展,围井直径1.0 m,高1.0 m,井壁底部厚1.0 m,顶部厚0.5 m,距地面0.6 m处留排水池一处,孔径5 cm。6月29日至7月12日,庙门口洪水位高达32.3 m,陈台洪水位高达31.5 m,水情形势更加严峻。7月4~12日,庙门口和陈台两险段管涌等险情一个接一个,有的管涌口直径在10 cm以上,陈台一处管涌口最大达50 cm,用10 m³碎石都未压住,情况十分危急。4日晚县防办派8辆大卡车运送了100余m³5号碎石和4万条塑料编织袋,采取分割分围的办法,土袋筑格堤、月堤和导滤戗台、反滤围井等,经近一昼夜的奋战,基本上制止了险情的恶化,但因无粗砂做反滤料,碎石的级配也不合理,多数管涌口还有细砂流出,于是又逐处用编织袋、草袋、麦草等覆盖管涌口,用碎石压重进行补救,之后日夜监护,发现问题,及时处理,直至7月14日,水势逐渐消退。

此两处抢险包括第一次洪峰在内历时共12 d,投入劳力上万人,用碎石100余m³、编织袋6万余条、麦草1 000余kg、土方近5 000 m³,保住了大堤和圩内数万人民生命财产的安全。

(五)效益

1991年大洪水过后,固始县水利局河道管理段,对可能造成的粮食作物、房屋、家什、牲畜以及林木、道路、集镇等直接经济损失进行测算,避免了18.7万亩耕地、15.1万人受灾,防洪效益达2.325亿元。

(六)经验教训

固始县1991年史灌河抢险取得成功的经验主要如下:

(1)县防汛指挥部根据防汛方针,建立健全县、乡两级防汛指挥机构,制订了切实可行的防汛计划,县防汛指挥部成员分赴各自责任段检查落实防汛工程和物资准备情况,为抗洪抢险的胜利奠定了组织保证。

（2）县境南部地区户均筹集2条编织袋，交水利仓库保管备用。临淮地区人均筹集1条编织袋，交重点防汛地段保管备用，全县年筹集编织袋70余万条，为抗洪抢险的胜利奠定了物质基础。

（3）临淮地区各乡镇每年组建80～120人的抗洪抢险基本队伍，进行抗洪抢险技术培训和强化水患意识的教育，为抗洪抢险的胜利奠定了人力和技术基础。

（4）党政军民同舟共济，奋力抢险，是抗洪抢险成功的基本保证。

1991年史灌河抗洪抢险虽然取得了胜利，但也存在以下不足：

（1）部分地方没有完全按国家有关法规办事，让沿河群众任意侵占居住，乱挖乱建，造成诸多险情隐患，应认真加以纠正。

（2）防汛投入不足，现代化的防汛用品得不到利用，造成抢险中费时费力，各级政府和防汛主管部门应进一步加强这方面工作。

四、长江安徽广丰圩杨墩站涵洞抢险实例

杨墩站涵洞位于安徽省东至县广丰圩江堤，建于1959年。原穿堤涵洞1孔（1.8 m×2.6 m）长47.0 m，底高程10.0 m，细沙地基，为浆砌石拱结构。1995年改建为2孔（3 m×3.5 m）钢筋混凝土涵洞，洞身长65 m，底高程9.0 m。1995年9月18日动工，1996年5月28日穿堤涵建成，大堤回填，新泵房基本完成。

1996年8月14日凌晨，杨墩站新站汇流水箱处向上冒沙冒水，冒水孔直径约5 cm，且逐渐增大；6时30分，江堤、启闭机、涵箱、机房开始下沉，当时外江水位16.84 m，站前水位11.7 m，水头差5.14 m；7时，江堤连同涵箱整体塌陷1.0 m，堤身多处裂缝，启闭机房明显倾斜；12时，堤顶下陷3.5～4.0 m，沉陷段堤防上口宽30 m，下口宽8 m，裂缝影响范围65 m。启闭机台、机房、竖井等严重倾斜，压力涵箱接头止水拉断。由于两孔闸有一孔开启高达2.7 m，江水呈旋涡，裹着泥沙，向堤内倒灌，堤内出现3个较大的水柱，水柱出水高度达1 m左右，总流量约60 m³/s，形势十分危急。出险位置见图6-22。

险情发生后，安徽省防汛指挥部会同市、县防汛部门立即研究制订抢险方案。根据该站周围的地形特点，决定在堤内引水渠内建新坝，做成长170 m、宽40 m左右的养水盆。8月14日23时，二道坝第一次堵口开始合龙，当缺口已堵至4 m左右宽时，由于上游水位抬高后，流速加大，打下的桩断裂，堵口失败。失败的主要原因是：准备仓促，备料不足，抢险物料较轻，且堵坝的断面过小，依靠桩支撑，难以奏效。在此期间，为堵住漏洞，先后在堤外沉下了一条20 t的船只、580包大米和用油布包着的上百吨的水泥及三只集装箱等，均未见成效。

第一次合龙失败后，抢险指挥部又重新布置，确定仍以二道坝堵口为重点，采取在大堤塌陷处加高加固、堤外打月堤等措施。

有关人员立即着手第二次堵口的准备工作。用了半天时间在二道坝缺口处打下了15根弧形桩、3层梅花桩，每根桩都用钢丝绳固定到对岸的大树上。与此同时，积极筹措抢险材料，派港监船拦截江面上船只运载石料、黄沙，省防指从安庆调运了大量的麻袋、块石、石子等抢险器材。还要求附近的工厂赶制200个1 m见方的钢筋笼，以便合龙时使用。

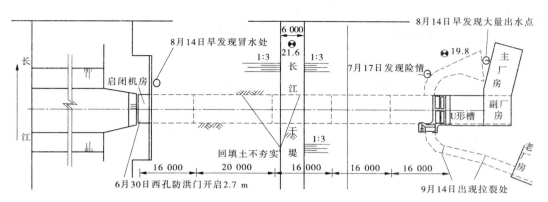

图 6-22　杨墩站出险示意图　（单位:mm）

第二次合龙是从 15 日 11 时 30 分开始,经过 3 h 的艰苦奋战缺口被封住,此时二道坝上游水位猛涨,上下游水位差达 3 m 多,梅花木桩发出"咯咯"脆响,仅 10 多 min,二道坝再次被冲垮,缺口重新撕开 10 m 多。

第三次合龙吸取了前两次失败的教训,成立了抢险专家组,专家组研究认为合龙成功的关键是抢险材料充分、开辟抢险道路、加快施工速度,并对堵坝的断面标准、坝体材料、施工程序及材料数量等作了详细规定。至 8 月 18 日晚 22 时,准备工作基本就绪。

第三次堵口开始,抢险指挥部在东、西坝各组成了由部队和武警战士组成的抢险突击队,为尽快形成合龙物料的支撑骨架,先抛下 500 多块预制板,然后推下去钢筋笼 40 个,效果明显。为配合下游合龙,上游闸门被关下 1.70 m。19 日 10 时,二道堤合龙成功。随后立即进行闭气工程。

闭气工程程序为:先抛 3 m 宽袋装碎石和散装碎石,后抛 7 m 袋装土,最后抛 10 m 散装土。8 月 27 日闭气工程全部完成,抢险成功,保住了长江大堤。

职业能力实训

实训一　基本知识训练

一、填空题

1.汛期巡堤查险时应做到"五到",即 _____ 、_____ 、_____ 、_____ 、_____ 。

2.散浸险情抢护的原则是 _____ ,漏洞险情抢护的原则是 _____ ,管涌险情抢护的原则是 _____ ,崩岸险情抢护的原则是 _____ 。

3.漏洞探查的方法有 _____ 、_____ 、_____ 。

4.堤坝堵口的抢护原则是 _____ ,一般堵口工程由 _____ 、_____ 、_____ 三部分组成。

5.堤防堵口的方法,按抢堵的材料及施工特点,可分为 _____ 、_____ 、

_____、_____、_____等形式。

二、名词解释

1. 散浸

2. 漏洞

3. 管涌

三、选择题(正确答案1~3个)

1. 我国防汛抢险的工作方针是(   )。

A. 经常养护,随时维修   B. 安全第一,常备不懈

C. 养重于修,修重于抢   D. 以防为主,全力抢险

2. 汛期巡堤查险时应做到"三快",即(   )。

A. 险情巡查快   B. 险情发现快

C. 险情报告快   D. 险情抢护快

3. 土堤坝在汛期发生的最危险的险情是(   )。

A. 散浸   B. 风浪冲击

C. 脱坡   D. 漫顶

4. 在汛期高水位情况下,下游堤坝坡及附近地面,土壤潮湿或有水流渗出的现象,称为(   )。

A. 管涌   B. 漏洞

C. 决口   D. 散浸

5. 在堤坝背水坡脚附近,或堤脚以外的洼坑、水沟、稻田中出现孔眼冒砂翻水的现象,称为(   )。

A. 散浸   B. 漏洞

C. 决口   D. 管涌

6. 抢护漏洞和管涌险情时可抢筑减压围井,其主要作用是(   )。

A. 反滤导渗   B. 滤水抑砂

C. 蓄水反压   D. 束水攻砂

7. 管涌险情的抢护原则是(   )。

A. 临河堵截渗流,背河反滤导渗   B. 缓流挑流,护脚固坡,减载加帮

C. 反滤导渗,制止涌水带出泥沙   D. 临河截渗,背河导渗,临背并举

四、简答题

1. 防汛准备工作的主要内容及要求有哪些?

2. 根据险情现象填写险情名称,并简答问题。

(1)在汛期高水位情况下,下游坡及附近地面,土壤潮湿或有水流渗出。(   )

(2)在堤坝背水坡附近,或堤脚以外的洼坑、水沟、稻田中出现孔眼冒砂翻水的现象。(   )

(3)背河堤坡或堤脚附近有流水洞,流出浑水,或先流清水,逐渐由清变浑。(　　)

(4)堤坝、堤坡发生裂缝,随着土体下挫滑塌,裂缝发展。(　　)

任意选择其中一种险情,写出此险情抢护原则、抢护方法(至少写出两种方法的名称),具体介绍其中一种方法的施工工艺。

五、论述题

1. 结合所学知识,论述防汛准备工作及汛期巡堤查险的主要内容。

2. 结合所学的水利工程技术管理内容,试分析我国取得 1998 年抗洪抢险胜利的原因。

3. 背景材料:1998 年 8 月 21 日 4 时,长江水位 32.84 m,湖北省洪湖市长江干堤天门堤段,在桩号 433+650 处,距背水堤脚 60 m 的水沟中出现一孔径约 0.3 m 的管涌,在管涌口形成了直径 2 m 左右的沙堆,高 0.2 m 左右。该堤段堤顶高程 32.90 m,堤两侧边坡的坡度均为 1:3。临水坡平台高程 28.0 m,宽 30 m,背水坡平台高程 28.6 m,宽 35 m,沟底高程 26.3 m,出险时沟内水面高程 27.5 m。

结合所学知识,论述可供选择的抢护管涌的三种适用方法(包括方法的名称、技术要求等)。

4. 背景材料:1998 年 7 月 22 日 21 时 30 分,长江水位 30.53 m。湖北省洪湖市长江燕窝八十八潭堤段,桩号 432+310—432+355,在背水坡距堤脚 260 m、300 m、320 m 的鱼塘里发生管涌三处。这三处管涌的口径分别为 0.55 m、0.4 m、0.3 m。管涌口沙盘直径分别为 1.8 m、1.5 m、1.4 m。沙盘高分别为 0.5 m、0.2 m、0.2 m。出险处管涌口高程为 25.0 m,水深 2.0 m。该处堤段堤顶高程 33.09 m,背水坡与临水坡坡度均为 1:3。内外平台各宽 30 m,高程 28.0 m。平台和鱼塘间为旱田,宽 220 m。鱼塘尺寸 100 m×100 m。该处壤土厚 2 m 左右,鱼塘水深 2 m,覆盖层被破坏。在持续高水位作用下发生渗透破坏,形成管涌。

结合所学知识,论述可供选择的抢护管涌的三种适用方法(包括方法的名称、技术要求等)。

实训二　职业活动训练

1. 组织学生参观堤防抢险设施。

2. 组织学生观看系列录像片《三条黄河》、《'98 大江洪流》、《堤坝抢险技术》,电影《惊涛骇浪》。

3. 组织学生到水库、堤坝实地演练防汛抢险。

附　录

附录一　水利工程管理体制改革实施意见

（国办发〔2002〕45 号）

为了保证水利工程的安全运行，充分发挥水利工程的效益，促进水资源的可持续利用，保障经济社会的可持续发展，现就水利工程管理体制改革（以下简称水管体制改革）提出以下实施意见。

一、水管体制改革的必要性和紧迫性

水利工程是国民经济和社会发展的重要基础设施。50 多年来，我国兴建了一大批水利工程，形成了数千亿元的水利固定资产，初步建成了防洪、排涝、灌溉、供水、发电等工程体系，在抗御水旱灾害，保障经济社会安全，促进工农业生产持续稳定发展，保护水土资源和改善生态环境等方面发挥了重要作用。

但是，水利工程管理中存在的问题也日趋突出，主要是：水利工程管理体制不顺，水利工程管理单位（以下简称水管单位）机制不活，水利工程运行管理和维修养护经费不足，供水价格形成机制不合理，国有水利经营性资产管理运营体制不完善等。这些问题不仅导致大量水利工程得不到正常的维修养护，效益严重衰减，而且对国民经济和人民生命财产安全带来极大的隐患，如不尽快从根本上解决，国家近年来相继投入巨资新建的大量水利设施也将老化失修、积病成险。因此，推进水管体制改革势在必行。

二、水管体制改革的目标和原则

（一）水管体制改革的目标

通过深化改革，力争在 3 到 5 年内，初步建立符合我国国情、水情和社会主义市场经济要求的水利工程管理体制和运行机制：

——建立职能清晰、权责明确的水利工程管理体制；

——建立管理科学、经营规范的水管单位运行机制；

——建立市场化、专业化和社会化的水利工程维修养护体系；

——建立合理的水价形成机制和有效的水费计收方式；

——建立规范的资金投入、使用、管理与监督机制；

——建立较为完善的政策、法律支撑体系。

(二)水管体制改革的原则

1.正确处理水利工程的社会效益与经济效益的关系。既要确保水利工程社会效益的充分发挥,又要引入市场竞争机制,降低水利工程的运行管理成本,提高管理水平和经济效益。

2.正确处理水利工程建设与管理的关系。既要重视水利工程建设,又要重视水利工程管理,在加大工程建设投资的同时加大工程管理的投入,从根本上解决"重建轻管"问题。

3.正确处理责、权、利的关系。既要明确政府各有关部门和水管单位的权利和责任,又要在水管单位内部建立有效的约束和激励机制,使管理责任、工作效绩和职工的切身利益紧密挂钩。

4.正确处理改革、发展与稳定的关系。既要从水利行业的实际出发,大胆探索,勇于创新,又要积极稳妥,充分考虑各方面的承受能力,把握好改革的时机与步骤,确保改革顺利进行。

5.正确处理近期目标与长远发展的关系。既要努力实现水管体制改革的近期目标,又要确保新的管理体制有利于水资源的可持续利用和生态环境的协调发展。

三、水管体制改革的主要内容和措施

(一)明确权责,规范管理

水行政主管部门对各类水利工程负有行业管理责任,负责监督检查水利工程的管理养护和安全运行,对其直接管理的水利工程负有监督资金使用和资产管理责任。对国民经济有重大影响的水资源综合利用及跨流域(指全国七大流域)引水等水利工程,原则上由国务院水行政主管部门负责管理;一个流域内,跨省(自治区、直辖市)的骨干水利工程原则上由流域机构负责管理;一省(自治区、直辖市)内,跨行政区划的水利工程原则上由上一级水行政主管部门负责管理;同一行政区划内的水利工程,由当地水行政主管部门负责管理。各级水行政主管部门要按照政企分开、政事分开的原则,转变职能,改善管理方式,提高管理水平。

水管单位具体负责水利工程的管理、运行和维护,保证工程安全和发挥效益。

水行政主管部门管理的水利工程出现安全事故的,要依法追究水行政主管部门、水管单位和当地政府负责人的责任;其他单位管理的水利工程出现安全事故的,要依法追究业主责任和水行政主管部门的行业管理责任。

(二)划分水管单位类别和性质,严格定编定岗

1.划分水管单位类别和性质。根据水管单位承担的任务和收益状况,将现有水管单位分为三类:

第一类是指承担防洪、排涝等水利工程管理运行维护任务的水管单位,称为纯公益性水管单位,定性为事业单位。

第二类是指承担既有防洪、排涝等公益性任务,又有供水、水力发电等经营性功能的水利工程管理运行维护任务的水管单位,称为准公益性水管单位。准公益性水管单位依其经营收益情况确定性质,不具备自收自支条件的,定性为事业单位;具备自收自支条件

的,定性为企业。目前已转制为企业的,维持企业性质不变。

第三类是指承担城市供水、水力发电等水利工程管理运行维护任务的水管单位,称为经营性水管单位,定性为企业。

水管单位的具体性质由机构编制部门会同同级财政和水行政主管部门负责确定。

2.严格定编定岗。事业性质的水管单位,其编制由机构编制部门会同同级财政部门和水行政主管部门核定。实行水利工程运行管理和维修养护分离(以下简称管养分离)后的维修养护人员、准公益性水管单位中从事经营性资产运营和其他经营活动的人员,不再核定编制。各水管单位要根据国务院水行政主管部门和财政部门共同制定的《水利工程管理单位定岗标准》,在批准的编制总额内合理定岗。

(三)全面推进水管单位改革,严格资产管理

1.根据水管单位的性质和特点,分类推进人事、劳动、工资等内部制度改革。事业性质的水管单位,要按照精简、高效的原则,撤并不合理的管理机构,严格控制人员编制;全面实行聘用制,按岗聘人,职工竞争上岗,并建立严格的目标责任制度;水管单位负责人由主管部门通过竞争方式选任,定期考评,实行优胜劣汰。事业性质的水管单位仍执行国家统一的事业单位工资制度,同时鼓励在国家政策指导下,探索符合市场经济规则、灵活多样的分配机制,把职工收入与工作责任和绩效紧密结合起来。

企业性质的水管单位,要按照产权清晰、权责明确、政企分开、管理科学的原则建立现代企业制度,构建有效的法人治理结构,做到自主经营,自我约束,自负盈亏,自我发展;水管单位负责人由企业董事会或上级机构依照相关规定聘任,其他职工由水管单位择优聘用,并依法实行劳动合同制度,与职工签订劳动合同;要积极推行以岗位工资为主的基本工资制度,明确职责,以岗定薪,合理拉开各类人员收入差距。

要努力探索多样化的水利工程管理模式,逐步实行社会化和市场化。对于新建工程,应积极探索通过市场方式,委托符合条件的单位管理水利工程。

2.规范水管单位的经营活动,严格资产管理。由财政全额拨款的纯公益性水管单位不得从事经营性活动。准公益性水管单位要在科学划分公益性和经营性资产的基础上,对内部承担防洪、排涝等公益职能部门和承担供水、发电及多种经营职能部门进行严格划分,将经营部门转制为水管单位下属企业,做到事企分开、财务独立核算。事业性质的准公益性水管单位在核定的财政资金到位情况下,不得兴办与水利工程无关的多种经营项目,已经兴办的要限期脱钩。企业性质的准公益性水管单位和经营性水管单位的投资经营活动,原则上应围绕与水利工程相关的项目进行,并保证水利工程日常维修养护经费的足额到位。

加强国有水利资产管理,明确国有资产出资人代表。积极培育具有一定规模的国有或国有控股的企业集团,负责水利经营性项目的投资和运营,承担国有资产的保值增值责任。

(四)积极推行管养分离

积极推行水利工程管养分离,精简管理机构,提高养护水平,降低运行成本。

在对水管单位科学定岗和核定管理人员编制基础上,将水利工程维修养护业务和养护人员从水管单位剥离出来,独立或联合组建专业化的养护企业,以后逐步通过招标方式

择优确定维修养护企业。

为确保水利工程管养分离的顺利实施,各级财政部门应保证经核定的水利工程维修养护资金足额到位;国务院水行政主管部门要尽快制定水利工程维修养护企业的资质标准;各级政府和水行政主管部门及有关部门应当努力创造条件,培育维修养护市场主体,规范维修养护市场环境。

(五)建立合理的水价形成机制,强化计收管理

1.逐步理顺水价。水利工程供水水费为经营性收费,供水价格要按照补偿成本、合理收益、节约用水、公平负担的原则核定,对农业用水和非农业用水要区别对待,分类定价。农业用水水价按补偿供水成本的原则核定,不计利润;非农业用水(不含水力发电用水)价格在补偿供水成本、费用、计提合理利润的基础上确定。水价要根据水资源状况、供水成本及市场供求变化适时调整,分步到位。

除中央直属及跨省级水利工程供水价格由国务院价格主管部门管理外,地方水价制定和调整工作由省级价格主管部门直接负责,或由市县价格主管部门提出调整方案报省级价格主管部门批准。国务院价格主管部门要尽快出台《水利工程供水价格管理办法》。

2.强化计收管理。要改进农业用水计量设施和方法,逐步推广按立方米计量。积极培育农民用水合作组织,改进收费办法,减少收费环节,提高缴费率。严格禁止乡村两级在代收水费中任意加码和截留。

供水经营者与用水户要通过签订供水合同,规范双方的责任和权利。要充分发挥用水户的监督作用,促进供水经营者降低供水成本。

(六)规范财政支付范围和方式,严格资金管理

1.根据水管单位的类别和性质的不同,采取不同的财政支付政策。纯公益性水管单位,其编制内在职人员经费、离退休人员经费、公用经费等基本支出由同级财政负担。工程日常维修养护经费在水利工程维修养护岁修资金中列支。工程更新改造费用纳入基本建设投资计划,由计划部门在非经营性资金中安排。

事业性质的准公益性水管单位,其编制内承担公益性任务的在职人员经费、离退休人员经费、公用经费等基本支出以及公益性部分的工程日常维修养护经费等项支出,由同级财政负担,更新改造费用纳入基本建设投资计划,由计划部门在非经营性资金中安排;经营性部分的工程日常维修养护经费由企业负担,更新改造费用在折旧资金中列支,不足部分由计划部门在非经营性资金中安排。事业性质的准公益性水管单位的经营性资产收益和其他投资收益要纳入单位的经费预算。各级水行政主管部门应及时向同级财政部门报告该类水管单位各种收益的变化情况,以便财政部门实行动态核算,并适时调整财政补贴额度。

企业性质的水管单位,其所管理的水利工程的运行、管理和日常维修养护资金由水管单位自行筹集,财政不予补贴。企业性质的水管单位要加强资金积累,提高抗风险能力,确保水利工程维修养护资金的足额到位,保证水利工程的安全运行。

水利工程日常维修养护经费数额,由财政部门会同同级水行政主管部门依据《水利工程维修养护定额标准》确定。《水利工程维修养护定额标准》由国务院水行政主管部门会同财政部门共同制定。

2. 积极筹集水利工程维修养护岁修资金。为保障水管体制改革的顺利推进，各级政府要合理调整水利支出结构，积极筹集水利工程维修养护岁修资金。中央水利工程维修养护岁修资金来源为中央水利建设基金的30%（调整后的中央水利建设基金使用结构为：55%用于水利工程建设，30%用于水利工程维护，15%用于应急度汛），不足部分由中央财政给予安排。地方水利工程维修养护岁修资金来源为地方水利建设基金和河道工程修建维护管理费，不足部分由地方财政给予安排。

中央维修养护岁修资金用于中央所属水利工程的维修养护。省级水利工程维修养护岁修资金主要用于省属水利工程的维修养护，以及对贫困地区、县所属的非经营性水利工程的维修养护经费的补贴。

3. 严格资金管理。所有水利行政事业性收费均实行"收支两条线"管理。经营性水管单位和准公益性水管单位所属企业必须按规定提取工程折旧。工程折旧资金、维修养护经费、更新改造经费要做到专款专用，严禁挪作他用。各有关部门要加强对水管单位各项资金使用情况的审计和监督。

（七）妥善安置分流人员，落实社会保障政策

1. 妥善安置分流人员。水行政主管部门和水管单位要在定编定岗的基础上，广开渠道，妥善安置分流人员。支持和鼓励分流人员大力开展多种经营，特别是旅游、水产养殖、农林畜产和建筑施工等具有行业和自身优势的项目。利用水利工程的管理和保护区域内的水土资源进行生产或经营的企业，要优先安排水管单位分流人员。在清理水管单位现有经营性项目的基础上，要把部分经营性项目的剥离与分流人员的安置结合起来。

剥离水管单位兴办的社会职能机构，水管单位所属的学校、医院原则上移交当地政府管理，人员成建制划转。在分流人员的安置过程中，各级政府和水行政主管部门要积极做好统筹安排和协调工作。

2. 落实社会保障政策。各类水管单位应按照有关法律、法规和政策参加所在地的基本医疗、失业、工伤、生育等社会保险。在全国统一的事业单位养老保险改革方案出台前，保留事业性质的水管单位仍维持现行养老制度。

转制为中央企业的水管单位的基本养老保险，可参照国家对转制科研机构、工程勘察设计单位的有关政策规定执行。各地应做好转制前后离退休人员养老保险待遇的衔接工作。

（八）税收扶持政策

在实行水利工程管理体制改革中，为安置水管单位分流人员而兴办的多种经营企业，符合国家有关税法规定的，经税务部门核准，执行相应的税收优惠政策。

（九）完善新建水利工程管理体制

进一步完善新建水利工程的建设管理体制。全面实行建设项目法人责任制、招标投标制和工程监理制，落实工程质量终身责任制，确保工程质量。

要实现新建水利工程建设与管理的有机结合。在制定建设方案的同时制定管理方案，核算管理成本，明确工程的管理体制、管理机构和运行管理经费来源，对没有管理方案的工程不予立项。要在工程建设过程中将管理设施与主体工程同步实施，管理设施不健全的工程不予验收。

(十)改革小型农村水利工程管理体制

小型农村水利工程要明晰所有权,探索建立以各种形式农村用水合作组织为主的管理体制,因地制宜,采用承包、租赁、拍卖、股份合作等灵活多样的经营方式和运行机制,具体办法另行制定。

(十一)加强水利工程的环境与安全管理

1.加强环境保护。水利工程的建设和管理要遵守国家环保法律法规,符合环保要求,着眼于水资源的可持续利用。进行水利工程建设,要严格执行环境影响评价制度和环境保护"三同时"制度。水管单位要做好水利工程管理范围内的防护林(草)建设和水土保持工作,并采取有效措施,保障下游生态用水需要。水管单位开展多种经营活动应当避免污染水源和破坏生态环境。环保部门要组织开展有关环境监测工作,加强对水利工程及周边区域环境保护的监督管理。

2.强化安全管理。水管单位要强化安全意识,加强对水利工程的安全保卫工作。利用水利工程的管理和保护区域内的水土资源开展的旅游等经营项目,要在确保水利工程安全的前提下进行。

原则上不得将水利工程作为主要交通通道;大坝坝顶、河道堤顶或闸台确需兼作公路的,需经科学论证和有关主管部门批准,并采取相应的安全维护措施;未经批准,已作为主要交通通道的,对大坝要限期实行坝路分离,对堤防要限制交通流量。

地方各级政府要按照国家有关规定,支持水管单位尽快完成水利工程的确权划界工作,明确水利工程的管理和保护范围。

(十二)加快法制建设,严格依法行政

要尽快修订《水库大坝安全管理条例》,完善水利工程管理的有关法律、法规。各省、自治区、直辖市要加快制定相关的地方法规和实施细则。各级水行政主管部门要按照管理权限严格依法行政,加大水行政执法的力度。

四、加强组织领导

水管体制改革的有关工作由国务院水行政主管部门会同有关部门负责。各有关部门要高度重视,统一思想,密切配合。要加强对各地改革工作的指导,选择典型进行跟踪调研。对改革中出现的问题,要及时研究,提出解决措施。

各省、自治区、直辖市人民政府要加强对水管体制改革工作的领导,依据本实施意见,结合本地实际,制定具体实施方案并组织实施。

各级水行政主管部门和水管单位要认真组织落实改革方案,并做好职工的思想政治工作,确保水管体制改革的顺利进行和水利工程的安全运行。

附录二　水库大坝安全管理条例

（中华人民共和国国务院令第 78 号）

第一章　总　则

第一条　为加强水库大坝安全管理，保障人民生命财产和社会主义建设的安全，根据《中华人民共和国水法》，制定本条例。

第二条　本条例适用于中华人民共和国境内坝高十五米以上或者库容一百万立方米以上的水库大坝（以下简称大坝）。大坝包括永久性挡水建筑物以及与其配合运用的泄洪、输水和过船建筑物等。

坝高十五米以下、十米以上或者库容一百万立方米以下、十万立方米以上，对重要城镇、交通干线、重要军事设施、工矿区安全有潜在危险的大坝，其安全管理参照本条例执行。

第三条　国务院水行政主管部门会同国务院有关主管部门对全国的大坝安全实施监督。县级以上地方人民政府水行政主管部门会同有关主管部门对本行政区域内的大坝安全实施监督。

各级水利、能源、建设、交通、农业等有关部门，是其所管辖的大坝的主管部门。

第四条　各级人民政府及其大坝主管部门对其所管辖的大坝的安全实行行政领导负责制。

第五条　大坝的建设和管理应当贯彻安全第一的方针。

第六条　任何单位和个人都有保护大坝安全的义务。

第二章　大坝建设

第七条　兴建大坝必须符合由国务院水行政主管部门会同有关大坝主管部门制定的大坝安全技术标准。

第八条　兴建大坝必须进行工程设计。大坝的工程设计必须由具有相应资格证书的单位承担。

大坝的工程设计应当包括工程观测、通信、动力、照明、交通、消防等管理设施的设计。

第九条　大坝施工必须由具有相应资格证书的单位承担。大坝施工单位必须按照施工承包合同规定的设计文件、图纸要求和有关技术标准进行施工。

建设单位和设计单位应当派驻代表，对施工质量进行监督检查。质量不符合设计要求的，必须返工或者采取补救措施。

第十条　兴建大坝时，建设单位应当按照批准的设计，提请县级以上人民政府依照国家规定划定管理和保护范围，树立标志。

已建大坝尚未划定管理和保护范围的，大坝主管部门应当根据安全管理的需要，提请

县级以上人民政府划定。

第十一条　大坝开工后,大坝主管部门应当组建大坝管理单位,由其按照工程基本建设验收规程参与质量检查以及大坝分部、分项验收和蓄水验收工作。

大坝竣工后,建设单位应当申请大坝主管部门组织验收。

第三章　大坝管理

第十二条　大坝及其设施受国家保护,任何单位和个人不得侵占、毁坏。大坝管理单位应当加强大坝的安全保卫工作。

第十三条　禁止在大坝管理和保护范围内进行爆破、打井、采石、采矿、挖沙、取土、修坟等危害大坝安全的活动。

第十四条　非大坝管理人员不得操作大坝的泄洪闸门、输水闸门以及其他设施,大坝管理人员操作时应当遵守有关的规章制度。禁止任何单位和个人干扰大坝的正常管理工作。

第十五条　禁止在大坝的集水区域内乱伐林木、陡坡开荒等导致水库淤积的活动。禁止在库区内围垦和进行采石、取土等危及山体的活动。

第十六条　大坝坝顶确需兼作公路的,须经科学论证和大坝主管部门批准,并采取相应的安全维护措施。

第十七条　禁止在坝体修建码头、渠道、堆放杂物、晾晒粮草。在大坝管理和保护范围内修建码头、鱼塘的,须经大坝主管部门批准,并与坝脚和泄水、输水建筑物保持一定距离,不得影响大坝安全、工程管理和抢险工作。

第十八条　大坝主管部门应当配备具有相应业务水平的大坝安全管理人员。

大坝管理单位应当建立、健全安全管理规章制度。

第十九条　大坝管理单位必须按照有关技术标准,对大坝进行安全监测和检查;对监测资料应当及时整理分析,随时掌握大坝运行状况。发现异常现象和不安全因素时,大坝管理单位应当立即报告大坝主管部门,及时采取措施。

第二十条　大坝管理单位必须做好大坝的养护修理工作,保证大坝和闸门启闭设备完好。

第二十一条　大坝的运行,必须在保证安全的前提下,发挥综合效益。大坝管理单位应当根据批准的计划和大坝主管部门的指令进行水库的调度运用。

在汛期,综合利用的水库,其调度运用必须服从防汛指挥机构的统一指挥;以发电为主的水库,其汛限水位以上的防洪库容及其洪水调度运用,必须服从防汛指挥机构的统一指挥。

任何单位和个人不得非法干预水库的调度运用。

第二十二条　大坝主管部门应当建立大坝定期安全检查、鉴定制度。

汛前、汛后,以及暴风、暴雨、特大洪水或者强烈地震发生后,大坝主管部门应当组织对其所管辖的大坝的安全进行检查。

第二十三条　大坝主管部门对其所管辖的大坝应当按期注册登记,建立技术档案。大坝注册登记办法由国务院水行政主管部门会同有关主管部门制定。

第二十四条　大坝管理单位和有关部门应当做好防汛抢险物料的准备和气象水情预报,并保证水情传递、报警以及大坝管理单位与大坝主管部门、上级防汛指挥机构之间联系通畅。

第二十五条　大坝出现险情征兆时,大坝管理单位应当立即报告大坝主管部门和上级防汛指挥机构,并采取抢救措施;有垮坝危险时,应当采取一切措施向预计的垮坝淹没地区发出警报,做好转移工作。

第四章　险坝处理

第二十六条　对尚未达到设计洪水标准、抗震设防标准或者有严重质量缺陷的险坝,大坝主管部门应当组织有关单位进行分类,采取除险加固等措施,或者废弃重建。

在险坝加固前,大坝管理单位应当制定保坝应急措施;经论证必须改变原设计运行方式的,应当报请大坝主管部门审批。

第二十七条　大坝主管部门应当对其所管辖的需要加固的险坝制定加固计划,限期消除危险;有关人民政府应当优先安排所需资金和物料。

险坝加固必须由具有相应设计资格证书的单位作出加固设计,经审批后组织实施。险坝加固竣工后,由大坝主管部门组织验收。

第二十八条　大坝主管部门应当组织有关单位,对险坝可能出现的垮坝方式、淹没范围作出预估,并制定应急方案,报防汛指挥机构批准。

第五章　罚　则

第二十九条　违反本条例规定,有下列行为之一的,由大坝主管部门责令其停止违法行为,赔偿损失,采取补救措施,可以并处罚款;应当给予治安管理处罚的,由公安机关依照《中华人民共和国治安管理处罚法》的规定处罚;构成犯罪的,依法追究刑事责任:

(一)毁坏大坝或者其观测、通信、动力、照明、交通、消防等管理设施的;

(二)在大坝管理和保护范围内进行爆破、打井、采石、采矿、取土、挖沙、修坟等危害大坝安全活动的;

(三)擅自操作大坝的泄洪闸门、输水闸门以及其他设施,破坏大坝正常运行的;

(四)在库区内围垦的;

(五)在坝体修建码头、渠道或者堆放杂物、晾晒粮草的;

(六)擅自在大坝管理和保护范围内修建码头、鱼塘的。

第三十条　盗窃或者抢夺大坝工程设施、器材的,依照刑法规定追究刑事责任。

第三十一条　由于勘测设计失误、施工质量低劣、调度运用不当以及滥用职权,玩忽职守,导致大坝事故的,由其所在单位或者上级主管机关对责任人员给予行政处分;构成犯罪的,依法追究刑事责任。

第三十二条　当事人对行政处罚决定不服的,可以在接到处罚通知之日起十五日内,向作出处罚决定机关的上一级机关申请复议;对复议决定不服的,可以在接到复议决定之日起十五日内,向人民法院起诉。当事人也可以在接到处罚通知之日起十五日内,直接向人民法院起诉。当事人逾期不申请复议或者不向人民法院起诉又不履行处罚决定的,由作出处罚决定的机关申请人民法院强制执行。

对治安管理处罚不服的,依照《中华人民共和国治安管理处罚法》的规定办理。

第六章 附 则

第三十三条 国务院有关部门和各省、自治区、直辖市人民政府可以根据本条例制定实施细则。

第三十四条 本条例自发布之日起施行。

附录三　水库大坝安全鉴定办法

（水建管〔2003〕271号）

第一章　总　则

第一条　为加强水库大坝（以下简称大坝）安全管理，规范大坝安全鉴定工作，保障大坝安全运行，根据《中华人民共和国水法》、《中华人民共和国防洪法》和《水库大坝安全管理条例》的有关规定，制定本办法。

第二条　本办法适用于坝高15 m以上或库容100万 m³ 以上水库的大坝。坝高小于15 m或库容在10万 m³ ~100万 m³ 之间的小型水库的大坝可参照执行。

本办法适用于水利部门及农村集体经济组织管辖的大坝。其他部门管辖的大坝可参照执行。

本办法所称大坝包括永久性挡水建筑物，以及与其配合运用的泄洪、输水和过船等建筑物。

第三条　国务院水行政主管部门对全国的大坝安全鉴定工作实施监督管理。水利部大坝安全管理中心对全国的大坝安全鉴定工作进行技术指导。

县级以上地方人民政府水行政主管部门对本行政区域内所辖的大坝安全鉴定工作实施监督管理。

县级以上地方人民政府水行政主管部门和流域机构（以下称鉴定审定部门）按本条第四、五款规定的分级管理原则对大坝安全鉴定意见进行审定。

省级水行政主管部门审定大型水库和影响县城安全或坝高50 m以上中型水库的大坝安全鉴定意见；市（地）级水行政主管部门审定其他中型水库和影响县城安全或坝高30 m以上小型水库的大坝安全鉴定意见；县级水行政主管部门审定其他小型水库的大坝安全鉴定意见。

流域机构审定其直属水库的大坝安全鉴定意见；水利部审定部直属水库的大坝安全鉴定意见。

第四条　大坝主管部门（单位）负责组织所管辖大坝的安全鉴定工作；农村集体经济组织所属的大坝安全鉴定由所在乡镇人民政府负责组织（以下称鉴定组织单位）。水库管理单位协助鉴定组织单位做好安全鉴定的有关工作。

第五条　大坝实行定期安全鉴定制度，首次安全鉴定应在竣工验收后5年内进行，以后应每隔6~10年进行一次。运行中遭遇特大洪水、强烈地震、工程发生重大事故或出现影响安全的异常现象后，应组织专门的安全鉴定。

第六条　大坝安全状况分为三类，分类标准如下：

一类坝：实际抗御洪水标准达到《防洪标准》（GB 50201—94）规定，大坝工作状态正常；工程无重大质量问题，能按设计正常运行的大坝。

二类坝:实际抗御洪水标准不低于部颁水利枢纽工程除险加固近期非常运用洪水标准,但达不到《防洪标准》(GB 50201—94)规定;大坝工作状态基本正常,在一定控制运用条件下能安全运行的大坝。

三类坝:实际抗御洪水标准低于部颁水利枢纽工程除险加固近期非常运用洪水标准,或者工程存在较严重安全隐患,不能按设计正常运行的大坝。

第二章 基本程序及组织

第七条 大坝安全鉴定包括大坝安全评价、大坝安全鉴定技术审查和大坝安全鉴定意见审定三个基本程序。

(一)鉴定组织单位负责委托满足第十一条规定的大坝安全评价单位(以下称鉴定承担单位)对大坝安全状况进行分析评价,并提出大坝安全评价报告和大坝安全鉴定报告书;

(二)由鉴定审定部门或委托有关单位组织并主持召开大坝安全鉴定会,组织专家审查大坝安全评价报告,通过大坝安全鉴定报告书;

(三)鉴定审定部门审定并印发大坝安全鉴定报告书。

第八条 鉴定组织单位的职责:

(一)按本办法的要求,定期组织大坝安全鉴定工作;

(二)制定大坝安全鉴定工作计划,并组织实施;

(三)委托鉴定承担单位进行大坝安全评价工作;

(四)组织现场安全检查;

(五)向鉴定承担单位提供必要的基础资料;

(六)筹措大坝安全鉴定经费;

(七)其他相关职责。

第九条 鉴定承担单位的职责:

(一)参加现场安全检查,并负责编制现场安全检查报告;

(二)收集有关资料,并根据需要开展地质勘探、工程质量检测、鉴定试验等工作;

(三)按有关技术标准对大坝安全状况进行评价,并提出大坝安全评价报告;

(四)按鉴定审定部门的审查意见,补充相关工作,修改大坝安全评价报告;

(五)起草大坝安全鉴定报告书;

(六)其他相关职责。

第十条 鉴定审定部门的职责:

(一)成立大坝安全鉴定委员会(小组);

(二)组织召开大坝安全鉴定会;

(三)审查大坝安全评价报告;

(四)审定并印发大坝安全鉴定报告书;

(五)其他相关职责。

第十一条 大型水库和影响县城安全或坝高50 m以上中型水库的大坝安全评价,由具有水利水电勘测设计甲级资质的单位或者水利部公布的有关科研单位和大专院校承担。

其他中型水库和影响县城安全或坝高 30 m 以上小型水库的大坝安全评价由具有水利水电勘测设计乙级以上(含乙级)资质的单位承担;其他小型水库的大坝安全评价由具有水利水电勘测设计丙级以上(含丙级)资质的单位承担。上述水库的大坝安全评价也可以由省级水行政主管部门公布的有关科研单位和大专院校承担。

鉴定承担单位实行动态管理,对业绩表现差,成果质量不能满足要求的鉴定承担单位应当取消其承担大坝安全评价的资格。

第十二条 大坝安全鉴定委员会(小组)应由大坝主管部门的代表、水库法人单位的代表和从事水利水电专业技术工作的专家组成,并符合下列要求:

(一)大型水库和影响县城安全或坝高 50 m 以上中型水库的大坝安全鉴定委员会(小组)由 9 名以上专家组成,其中具有高级技术职称的人数不得少于 6 名;其他中型水库和影响县城安全或坝高 30 m 以上小型水库的大坝安全鉴定委员会(小组)由 7 名以上专家组成,其中具有高级技术职称的人数不得少于 3 名;其他小型水库的大坝安全鉴定委员会(小组)由 5 名以上专家组成,其中具有高级技术职称的人数不得少于 2 名;

(二)大坝主管部门所在行政区域以外的专家人数不得少于大坝安全鉴定委员会(小组)组成人员的三分之一;

(三)大坝原设计、施工、监理、设备制造等单位的在职人员以及从事过本工程设计、施工、监理、设备制造的人员总数不得超过大坝安全鉴定委员会(小组)组成人员的三分之一;

(四)大坝安全鉴定委员会(小组)应根据需要由水文、地质、水工、机电、金属结构和管理等相关专业的专家组成;

(五)大坝安全鉴定委员会(小组)组成人员应当遵循客观、公正、科学的原则履行职责。

第三章　工作内容

第十三条 现场安全检查包括查阅工程勘察设计、施工与运行资料,对大坝外观状况、结构安全情况、运行管理条件等进行全面检查和评估,并提出大坝安全评价工作的重点和建议,编制大坝现场安全检查报告。

第十四条 大坝安全评价包括工程质量评价、大坝运行管理评价、防洪标准复核、大坝结构安全、稳定评价、渗流安全评价、抗震安全复核、金属结构安全评价和大坝安全综合评价等。

大坝安全评价过程中,应根据需要补充地质勘探与土工试验,补充混凝土与金属结构检测,对重要工程隐患进行探测等。

第十五条 鉴定审定部门应当将审定的大坝安全鉴定报告书及时印发鉴定组织单位。

省级水行政主管部门应当及时将本行政区域内大中型水库及影响县城安全或坝高 30 m 以上小型水库的大坝安全鉴定报告书报送相关流域机构和水利部大坝安全管理中心备案,并于每年二月底前将上年度本行政区域内小型水库的大坝安全鉴定结果汇总后

报送相关流域机构和水利部大坝安全管理中心备案。

第十六条 鉴定组织单位应当根据大坝安全鉴定结果,采取相应的调度管理措施,加强大坝安全管理。

对鉴定为三类坝、二类坝的水库,鉴定组织单位应当对可能出现的溃坝方式和对下游可能造成的损失进行评估,并采取除险加固、降等或报废等措施予以处理。在处理措施未落实或未完成之前,应制定保坝应急措施,并限制运用。

第十七条 经安全鉴定,大坝安全类别改变的,必须自接到大坝安全鉴定报告书之日起3个月内向大坝注册登记机构申请变更注册登记。

第十八条 鉴定组织单位应当按照档案管理的有关规定及时对大坝安全评价报告和大坝安全鉴定报告书进行归档,并妥善保管。

第四章 附 则

第十九条 大坝安全鉴定工作所需费用,由鉴定组织单位负责筹措,也可在基本建设前期费、工程岁修等费用中列支。

第二十条 违反本办法规定,不按要求进行大坝安全鉴定,由县级以上人民政府水行政主管部门责令其限期改正;对大坝安全鉴定工作监管不力,由上一级人民政府水行政主管部门责令其限期改正;造成严重后果的,对负有责任的主管人员和其他直接责任人员依法给予行政处分,触犯刑律的,依法追究刑事责任。

第二十一条 各省、自治区、直辖市人民政府水行政主管部门可根据本办法结合本地实际制定实施细则。

第二十二条 本办法由水利部负责解释。

第二十三条 本办法自2003年8月1日起施行。1995年3月20日发布的《水库大坝安全鉴定办法》同时废止。

附件 大坝安全鉴定报告书(略)

附录四　中华人民共和国防汛条例

（1991 年 7 月 2 日中华人民共和国国务院令第 86 号发布，
根据 2005 年 7 月 15 日《国务院关于修改〈中华人民共和
国防汛条例〉的决定》修订）

第一章　总　　则

第一条　为了做好防汛抗洪工作，保障人民生命财产安全和经济建设的顺利进行，根据《中华人民共和国水法》，制定本条例。

第二条　在中华人民共和国境内进行防汛抗洪活动，适用本条例。

第三条　防汛工作实行"安全第一，常备不懈，以防为主，全力抢险"的方针，遵循团结协作和局部利益服从全局利益的原则。

第四条　防汛工作实行各级人民政府行政首长负责制，实行统一指挥，分级分部门负责。各有关部门实行防汛岗位责任制。

第五条　任何单位和个人都有参加防汛抗洪的义务。

中国人民解放军和武装警察部队是防汛抗洪的重要力量。

第二章　防汛组织

第六条　国务院设立国家防汛总指挥部，负责组织领导全国的防汛抗洪工作，其办事机构设在国务院水行政主管部门。

长江和黄河，可以设立由有关省、自治区、直辖市人民政府和该江河的流域管理机构（以下简称流域机构）负责人等组成的防汛指挥机构，负责指挥所辖范围的防汛抗洪工作，其办事机构设在流域机构。长江和黄河的重大防汛抗洪事项须经国家防汛总指挥部批准后执行。

国务院水行政主管部门所属的淮河、海河、珠江、松花江、辽河、太湖等流域机构，设立防汛办事机构，负责协调本流域的防汛日常工作。

第七条　有防汛任务的县级以上地方人民政府设立防汛指挥部，由有关部门、当地驻军、人民武装部负责人组成，由各级人民政府首长担任指挥。各级人民政府防汛指挥部在上级人民政府防汛指挥部和同级人民政府的领导下，执行上级防汛指令，制定各项防汛抗洪措施，统一指挥本地区的防汛抗洪工作。

各级人民政府防汛指挥部办事机构设在同级水行政主管部门；城市市区的防汛指挥部办事机构也可以设在城建主管部门，负责管理所辖范围的防汛日常工作。

第八条　石油、电力、邮电、铁路、公路、航运、工矿以及商业、物资等有防汛任务的部门和单位，汛期应当设立防汛机构，在有管辖权的人民政府防汛指挥部统一领导下，负责做好本行业和本单位的防汛工作。

第九条　河道管理机构、水利水电工程管理单位和江河沿岸在建工程的建设单位,必须加强对所辖水工程设施的管理维护,保证其安全正常运行,组织和参加防汛抗洪工作。

第十条　有防汛任务的地方人民政府应当组织以民兵为骨干的群众性防汛队伍,并责成有关部门将防汛队伍组成人员登记造册,明确各自的任务和责任。

河道管理机构和其他防洪工程管理单位可以结合平时的管理任务,组织本单位的防汛抢险队伍,作为紧急抢险的骨干力量。

第三章　防汛准备

第十一条　有防汛任务的县级以上人民政府,应当根据流域综合规划、防洪工程实际状况和国家规定的防洪标准,制定防御洪水方案(包括对特大洪水的处置措施)。

长江、黄河、淮河、海河的防御洪水方案,由国家防汛总指挥部制定,报国务院批准后施行;跨省、自治区、直辖市的其他江河的防御洪水方案,有关省、自治区、直辖市人民政府制定后,经有管辖权的流域机构审查同意,由省、自治区、直辖市人民政府报国务院或其授权的机构批准后施行。

有防汛抗洪任务的城市人民政府,应当根据流域综合规划和江河的防御洪水方案,制定本城市的防御洪水方案,报上级人民政府或其授权的机构批准后施行。

防御洪水方案经批准后,有关地方人民政府必须执行。

第十二条　有防汛任务的地方,应当根据经批准的防御洪水方案制定洪水调度方案。长江、黄河、淮河、海河(海河流域的永定河、大清河、漳卫南运河和北三河)、松花江、辽河、珠江和太湖流域的洪水调度方案,由有关流域机构会同有关省、自治区、直辖市人民政府制定,报国家防汛总指挥部批准。跨省、自治区、直辖市的其他江河的洪水调度方案,由有关流域机构会同有关省、自治区、直辖市人民政府制定,报流域防汛指挥机构批准;没有设立流域防汛指挥机构的,报国家防汛总指挥部批准。其他江河的洪水调度方案,由有管辖权的水行政主管部门会同有关地方人民政府制定,报有管辖权的防汛指挥机构批准。

洪水调度方案经批准后,有关地方人民政府必须执行。修改洪水调度方案,应当报经原批准机关批准。

第十三条　有防汛抗洪任务的企业应当根据所在流域或者地区经批准的防御洪水方案和洪水调度方案,规定本企业的防汛抗洪措施,在征得其所在地县级人民政府水行政主管部门同意后,由有管辖权的防汛指挥机构监督实施。

第十四条　水库、水电站、拦河闸坝等工程的管理部门,应当根据工程规划设计、经批准的防御洪水方案和洪水调度方案以及工程实际状况,在兴利服从防洪,保证安全的前提下,制定汛期调度运用计划,经上级主管部门审查批准后,报有管辖权的人民政府防汛指挥部备案,并接受其监督。

经国家防汛总指挥部认定的对防汛抗洪关系重大的水电站,其防洪库容的汛期调度运用计划经上级主管部门审查同意后,须经有管辖权的人民政府防汛指挥部批准。

汛期调度运用计划经批准后,由水库、水电站、拦河闸坝等工程的管理部门负责执行。

有防凌任务的江河,其上游水库在凌汛期间的下泄水量,必须征得有管辖权的人民政

府防汛指挥部的同意,并接受其监督。

第十五条　各级防汛指挥部应当在汛前对各类防洪设施组织检查,发现影响防洪安全的问题,责成责任单位在规定的期限内处理,不得贻误防汛抗洪工作。

各有关部门和单位按照防汛指挥部的统一部署,对所管辖的防洪工程设施进行汛前检查后,必须将影响防洪安全的问题和处理措施报有管辖权的防汛指挥部和上级主管部门,并按照该防汛指挥部的要求予以处理。

第十六条　关于河道清障和对壅水、阻水严重的桥梁、引道、码头和其他跨河工程设施的改建或者拆除,按照《中华人民共和国河道管理条例》的规定执行。

第十七条　蓄滞洪区所在地的省级人民政府应当按照国务院的有关规定,组织有关部门和市、县,制定所管辖的蓄滞洪区的安全与建设规划,并予实施。

各级地方人民政府必须对所管辖的蓄滞洪区的通信、预报警报、避洪、撤退道路等安全设施,以及紧急撤离和救生的准备工作进行汛前检查,发现影响安全的问题,及时处理。

第十八条　山洪、泥石流易发地区,当地有关部门应当指定预防监测员及时监测。雨季到来之前,当地人民政府防汛指挥部应当组织有关单位进行安全检查,对险情征兆明显的地区,应当及时把群众撤离险区。

风暴潮易发地区,当地有关部门应当加强对水库、海堤、闸坝、高压电线等设施和房屋的安全检查,发现影响安全的问题,及时处理。

第十九条　地区之间在防汛抗洪方面发生的水事纠纷,由发生纠纷地区共同的上一级人民政府或其授权的主管部门处理。

前款所指人民政府或者部门在处理防汛抗洪方面的水事纠纷时,有权采取临时紧急处置措施,有关当事各方必须服从并贯彻执行。

第二十条　有防汛任务的地方人民政府应当建设和完善江河堤防、水库、蓄滞洪区等防洪设施,以及该地区的防汛通信、预报警报系统。

第二十一条　各级防汛指挥部应当储备一定数量的防汛抢险物资,由商业、供销、物资部门代储的,可以支付适当的保管费。受洪水威胁的单位和群众应当储备一定的防汛抢险物料。

防汛抢险所需的主要物资,由计划主管部门在年度计划中予以安排。

第二十二条　各级人民政府防汛指挥部汛前应当向有关单位和当地驻军介绍防御洪水方案,组织交流防汛抢险经验。有关方面汛期应当及时通报水情。

第四章　防汛与抢险

第二十三条　省级人民政府防汛指挥部,可以根据当地的洪水规律,规定汛期起止日期。当江河、湖泊、水库的水情接近保证水位或者安全流量时,或者防洪工程设施发生重大险情,情况紧急时,县级以上地方人民政府可以宣布进入紧急防汛期,并报告上级人民政府防汛指挥部。

第二十四条　防汛期内,各级防汛指挥部必须有负责人主持工作。有关责任人员必须坚守岗位,及时掌握汛情,并按照防御洪水方案和汛期调度运用计划进行调度。

第二十五条　在汛期,水利、电力、气象、海洋、农林等部门的水文站、雨量站,必须及

 附　录

·231·

时准确地向各级防汛指挥部提供实时水文信息;气象部门必须及时向各级防汛指挥部提供有关天气预报和实时气象信息;水文部门必须及时向各级防汛指挥部提供有关水文预报;海洋部门必须及时向沿海地区防汛指挥部提供风暴潮预报。

第二十六条　在汛期,河道、水库、闸坝、水运设施等水工程管理单位及其主管部门在执行汛期调度运用计划时,必须服从有管辖权的人民政府防汛指挥部的统一调度指挥或者监督。

在汛期,以发电为主的水库,其汛限水位以上的防洪库容以及洪水调度运用必须服从有管辖权的人民政府防汛指挥部的统一调度指挥。

第二十七条　在汛期,河道、水库、水电站、闸坝等水工程管理单位必须按照规定对水工程进行巡查,发现险情,必须立即采取抢护措施,并及时向防汛指挥部和上级主管部门报告。其他任何单位和个人发现水工程设施出现险情,应当立即向防汛指挥部和水工程管理单位报告。

第二十八条　在汛期,公路、铁路、航运、民航等部门应当及时运送防汛抢险人员和物资;电力部门应当保证防汛用电。

第二十九条　在汛期,电力调度通信设施必须服从防汛工作需要;邮电部门必须保证汛情和防汛指令的及时、准确传递,电视、广播、公路、铁路、航运、民航、公安、林业、石油等部门应当运用本部门的通信工具优先为防汛抗洪服务。

电视、广播、新闻单位应当根据人民政府防汛指挥部提供的汛情,及时向公众发布防汛信息。

第三十条　在紧急防汛期,地方人民政府防汛指挥部必须由人民政府负责人主持工作,组织动员本地区各有关单位和个人投入抗洪抢险。所有单位和个人必须听从指挥,承担人民政府防汛指挥部分配的抗洪抢险任务。

第三十一条　在紧急防汛期,公安部门应当按照人民政府防汛指挥部的要求,加强治安管理和安全保卫工作。必要时须由有关部门依法实行陆地和水面交通管制。

第三十二条　在紧急防汛期,为了防汛抢险需要,防汛指挥部有权在其管辖范围内,调用物资、设备、交通运输工具和人力,事后应当及时归还或者给予适当补偿。因抢险需要取土占地、砍伐林木、清除阻水障碍物的,任何单位和个人不得阻拦。

前款所指取土占地、砍伐林木的,事后应当依法向有关部门补办手续。

第三十三条　当河道水位或者流量达到规定的分洪、滞洪标准时,有管辖权的人民政府防汛指挥部有权根据经批准的分洪、滞洪方案,采取分洪、滞洪措施。采取上述措施对毗邻地区有危害的,须经有管辖权的上级防汛指挥机构批准,并事先通知有关地区。

在非常情况下,为保护国家确定的重点地区和大局安全,必须作出局部牺牲时,在报经有管辖权的上级人民政府防汛指挥部批准后,当地人民政府防汛指挥部可以采取非常紧急措施。

实施上述措施时,任何单位和个人不得阻拦,如遇到阻拦和拖延时,有管辖权的人民政府有权组织强制实施。

第三十四条　当洪水威胁群众安全时,当地人民政府应当及时组织群众撤离至安全地带,并做好生活安排。

第三十五条　按照水的天然流势或者防洪、排涝工程的设计标准，或者经批准的运行方案下泄的洪水，下游地区不得设障阻水或者缩小河道的过水能力；上游地区不得擅自增大下泄流量。

未经有管辖权的人民政府或其授权的部门批准，任何单位和个人不得改变江河河势的自然控制点。

第五章　善后工作

第三十六条　在发生洪水灾害的地区，物资、商业、供销、农业、公路、铁路、航运、民航等部门应当做好抢险救灾物资的供应和运输；民政、卫生、教育等部门应当做好灾区群众的生活供给、医疗防疫、学校复课以及恢复生产等救灾工作；水利、电力、邮电、公路等部门应当做好所管辖的水毁工程的修复工作。

第三十七条　地方各级人民政府防汛指挥部，应当按照国家统计部门批准的洪涝灾害统计报表的要求，核实和统计所管辖范围的洪涝灾情，报上级主管部门和同级统计部门，有关单位和个人不得虚报、瞒报、伪造、篡改。

第三十八条　洪水灾害发生后，各级人民政府防汛指挥部应当积极组织和帮助灾区群众恢复和发展生产。修复水毁工程所需费用，应当优先列入有关主管部门年度建设计划。

第六章　防汛经费

第三十九条　由财政部门安排的防汛经费，按照分级管理的原则，分别列入中央财政和地方财政预算。

在汛期，有防汛任务的地区的单位和个人应当承担一定的防汛抢险的劳务和费用，具体办法由省、自治区、直辖市人民政府制定。

第四十条　防御特大洪水的经费管理，按照有关规定执行。

第四十一条　对蓄滞洪区，逐步推行洪水保险制度，具体办法另行制定。

第七章　奖励与处罚

第四十二条　有下列事迹之一的单位和个人，可以由县级以上人民政府给予表彰或者奖励：

（一）在执行抗洪抢险任务时，组织严密，指挥得当，防守得力，奋力抢险，出色完成任务者；

（二）坚持巡堤查险，遇到险情及时报告，奋力抗洪抢险，成绩显著者；

（三）在危险关头，组织群众保护国家和人民财产，抢救群众有功者；

（四）为防汛调度、抗洪抢险献计献策，效益显著者；

（五）气象、雨情、水情测报和预报准确及时，情报传递迅速，克服困难，抢测洪水，因而减轻重大洪水灾害者；

（六）及时供应防汛物料和工具，爱护防汛器材，节约经费开支，完成防汛抢险任务成绩显著者；

（七）有其他特殊贡献，成绩显著者。

第四十三条 有下列行为之一者，视情节和危害后果，由其所在单位或者上级主管机关给予行政处分；应当给予治安管理处罚的，依照《中华人民共和国治安管理处罚法》的规定处罚；构成犯罪的，依法追究刑事责任：

（一）拒不执行经批准的防御洪水方案、洪水调度方案，或者拒不执行有管辖权的防汛指挥机构的防汛调度方案或者防汛抢险指令的；

（二）玩忽职守，或者在防汛抢险的紧要关头临阵逃脱的；

（三）非法扒口决堤或者开闸的；

（四）挪用、盗窃、贪污防汛或者救灾的钱款或者物资的；

（五）阻碍防汛指挥机构工作人员依法执行职务的；

（六）盗窃、毁损或者破坏堤防、护岸、闸坝等水工程建筑物和防汛工程设施以及水文监测、测量设施、气象测报设施、河岸地质监测设施、通信照明设施的；

（七）其他危害防汛抢险工作的。

第四十四条 违反河道和水库大坝的安全管理，依照《中华人民共和国河道管理条例》和《水库大坝安全管理条例》的有关规定处理。

第四十五条 虚报、瞒报洪涝灾情，或者伪造、篡改洪涝灾害统计资料的，依照《中华人民共和国统计法》及其实施细则的有关规定处理。

第四十六条 当事人对行政处罚不服的，可以在接到处罚通知之日起十五日内，向作出处罚决定机关的上一级机关申请复议；对复议决定不服的，可以在接到复议决定之日起十五日内，向人民法院起诉。当事人也可以在接到处罚通知之日起十五日内，直接向人民法院起诉。

当事人逾期不申请复议或者不向人民法院起诉，又不履行处罚决定的，由作出处罚决定的机关申请人民法院强制执行；在汛期，也可以由作出处罚决定的机关强制执行；对治安管理处罚不服的，依照《中华人民共和国治安管理处罚法》的规定办理。

当事人在申请复议或者诉讼期间，不停止行政处罚决定的执行。

第八章 附 则

第四十七条 省、自治区、直辖市人民政府，可以根据本条例的规定，结合本地区的实际情况，制定实施细则。

第四十八条 本条例由国务院水行政主管部门负责解释。

第四十九条 本条例自发布之日起施行。

附录五　山东省小型水库管理办法

（山东省人民政府令〔2011〕第 242 号）

第一条　为了加强小型水库管理，发挥小型水库的功能和效益，保障人民群众生命财产安全，根据《中华人民共和国水法》、《水库大坝安全管理条例》等法律、法规，结合本省实际，制定本办法。

第二条　在本省行政区域内从事小型水库建设、运行管理、防汛安全、工程维护、开发经营及其监督管理等活动的，应当遵守本办法。

本办法所称小型水库，是指总库容为 10 万立方米以上、不足 1 000 万立方米的水库，分为小（1）型水库和小（2）型水库。总库容 100 万立方米以上、不足 1 000 万立方米的为小（1）型水库；总库容 10 万立方米以上、不足 100 万立方米的为小（2）型水库。

第三条　各级人民政府应当将小型水库纳入公益事业范畴，统筹解决小型水库管理体制和经费保障等重大问题，建立健全小型水库安全管理体系。

第四条　县级以上人民政府水行政主管部门负责本行政区域内小型水库的监督管理。财政、发展改革、国土资源、海洋与渔业、环境保护、林业等部门应当按照职责分工，做好小型水库监督管理的相关工作。

第五条　小型水库的安全管理实行行政首长负责制。设区的市、县（市、区）和乡镇人民政府应当按照属地管理原则和隶属关系，对每座小型水库确定一名政府领导成员为安全责任人。

按照"谁管理、谁负责"的原则，小型水库的安全由水库管理单位直接负责；未设立水库管理单位的，其安全由行使管理权的乡镇人民政府或者农村集体经济组织、企业（个人）直接负责。

小型水库所在地的乡镇人民政府应当与管理水库的农村集体经济组织、企业（个人）签订安全管理责任状。

第六条　新建、改建、扩建小型水库，应当符合土地利用总体规划、防洪规划、水资源综合规划和城乡规划及相关技术标准，并按照下列规定报批：

（一）新建小（1）型水库或者由小（2）型水库扩建为小（1）型水库的，报设区的市人民政府水行政主管部门批准；

（二）新建小（2）型水库的，报县（市、区）人民政府水行政主管部门批准；

（三）改建小型水库的，报原批准机关批准。

小型水库符合降低等级运行或者报废条件的，应当按照国家相关规定履行报批手续，并做好善后处理工作。

第七条　新建、改建、扩建小型水库，应当按照基本建设程序的规定办理审批、核准或者备案手续；涉及建设用地的，还应当依法办理土地审批手续；需要移民的，应当根据县域村镇体系规划，引导农民向小城镇驻地或者新型农村社区集中安置。

 附 录 · 235 ·

第八条 小型水库工程勘测、设计、施工、监理符合招标条件的，应当通过依法招标确定具有相应资质的单位承担，并接受水行政主管部门的监督。

第九条 小型水库应当具备到达其枢纽主要建筑物的必要交通条件，配备必要的工程和水文观测设施、管理用房和通信、电力设施，保证管理工作正常开展。

第十条 小型水库工程竣工后，应当按照国家和省有关规定进行竣工验收。未经验收或者验收不合格的，不得投入使用。

小型水库工程验收合格后3个月内，应当按照规定向所在地县(市、区)人民政府水行政主管部门申请注册登记。

第十一条 小型水库所在地县级以上人民政府应当按照下列标准，划定小型水库的管理和保护范围：

管理范围为大坝及其附属建筑物、管理用房及其他设施；设计兴利水位线以下的库区；大坝坡脚外延伸30米至50米的区域；坝端外延伸30米至100米的区域；引水、泄水等各类建筑物边线向外延伸10米至50米的区域。

保护范围为水库设计兴利水位线至校核洪水位线之间的库区；大坝管理范围向外延伸70米至100米的区域；引水、泄水等各类建筑物管理范围以外250米的区域。

第十二条 在小型水库管理范围内建设工程项目，其工程建设方案应当经有管辖权的水行政主管部门审查同意，并在建设过程中接受水行政主管部门的监督；需要扩建、改建或者拆除、损坏原有小型水库工程设施的，建设单位应当承担扩建、改建费用或者损失补偿费用。

第十三条 任何单位和个人不得从事下列危害小型水库安全运行的活动：

(一)在小型水库管理范围内设置排污口，倾倒、堆放、排放有毒有害物质和垃圾、渣土等废弃物；

(二)在小型水库内筑坝或者填占水库；

(三)侵占或者损毁、破坏小型水库工程设施及其附属设施和设备；

(四)在坝体、溢洪道、输水设施上建设建筑物、构筑物或者进行垦殖、堆放杂物等；

(五)擅自启闭水库工程设施或者强行从水库中提水、引水；

(六)毒鱼、炸鱼、电鱼等危害水库安全运行的活动；

(七)在小型水库管理和保护范围内，从事影响水库安全运行的爆破、钻探、采石、打井、采砂、取土、修坟等活动；

(八)其他妨碍小型水库安全运行的活动。

第十四条 水库管理单位应当建立健全安全管理制度，加强水库安全监测和检查，组织做好工程养护、水库调度、水毁工程修复等工作，发现异常情况应当及时上报主管部门并采取相应处理措施。

未设立水库管理单位的，应当聘用1至3名安全管理员做好水库的日常安全管理工作。

第十五条 县级以上人民政府水行政主管部门、乡镇人民政府、水库管理单位，应当按照规定做好小型水库防汛物资储备和防汛抢险队伍建设等工作。

第十六条 县级以上人民政府水行政主管部门和乡镇人民政府，应当在汛前、汛后对本行政区域内的小型水库进行安全检查,及时发现和排除安全隐患;发现重大安全隐患时,应当立即向县级以上人民政府报告。

在汛期,水库管理单位或者安全管理员应当按照批准的水库汛期调度运用计划,开展水库调度运行,加强水库巡查,发现险情,必须立即采取抢护措施,并及时向防汛指挥机构和水行政主管部门、乡镇人民政府报告。

第十七条　小型水库应当按照国家规定定期组织进行安全鉴定。经鉴定为病险水库的,应当限期进行除险加固;在未加固前,应当采取必要的控制运用或者其他措施确保安全。

第十八条　县级以上人民政府水行政主管部门、乡镇人民政府、水库管理单位,应当根据防汛抢险和安全管理要求组织制定相应的应急预案,并报上级水行政主管部门和防汛指挥机构备案。

第十九条　对承担城乡生活供水的小型水库,所在地设区的市、县(市、区)人民政府应当提出饮用水水源保护区划定方案,报省人民政府批准,并在饮用水水源保护区边界设立明确的地理界标和明显的警示标志。保护区内禁止从事污染水体的活动,并逐步实施退耕(果)还林,涵养水源。

对承担农田灌溉供水的小型水库,县(市、区)和乡镇人民政府应当组织建设配套的农田灌溉设施。

第二十条　小型水库通过租赁、承包、股份合作等形式开展经营活动的,应当签订相应的经营合同;属于县级以上人民政府水行政主管部门、乡镇人民政府、农村集体经济组织管理的小型水库,应当通过公开竞标的方式确定经营人。

经营合同应当包括经营项目、期限、费用或者收益分配、抗旱灌溉用水、水质保护、险情报告等内容,并可对安全管理、工程维修养护等事项做出约定。经营合同签订后1个月内,应当报县级以上人民政府水行政主管部门备案。

小型水库经营活动不得影响水库的安全运行和防汛抢险调度,不得污染水体和破坏生态环境。

第二十一条　县级以上人民政府水行政主管部门和乡镇人民政府管理的小型水库,其运行管理、防汛安全、维修养护、除险加固等经费,按照隶属关系由本级人民政府承担,上级人民政府可适当予以补助;农村集体经济组织管理的小型水库,其运行管理、防汛安全、维修养护、除险加固等费用,主要由农村集体经济组织承担,上级人民政府适当予以补助。

依法收取的水费以及承包费、租赁费等收入,应当优先用于小型水库的运行管理。

第二十二条　县级以上人民政府水行政主管部门应当建立健全小型水库监督管理制度,定期组织对小型水库管理工作进行考核。具体考核办法由省水行政主管部门另行制定。

第二十三条　违反本办法规定,未经水行政主管部门批准擅自建设小型水库,或者未经水行政主管部门审查同意擅自在小型水库管理范围内建设工程项目的,由县级以上人民政府水行政主管部门责令停止违法行为,限期补办有关手续;逾期不补办或者补办未被批准的,责令限期拆除;逾期不拆除的,强行拆除,所需费用由违法单位或者个人负担,并可处 1 万元以上 10 万元以下的罚款。

第二十四条　违反本办法规定,在小型水库管理范围内设置排污口的,由县级以上人民政府责令限期拆除、恢复原状;逾期不拆除、不恢复原状的,强行拆除、恢复原状,并由县级以上人民政府水行政主管部门处 5 万元以上 10 万元以下的罚款。

第二十五条　违反本办法规定,有下列行为之一的,由县级以上人民政府水行政主管部门责令停止违法行为,限期采取补救措施,并按照下列规定处罚:

(一)在小型水库内筑坝或者填占水库的,处 1 万元以上 3 万元以下的罚款;

(二)侵占或者损毁、破坏小型水库工程设施及其附属设施和设备的,处 1 万元以上 5 万元以下的罚款;

(三)在坝体、溢洪道、输水设施上建设建筑物、构筑物或者进行垦殖、堆放杂物等活动的,处 1 万元以下的罚款;

(四)擅自启闭水库工程设施或者强行从水库中提水、引水的,处 1 000 元以上 5 000 元以下的罚款;

(五)在小型水库内毒鱼、炸鱼、电鱼等危害水库安全运行活动的,处 1 万元以上 3 万元以下的罚款;

(六)在小型水库管理和保护范围内,从事影响水库安全运行的爆破、钻探、采石、打井、采砂、取土、修坟等活动的,处 1 万元以上 5 万元以下的罚款。

第二十六条　违反本办法规定,未设立水库管理单位的小型水库未按规定聘用安全管理员的,由县级以上人民政府水行政主管部门责令限期改正;逾期不改正的,给予批评教育;造成水库工程损毁或者安全责任事故的,依法追究有关人员的责任。

第二十七条　县级以上人民政府及有关部门、乡镇人民政府以及水库管理单位的工作人员玩忽职守、滥用职权、徇私舞弊的,依法给予处分;构成犯罪的,依法追究刑事责任。

第二十八条　本办法自 2012 年 1 月 1 日起施行。

山东省小型水库管理考核评分标准表

序号	项目	考核内容	标准分	赋分原则(每项扣分直到扣完为止)	得分
1	责任制	政府责任人、水库主管部门责任人和水库管理单位责任人落实情况	10	政府责任人未落实到位的扣4分,主管部门或管理单位责任人未落实的各扣3分	
2	管理人员	水库应根据工程规模落实1~3名安全管理人员	10	未按要求落实安全管理人员的此项不得分,未签订责任书的扣3分,管理人员未经培训的扣2分	
3	管理设施	是否具备到达枢纽建筑物的必要交通条件,是否建有管理房或配备必要的观测与通信设施	5	无管理房且无建设计划的此项不得分;管理房不满足管理要求的扣2~3分,无观测与通信设施的每项扣1分	
4	管护经费与经费使用	按水库隶属关系,本级人民政府是否落实管护经费;依法收取的水费、承包费、租赁费等收入,是否优先用于水库管护;管护经费是否使用规范,账目管理是否明晰	10	按照隶属关系,上级政府(市、县)未适当予以补助管护经费的扣3分,本级人民政府或农村集体经济组织未落实管护经费的扣3分,未优先将收取的其他费用用于管理的扣2分,资金使用不规范或账目管理混乱的分别扣1分	
5	规章制度	建立水库管理岗位责任、调度运用、巡检、维修养护等制度,并将制度明示。档案齐全,按时归档	5	水库管理岗位责任制度、调度运用制度、巡视检查与险情上报制度、工程维修养护制度,制度不健全的,每缺一项扣1分;制度未明示的扣1分;档案不齐全、不按时归档的扣1分	
6	注册登记和安全鉴定	大坝注册登记及登记变更情况,安全鉴定(或排查)开展情况	5	主管部门及管理单位未按要求进行大坝注册登记或登记变更的扣3分;未定期进行大坝安全鉴定(或排查)工作的扣2分	

续表

序号	项目	考核内容	标准分	赋分原则(每项扣分 直到扣完为止)	得分
7	管理和保护范围	管理和保护范围是否明确,是否设立标志,是否有《山东省小型水库管理办法》中明确禁止的违法行为	10	管理范围不明确的扣3分,保护范围不明确的扣2分,每有一项违法行为扣1分	
8	防汛与应急管理制度	是否制订汛期调度方案与防洪抢险应急预案,是否按照预案落实相应措施	8	无调度方案或防洪预案的,每项扣3分;防汛措施不落实的扣2分	
9	安全管理与应急管理	安全生产方面是否有重大责任事故,是否有批准的大坝安全管理应急预案	8	发生重大责任事故,此项不得分。无大坝安全管理应急预案的扣5分,预案未报批的扣3分	
10	工程巡查与观测	是否按巡查和观测制度进行定期巡查和观测;遇重大情况时,是否增加巡查和观测次数,巡测记录是否规范	12	未对工程进行定期巡查和观测的扣5分;遇到特大洪水、暴雨、暴风、强烈地震、工程非常运用等重大情况时,未增加巡查和观测次数的扣5分;巡查和观测记录不规范的扣2分	
11	日常维护	坝顶、进库路、交通桥、闸门及启闭设备、观测设施等是否定期检修和养护,坝顶、坝坡杂草是否及时清除,坝面、路面是否清洁平整,观测、启闭设施是否完好,溢洪道是否通畅,库区环境是否整洁	12	在设计标准内,工程及设施、设备不能正常运行的扣4分;溢洪道有淤堵、不通畅的扣2分;坝坡杂草未及时清除的扣2分;坝面、路面不清洁平整的扣2分;库区环境不整洁的扣2分	
12	合同管理	有租赁、承包、股份合作等经营活动的水库,是否签订合同,是否通过公开竞标确定经营人,经营合同是否规范,是否报相关部门备案	5	未签订经营合同的扣2分,未通过公开竞标确定经营人的扣1分,经营合同签署内容不规范、不全面的扣1分,经营合同未报有关部门备案的扣1分	
	总计		100		

参 考 文 献

[1] 赵朝云. 水工建筑物的运行与维护[M]. 北京:中国水利水电出版社,2005.

[2] 梅孝威. 水利工程管理[M]. 北京:中国水利水电出版社,2005.

[3] 陈浩. 水利工程管理[M]. 北京:中国水利出版社,1957.

[4] 王立民. 水工建筑物检测与维修[M]. 北京:水利电力出版社,1991.

[5] 梅孝威. 水利工程技术管理[M]. 北京:中国水利水电出版社,2000.

[6] 郑万勇. 水利工程管理技术[M]. 西安:西北大学出版社,2002.

[7] 梅孝威. 水工监测工[M]. 郑州:黄河水利出版社,1996.

[8] 石自堂. 水利工程管理[M]. 武汉:武汉水利电力大学出版社,2000.

[9] 牛运光. 土坝安全与加固[M]. 北京:中国水利水电出版社,1998.

[10] 黄国新,陈政新. 水工混凝土建筑物修补技术及应用[M]. 北京:中国水利水电出版社,2000.

[11] 朱岐武. 水文与水利水电规划[M]. 郑州:黄河水利出版社,2003.

[12] 马文英. 水工建筑物[M]. 郑州:黄河水利出版社,2003.

[13] 郑万勇. 水工建筑物[M]. 郑州:黄河水利出版社,2003.

[14] 钟汉华,冷涛. 水利水电工程施工技术[M]. 北京:中国水利水电出版社,2006.

[15] 温随群. 水利工程管理[M]. 北京:中央广播电视大学出版社,2010.

[16] 牛占. 水文勘测工[M]. 郑州:黄河水利出版社,2012.

[17] 姜弘道. 水利概论[M]. 北京:中国水利水电出版社,2010.

[18] 黄河水利出版社. 水利行业特有工种技能鉴定规范[M]. 郑州:黄河水利出版社,1996.

[19] 林冬妹. 水利法律法规教程[M]. 北京:中国水利水电出版社,2008.

[20] 邓念武. 大坝变形监测技术[M]. 北京:中国水利水电出版社,2010.

[21] 顾慰慈. 水利水电工程管理[M]. 北京:中国水利水电出版社,2007.

[22] 杨培岭. 现代水利水电工程项目管理理论与实务[M]. 北京:中国水利水电出版社,2009.

[23] 陈良堤,李雪英. 水利工程管理[M]. 北京:中国水利水电出版社,2009.

[24] 胡昱玲,毕守一. 水工建筑物监测与维护[M]. 北京:中国水利水电出版社,2010.

[25] 江勇. 水利水电工程经营管理[M]. 北京:中国水利水电出版社,2008.

[26] 涂兴怀. 工种施工实习实训[M]. 北京:中国水利水电出版社,2003.

[27] 任何峰. 水利工程管理[M]. 北京:中国水利水电出版社,2005.

[28] 冯广志. 水利技术标准汇编(灌溉排水卷)[G]. 北京:中国水利水电出版社,2002.

[29] 吴季松,冯广志. 水利技术标准汇编(供水节水卷)[G]. 北京:中国水利水电出版社,2002.

[30] 俞衍升. 水利管理分册[M]. 北京:中国水利水电出版社,2004.